환경영향평가

김임순 · 소민섭 · 이규성 · 전태성 · 조용균

화수목

머리말 | PREFACE

최근 세계적으로 건강문제, 생태계 파괴와 환경영향 최소화가 사회적인 문제로 이슈화되고 있다. 그래서 유엔도 글로벌녹색성장연구소(GGGI : Global Green Growth Institute)를 통해 개발도상국들의 저탄소녹색경제이행을 서두르고 있다.

환경영향평가는 사업계획을 수립하면서 해당 사업이 대기환경, 물환경, 토양환경, 자연생태환경, 생활환경과 사회·경제환경에 미치는 해로운 변화를 미리 21개 평가항목별로 예측하고 분석함으로써 환경영향을 저감시킬 수 있는 방안을 강구하는 제도이다.

환경영향평가서 초안은 환경영향평가서 본안을 작성하기 전에 대상사업 시행에 따라 예상되는 인근 주민의 생활 환경과 재산상의 환경오염 피해 등의 영향을 분석하고 파악하기 위해서 작성한다.

우리나라는 지방경제자립도를 높이기 위하여 1차산업에서 2차와 3차산업으로 전환하고, 지역실정과 장래 공업입지 수요가 감안된 업종의 유치를 위해 산업단지를 개발하고 지역경제 기반의 활성화를 통해 고용증대를 일으킴으로써 지속적인 성장의 기틀을 마련해야 한다. 또한 산림면적이 전국토의 65% 정도로 비중이 높아 국토 개발시 야생 동·식물의 서식처가 사라지는 등 불가피하게 생태계가 파괴되는 경우가 많기 때문에, 개발계획부터 친환경정책과 청정기술의 도입으로 환경영향을 최소화해야 된다. 그에 따라 관련 분야의 전문지식이 꼭 필요한 상황이며 환경영향평가를 반드시 실시해야 한다.

본 서는 국가와 지방의 정책 수립 시 중요한 역할을 하고 환경피해를 저감시키는데 꼭 필요한 환경영향평가의 핵심 내용을 분야별로 일목요연하게 설명하여 환경영향평가서 작성이나 검토에 많은 도움을 줄 수 있을 것이다.

끝으로 본서가 출판되기까지 자료를 정리해 주고 문헌자료를 협조해 주신 후배들에게 감사하며, 화수목 출판사 임정대 사장님과 편집부 여러분께 감사를 드립니다.

차 례 | CONTENTS

CHAPTER 05 환경영향종합평가

CHAPTER 06 산업단지개발사업 환경영향평가서 작성

CHAPTER 07 환경영향평가법

CHAPTER 01

친환경정책

CHAPTER

01 친환경정책

1.1 환경정책과 친환경정책

1. 환경정책(Environmentally Policy)

환경정책은 기후변화 저감을 위한 지구 환경문제와 사업시행 및 개발계획에 따른 환경문제를 해결하려는 국가의 공공정책이다. 따라서 환경정책은 공공 환경문제를 해결하거나 환경기준 목표를 달성하기 위한 정부의 행동실천계획이라 할 수 있다. 자연적으로나 인위적으로 언제, 어디서나 자연과 생활환경에 전반적인 영향을 미칠 수 있는 사고가 발생할 수 있다. 이에 환경정책은 지속적으로 환경피해 분쟁을 예방하거나 환경오염 발생 시 문제해결을 위한 정부의 친환경 공공정책(green public policy)인 것이다.

환경정책은 대기환경, 물환경, 소음 · 진동 등의 목표를 달성하기 위한 정부의 행동방침 결정계획이며, 친환경정책은 경제성장과 자연복원에 대한 국토개발로 동 · 식물의 서식공간이 지속적으로 확대되어서 생태를 교란하지 않는 친환경기술로 구축되어야 한다.

지속가능한 친환경정책으로 환경의 질이 개선되어서 실질적으로 국민이 체감할 수 있는, 건강하고 쾌적한 생활환경과 자연환경이 되게 함으로써 건전한 사회 · 경제환경이 조성되도록 하여야 한다.

(1) 환경정책의 계획

환경정책계획은 자연환경, 생활환경과 사회 · 경제환경학적으로 보아 건전하고 지속가능한 발전을 할 수 있도록 환경분야 외에도 토지이용정책, 에너지정책과 과학기술이 포함되어야 한다.

(2) 환경정책의 목적

환경정책의 목적은 지구의 환경문제를 해결하기 위한 국가의 공공정책으로 환경오염 부하량 저감, 자연환경훼손 복원, 지구환경문제 대응을 통해 환경기준치를 달성, 쾌적한 생활환경을 조성할 뿐 아니라 지속가능한 발전의 목표를 달성하기 위한 실천계획과 법적 규제방안을 마련하는 데 있다.

(3) 환경정책의 목표

환경정책의 목표는 모든 국민이 건강하고 쾌적한 환경에서 생활할 권리가 있으므로 이를 보호하는 데 있으며, 이는 건강한 생태계 보장과 건전한 지구환경 개선으로 지속가능한 발전과 연계시켜야 한다.

(4) 환경정책의 시책

환경정책의 시책은 이해집단이 서로 다를지라도 실질적인 환경정책계획은 궁극적으로는 신재생에너지 사용에 의한 기후변화 방지의 실행이 정책목표가 되며, 지구환경문제의 해결과 경제발전을 병행할 수 있는 녹색성장을 위한 사전예방원칙, 오염부담자 경제원칙 및 상호협력원칙 등으로 접근하는 환경정책이 수립되어야 한다.

그림 1.1 대기오염

(5) 환경정책의 수립기반

환경정책은 자연환경, 생활환경과 사회 · 경제환경으로 구분하여 수립하여야 한다. 여기서 자연환경은 생물환경과 비생물환경으로 기상, 지형 · 지질, 수리 · 수문, 동물 · 식물과 해양환경이다. 자연환경은 인간의 생활터전이면서 야생 동 · 식물의 서식지이다. 그런데 최근에는 지구온난화, 환경오염과 국토 난개발로 생태계가 파괴될 뿐만 아니라 기후변화로 사막화 현상과 먹이사슬(food chain)의 붕괴로 생태계가 교란되고 있다. 생활환경은 대기질, 수질, 토양, 폐자원, 소음 · 진동, 악취와 토지이용을 말하고, 장차 지속가능한 발전을 모색하려는 주변환경과 가정, 직장 등의 일터환경도 포함되는데, 인간은 누구나 쾌적한 생활환경에서 건강하고 행복한 삶을 누리기를 원한다. 사회 · 경제환경은 인구, 주거, 산업 등이며, 이 외에 문화재, 공공시설, 교육, 교통, 유적지, 명승지, 천연기념물, 녹색성장과 시장체제 등도 있다.

그림 1.2 야생동물의 보금자리

그런데 우리나라는 환경 구성요소를 환경정책기본법과 환경영향평가법에서 다르게 분류하고 있다. 환경정책기본법에서의 환경은 우주를 둘러싸고 있는 요소로서 자연환경, 생활환경으로 분류하고 있으며, 또 자연환경은 생물과 비생물로 구분하고, 생활환경은 대기, 물, 토양, 폐기물, 소음 · 진동, 악취, 경관, 일조(햇빛) 등으로 구분하고 있다. 한편 환경영향평가법에서는 환경을 자연생태환경, 생활환경, 사회 · 경제환경, 대기환경, 물환경, 토지환경으로 구분하는데, 다음과 같이 설명하고 있다.

① 자연생태환경은 동·식물상과 자연환경자산이다.

② 생활환경은 경관·위락, 소음·진동, 위생·공중보건, 친환경적 자원순환, 일조장해와 전파장해이다.

③ 사회·경제환경은 인구, 주거와 산업이다.

④ 대기환경은 기상, 대기질, 악취와 온실가스(Green House Gas, GHG)이다.

⑤ 물환경은 수질, 수리·수문과 해양환경이다.

⑥ 토지환경은 토양, 지형·지질과 토지이용이다.

2. 친환경정책(Friendly Environmentally Policy)

정부는 공공기관의 녹색구매와 민간분야의 녹색소비 확산을 통하여 녹색성장을 달성하였고, 사회 전반에 걸친 녹색소비문화의 확산으로 친환경상품 시장의 규모가 증가하였다.

친환경상품 보급정책으로는 의무구매기반 강화정책, 생산과 유통의 활성화정책, 구매촉진 조성정책과 국제협력 강화정책이 있다. 녹색제품은 인간과 친화력이 있으면서 환경보호와 경제를 성장시키는 상품으로 환경오염물질이나 온실가스(CO_2, CH_4, N_2O, HFC, PFC, SF_6, NF_3)를 적게 배출시키고 품질도 우수하여 환경마크 인증을 받은 제품을 말하며, 녹색제품 보급정책으로는 녹색제품 구매활성화 정책, 산업계 녹색구매 자발적 협약정책과 녹색제품 정보제공정책이 있다. 그리고 환경마크정책은 정부가 동일한 성능을 갖춘 제품 중에서 생산과 소비의 전체 유통과정에서 상대적으로 환경오염 배출이 적고 자원을 절약할 수 있는 제품에 환경마크를 표시해 친환경제품으로 인증하여 소비자의 구매를 유도하는 제도이다. 이렇게 기업과 소비자는 친환경제품을 생산하고 소비하면서 지구환경 보전활동에 적극적으로 동참함으로써 지속가능한 생산과 친환경 소비문화의 확산을 가능하게 한다. 결국 환경정책의 방향은 안심하고 마실 수 있는 물을 충분히 공급하고 폐기물을 폐자원으로 전량 재활용하며, 쾌적한 삶의 질 향상을 위해 환경개선을 내실 있게 추진하는 친환경정책이 되어야 하는 것이다.

(1) 친환경정책의 문제점

친환경정책은 장차 지속가능한 발전계획과 부합되어야 하면서 현재의 기후변화, 환경오염과 생태계 교란, 사막화 등에 대한 합리적인 통합관리계획이어야 한다. 그리고 친환경정책은 반드시 지속가능한 발전을 위하여 환경보전과 경제발전이 조화를 이룬 환경기술, 환경산업을 신성장동력으로 집중화시켜서 세계시장을 선도할 수 있는 글로벌 탑(global top) 수준이어야 하기 때문에 자원고갈이나 환경위기에 능동적으로 대응하고 활용하는 데 오랜 기간이 필요하다. 특히 생태계 전반적으로 영향이 없는 사업계획과 국토개발의 조화로운 녹색성장 등 지속가능한 발전을 이루는 데는 한계가 있을 수밖에 없다.

(2) 저탄소 녹색도시계획모델

저탄소 녹색도시계획모델은 탄소순환형 도시, 탄소저감형 도시와 탄소상쇄형 도시로 구분한다. 첫째로 탄소순환형 도시모델은 물순환과 폐자원순환으로 전략계획, 실천계획과 실행계획으로 구분해서 수립한다. 물순환 구축을 할 때에 전략계획은 물을 이용해 이산화탄소(CO_2)를 흡수하고, 실천계획으로 물순환체계로 생태조성, 친수공간 조성, 수초(水草)를 이용한 CO_2 흡수, 지능형 물처리시스템의 통합관리 등을 수립하며, 그리고 실행계획으로 인공하천, 유수지, 중수 및 하폐수 재이용수 활용, 빗물 이용계획 등을 수립한다. 또한 폐자원순환에 관한 전략계획은 폐자원(폐기물)의 재이용(reuse), 재활용(recycle), 에너지화, 자원화이고, 실천계획은 고형 연료화(refused derived fuel, RDF) 등을 이용한 열병합발전과 폐가전제품(도시광산)의 금속이나 비금속 회수이며, 그리고 실행계획으로는 바이오가스화, 음식물류폐기물 연료화, 유・무기성 폐기물 자원화 등을 수립한다.

둘째로 탄소저감형 도시모델은 도시계획, 교통, 건축물, 신재생에너지에 대하여 전략, 실천 및 실행차원으로 구분하여 계획해야 한다. 따라서 전략계획은 친환경공간 조성, 대중교통 중심의 도시공간구조와 신재생에너지를 도입한 설계구축 등이고, 실천계획은 역세권 중심의 공간계획 수립, 대중교통의 우선정책 수립, 에너지 테마파크와 쾌적한 도로환경의 조성이다. 그리고 실행계획에는 온실가스(GHG) 배출량 감소, 친환경건축물 인증, 태양광 발전시스템(solar power) 보급률 증대, 교통혼잡비용 저감과 자전거 이용도로 증설 등이 포함된다.

셋째로 탄소상쇄형 도시모델은 공원녹지, 기후변화 대응과 녹색성장에 대해 전략계획, 실천계획과 실행계획으로 구축해야 한다. 일반적으로 전략계획은 친환경산림녹지 조성으로 온실가스의 주범인 이산화탄소를 흡수하고 녹색생활화를 실천하며, 실천계획으로 푸른 숲(forest) 조성으로 온실가스 삭감을 위한 지침(guideline)을 마련하고, 실행계획으로는 공원 조성, 비오톱 조성, 옥상 녹화사업, 가로수 관목 식재, 4차선 이상의 도로 중앙분리대에 녹색비율 증대 등이 포함된다.

표 1.1 주요 국가별 CO_2 배출량 (단위 : 백만 CO_2톤)

구분	1980	2000	2005	2010	비중(%)
전 세계	20,966.3	21,492.9	27,188.3	30,276.3	100
OECD	11,157.6	12,633.9	13,056.5	12,440.3	41.1
중국	2,244.6	3,077.2	5,103.1	7,259.3	24.0
미국	4,868.7	5,698.1	5,771.7	5,368.6	17.7
인도	592.3	972.6	1,160.4	1,625.6	5.4
러시아	2,178.8	1,508.6	1,516.2	1,581.4	5.2
일본	1,064.4	1,184.0	1,214.2	1,143.1	3.8
독일	950.4	827.1	811.8	761.6	2.5
대한민국	229.3	437.7	467.9	563.1	1.9

출처 : 2013 환경백서, 환경부.

그림 1.3 휘경주공아파트에 설치된 태양광발전시스템(저자 자택)

3. 외국의 친환경정책

미국에서 세계 최초로 1969년에 국가환경정책법(National Environmental Policy Act, NEPA)에 환경영향평가제도가 규정되었다. 그 이후로 세계 각국은 이것을 자국의 법제화에 적용해서 환경보전대책을 마련하였다. 미국의 NEPA에서는 인간환경의 중대한 영향을 중요시했으며, 법률안이나 그 밖의 중요한 행위를 할 경우에는 불가피하게 일어날 수밖에 없는 부정적 환경영향 저감을 위한 대안 등의 내용이 수록된 환경영향평가서(Environmental Impact Statement, EIS)를 첨부하도록 하였다. 또한 인간환경에 질적으로 중대한 영향을 미치는 행위 시 미국환경위원회에서 EIA(Environment Impact Assessment) 대상여부를 심의하고 있다. 이에 반해 개발도상국들은 대기오염물질 배출 감소, 수자원 확보, 수질 개선, 폐자원 재활용의 개선이 목표이다.

현재 선진국이라 할 수 있는 미국, 일본, 영국, 프랑스, 독일 등은 국가별로 조금씩 환경정책에 차이는 있으나 그것의 목표는 모두 지속성장과 지구환경문제 해결이다.

이에 반해 개발도상국들은 대기오염물질 배출 감소, 수자원 확보, 수질 개선, 폐자원 재활용률 제고가 목표이다.

(1) 선진국의 환경정책

선진국은 기후변화와 신생에너지정책의 추진을 위해서 각국마다 전담기관을 신설하고 지속가능한 발전과 삶의 질 향상 정책을 수립하였다. 제일 먼저 프랑스는 생태계, 지속가능한 발전과 스마트에너지 통합관리시스템을 구축했으며, 독일은 기후대기총국을 신설해서 기후변화 대응과 삶의 질 개선을 추진하고 있다. 세계적으로 화석연료(fossil fuel)에 의한 대량 CO_2가 발생되면서 지구온난화에 따른 기후변화로 생태계 교란, 사막화 등이 나타나 생활에 불편이 많아졌다. 이에 따라 점차 CO_2 배출도 없고 연료고갈도 없는 친환경 청정연료인 신재생에너지의 개발이 초미의 관심사가 되어 일부 성공을 거두고 있다.

① 태양광발전(Solar Power)

낮 동안의 태양광선(햇빛) 중 적외선의 햇빛에너지를 열로 변환시키는 2개의 복층유리로 햇빛을 30%에서 50%로 흡수하는 검은 집열판과 그 흡수열을 에너지로 변환시키는 축열부로 구성하여 전력을 생산한다. 태양이 1초 동안에 방출하는 에너지량은 9.2×1022kcal이며, 지구에 도달하는 에너지량은 $1.96cal/cm^2$ · 분이다.

표 1.2 | 태양에너지의 적용

구분	자연형	설비형	산업형	발전형
온도(℃)	60이하	100이하	300이하	300이하
집열부	TAP형	평판형	진공관형	DISH형
축열부	공기	저온 축열	중온 축열	고온 축열
적용	건물난방	온수급탕	생산공정	발전기

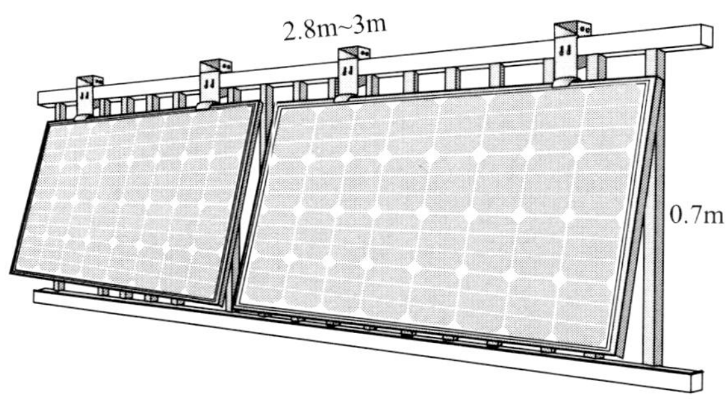

그림 1.4 공동주택용 태양발전시스템(270W)의 구성

② 풍력발전(Wind Power)

바람은 기온과 기압의 차이로 생긴 대류현상에 의해 발생하는데, 가능한 한 항상 5.5m/sec에서 7.5m/sec 정도로 불면서 프로펠러(propeller)를 회전시켜 전력을 생산한다. 1MW(megawatt)의 풍력발전을 하면 석탄 600톤에서 1,000톤의 대체 효과가 있다.

표 1.3 풍력발전 시스템 종류

구분	운전방식	회전축 방향	전력 사용방식
분류	• Gear형식 : 정속운전 • Gearless형식 : 가변속 운전	• 프로펠러형식 : 수평축 • 다리우스형식 : 수직축	• 계통 연계식 : 유도발전기 • 독립 전원식 : 직류발전기

그림 1.5 해상 풍력

③ 지열발전(Earth Power)

지열은 햇빛 중 적외선의 47~51%가 지하 150m 이상까지 흡수되어 전달된 자연에너지가 지하수를 가열해 깊이 5m 이상부터 10~25℃ 정도의 온도를 유지하게 하는 것이다. 여름철에는 냉방용(10~20℃)으로, 겨울철에는 난방용(15~25℃)으로 사용할 수 있다.

표 1-4 지열발전 시스템

구분	고온발전	화산발전	지열발전
특징	• 화산지대(300℃) • 화강암발전 • 깊이 3km 이상	• 온천지대(300℃) • 열수발전 • 증기발전	• 지하층(100℃) • 천연 고온증기발전 • 깊이 0.8~2.5km
적용	개발 중(NEDO)	연구 중(GSJ)	증기발전

④ 조력발전(Tide Power)

조력은 바다에서 하루에 2회씩 일어나는 밀물과 썰물 사이에 발생하는 파도의 힘으로, 그 높이가 보통 3m에서 5m 정도가 되는데 이 에너지로 터빈(Turbine)을 회전시켜서 전력을 생산한다. 경기도 안산시의 시화호 조력발전소는 아침, 저녁 간만의 차가 평균 7.9m이며, 총 공사비 3,000억 원으로 연간 400GW의 전력을 생산하고 있다.

표 1-5 ▎ 신재생에너지 1KW 생산 시 투자비

구분	수력발전	태양발전	조력발전
달러	1,500~2,000	5,000~8,000	1,200~2,000

⑤ 바이오에너지(Bio-Power)

유기성 폐자원은 모두 바이오에너지의 원료가 되는 생물유기체로서 바이오매스(biomass)이며, 이를 혐기성 소화공정에 적용해 메탄(CH_4)가스를 발생시키고 이를 포집, 정제하여 연소시킴으로써 전력을 생산한다. 바이오매스란 생물체량을 말하는 것으로 나무의 뿌리, 잎, 줄기 외에 유기공정오니, 가축분뇨, 음식물류 폐기물 등이 대표적인 물질이다. 최근 화석연료 고갈과 휘발유나 경유 자동차가 배출하는 온실가스에 따른 지구온난화라는 두 가지 문제를 해결하기 위해 바이오디젤(BD)과 바이오에탄올(BE)이 생산되고 있다.

바이오디젤의 원료는 유채씨, 해바라기씨, 정제폐유, 미강유, 콩기름, 돈유 등이고, 이들을 NaOH로 에스테르화 반응을 시켜서 Glycerol을 생산한 후 정제시키면 BD가 생산된다. BD를 사용하게 되면 화석연료 사용 시에 비해 CO 20%, NO_x 55%, 매연 50%, SO_x 98.5%와 PAH(다환성 방향족 탄화수소) 50%를 감소시키는 효과를 얻을 수 있다. 에탄올(C_2H_5OH)을 휘발유와 혼합한 BG(Bio-Gasoline)도 시판되고 있다.

(2) 개발도상국의 환경정책

개발도상국의 환경정책은 대기질, 상하수도 및 고형 폐기물 관리에 관한 개선 수준이며, 아프리카지역인 경우 식량문제, 동남아시아지역인 경우 홍수 시 식수문제와 중남미지역인 경우 대기질 개선 등이다. 대기질 개선의 내용으로는 대기오염방지와 기후변화문제로 체계적인 대응전략을 수집하고 다양한 기후변화 관련정책 개발을 추진하고 있다. 그리고 상수도 개선은 물 부족을 대비한 해수 담수화, 지하수 이용, 하수 재이용 등의 수자원 관리와 수질개선정책에 집중되고 있다. 또한 고형 폐기물 관리의 개선에 관해서는 체계적인 폐기물관리체계, 민간위탁처리 등의 정책을 추진하고 있다.

표 1-6 선진국과 개도국의 환경정책 비교

선진국	주요 환경정책	개도국	주요 환경정책
미국	녹색시장 창출, 청정에너지 지원	인도	상하수도시설 확충, 고형 폐기물 처리
영국	기후변화, 지속가능한 발전	터키	폐수 처리, 유해 폐기물 처리
프랑스	녹색산업 지원, 지속가능한 발전	브라질	산림보호, 기후변화
독일	친환경제품화, 지속가능한 발전	콩고	식수 지원, 위생시설 지원
중국	바이오산업 지원, 친환경상품	사우디	하수 처리, 물산업 민영화
일본	환경벤처 육성, 에너지 지원	튀니지	도시기반 확충, 기후변화

1.2 환경계획과 환경보전계획

1. 환경계획(Environmental Plan)

환경계획(EP)은 여러 가지의 생물과 무생물인 자연환경 자원을 건전하고 지속가능한 발전에 기여할 수 있도록 친환경적으로 이용하는 계획으로서, 일반적으로 환경계획은 환경개발계획과 환경보전계획 그리고 환경관리계획으로 구성되어 있다.

(1) 환경개발계획과 환경보전계획

환경개발계획은 국토환경계획, 수역환경계획, 도시환경계획과 지하환경계획이 있다. 그리고 환경보전계획은 녹지화계획, 환경생태복원계획, 환경관리계획과 환경오염방지계획이 있다.

① 환경개발계획

㉠ 국토환경계획은 토지 이용계획이다.

㉡ 수역환경계획은 수면 이용계획이다.

㉢ 도시환경계획은 건축물 이용계획이다.

㉣ 지하환경계획은 지하공간 이용계획이다.

② 환경보전계획

㉠ 녹지화계획은 자연환경 관리이다.

㉡ 환경과 생태복원계획은 야생 동·식물의 서식처 마련이다.

㉢ 환경관리계획은 자연환경, 생활환경과 사회·경제환경을 고려한다.

㉣ 환경오염방지계획은 대기, 물, 폐자원(폐기물), 소음·진동, 악취, 토양으로 분류한 오염정도 저감 내용이다.

그림 1.6 환경개발

(2) 환경관리계획

환경관리계획은 목표, 방침, 시책, 행동지침, 실시관리의 다섯 가지로 구성되며, 지리적인 공간이나 평가항목, 환경관리계획의 수립절차에 따라 최종적으로 확정한다.

① 환경관리계획의 5대 구성요소

㉠ 목표(vision)는 실행가능성의 계획이다.

㉡ 방침(scenario)은 나아갈 방향의 제시이다.

㉢ 시책(program)은 실효성이 있어야 한다.

㉣ 행동지침(guideline)은 장차 해야 할 행동이다.

㉤ 실시관리(review and feedback)는 모든 수행에 대한 점검이다.

② 환경관리계획의 내용

㉠ 지리적인 공간에 따른 평가항목 구분

ⓐ 전체 계획일 때는 지자체의 모든 대기, 물, 토양 등의 자연환경을 포함시킨다.

ⓑ 개별 계획일 때는 대기, 물, 토양 등의 자연환경 중 한 가지만 선택한다.

ⓒ 특별지역 계획일 때는 특정한 지역인 하천지역, 산업단지 등의 특수항목만 포함시킨다.

㉡ 환경관리계획 수립 시의 구성

ⓐ 구상계획 단계일 때는 목표와 방침으로 구성한다.

ⓑ 실시계획 단계일 때는 목표, 방침과 실시관리로 구성한다.

ⓒ 행동지침계획 단계일 때는 목표, 방침, 행동지침과 실시관리로 구성한다.
ⓓ 종합계획 단계일 때는 목표, 방침, 시책, 행동지침과 실시관리로 구성한다.

③ 행정계획 수립 시의 절차

ⓐ 기초자료 수집단계는 환경관리계획의 자료를 토대로 종합적인 평가와 분석을 한다.
ⓑ 환경관리계획 초안은 평가와 분석된 자료를 선별해 작성한다.
ⓒ 최종 환경관리계획은 계획 초안의 작성내용을 토대로 확정한다.

④ 환경관리계획 수립 시의 주요 내용

ⓐ 건강하고 쾌적한 생활환경에서 행복한 삶의 유지를 위해 실행가능한 목표와 방침을 수립해야 하고, 실효성 있는 계획이어야 한다.
ⓑ 지리적인 공간과 구성요소도 환경영향에 중요하므로 계획에 포함시켜야 한다.
ⓒ 지속가능한 환경성과, 그리고 목표달성을 위해서 종합적으로 행정절차에 따른 평가와 분석을 실시해야 한다.

2. 환경보전계획

(1) 환경보전계획의 기초자료인 생태 · 자연도

생태 · 자연도는 한국의 국토 전체에 대한 자연환경을 생태적인 가치, 자연성과 경관적 가치 등에 따라 1등급, 2등급, 3등급 지역으로 구분해서 작성한 지도이다. 우리나라는 자연이 정말 아름다워서 1등급의 비율이 7.44%이고, 2등급이 39.21%, 3등급이 44.74%로 분포되어 있다.

그림 1.7 야생동물 서식처

① 생태 · 자연도

㉠ 1등급 권역 : 다음에 해당하는 지역

ⓐ 「야생생물 보호 및 관리에 관한 법률」 제2조 제2항에 따른 멸종위기야생생물(이하 "멸종위기야생생물"이라 한다)의 주된 서식지 · 도래지 및 주요 생태축 또는 주요 생태통로가 되는 지역

ⓑ 생태계가 특히 우수하거나 경관이 특히 수려한 지역

ⓒ 생물의 지리적 분포 한계에 위치하는 생태계 지역 또는 주요 식생의 유형을 대표하는 지역

ⓓ 생물다양성이 특히 풍부하고 보전가치가 큰 생물자원이 존재 · 분포하고 있는 지역

ⓔ 그 밖에 ⓐ ~ ⓓ에 가목 내지 라목에 준하는 생태적 가치가 있는 지역으로서 대통령령이 정하는 기준에 해당하는 지역

㉡ 2등급 권역 : 제1호 각목에 준하는 지역으로서 장차 보전의 가치가 있는 지역 또는 1등급 권역의 외부지역으로서 1등급 권역의 보호를 위하여 필요한 지역

㉢ 3등급 권역 : 1등급 권역, 2등급 권역 및 별도관리지역으로 분류된 지역 외의 지역으로서 개발 또는 이용의 대상이 되는 지역

㉣ 별도관리지역 : 다른 법률의 규정에 의하여 보전되는 지역 중 역사적 · 문화적 · 경관적 가치가 있는 지역이거나 도시의 녹지보전 등을 위하여 관리되고 있는 지역으로서 대통령령이 정하는 지역

② 생태지도

생태지도는 도로, 하천, 식생, 지형과 토지이용 등에 대한 도시의 생태 특성을 종합한 지도로 공간계획 수립 시에 기초 정보로 널리 이용하고 있다. 그리고 생태계의 기능체계를 분석하거나 경관생태학적인 관점에서 바탕(matrix), 조각(patch), 통로(corridor)의 개념을 공간에 적용하여 제작하였다. 따라서 생태계가 국토 난개발로 교란되거나 파괴되면 조각의 수와 규모가 크게 축소해 버린다.

일반적으로 생태망은 핵심 생태지역, 완충지역과 연결통로지역으로 구분해서 생물서식지를 나누고, 주제도는 기초환경, 물환경, 동 · 식물 서식환경과 생활환경의 기초적인 정보를 제공한다.

㉠ 유역생태계 특성

토지이용과 환경개발계획의 수립 시 생태계에 대한 기능이나 구조 등에 대한 정보를 제공한다. 생물의 서식환경 정보와 녹지분포, 비오톱(biotope) 지도, 경관구성 등을 포함한다. 그리고 유역생태축은 국토생태축, 광역생태축, 도시생태축과 연결생태축으로 분류해서 나타낸다.

㉡ 유역생태계지구 특성

핵심지구는 생태네트워크 핵심지역으로 목표 생물 종(species)을 선정해서 지속적으로 서식할 수 있도록 환경여건을 조성하며, 환경훼손이 적어서 식생상태가 안정하게 유지되고 있다. 거점지구는 도시개발 예정지역으로 핵심지구가 훼손될 경우에 생물의 서식활동을 위한 피난처를 제공한다. 또한 통로지구는 핵심지구와 거점지구의 연결지역으로 생물의 건강성을 고려해서 핵심지구와 거점지구의 서식종들이 이동가능하도록 환경을 조성하는 것이 필요하다. 완충지구는 핵심지구, 거점지구와 통로지구를 보완하는 지역으로 환경영향을 완화시켜 주어서 서식환경을 조성할 뿐만 아니라 서식종들의 상호교류를 위해 도시 주변이나 도심지에 녹지공간을 마련하고 있다.

㉢ 자연환경 보전

전국토의 자연환경은 모든 국민의 자산이므로 공익에 적합하게 보전되고 현재와 장래의 세대를 위해서 지속가능하게 이용되어야 한다. 그리고 국토의 이용과 개발은 조화를 이루고 균형 있게 조성해야 하며, 자연생태와 자연경관은 인간의 활동이나 자연기능, 생태적인 순환이 촉진되도록 환경을 보존하며 관리해야 한다. 따라서 모든 국민이 자연환경 보전에 참여해서 자연환경을 건전하게 이용할 수 있는 기회를 증진시켜야 한다. 또한 자연환경을 이용하거나 개발할 때에는 생태적으로 균형이 파괴되거나 경제가치가 저하되지 않도록 노력해야 한다. 자연환경의 보전을 위한 용어를 해설해 보면 다음과 같다.

ⓐ 자연환경(Natural Environment)

해양을 제외한 지하, 지표와 지상의 모든 생물과 이들을 둘러싸고 있는 비생물인 것을 포함한 생태계와 자연경관의 자연상태를 말한다.

ⓑ 자연환경 보전(Natural Environment Conservation)

자연환경을 체계적으로 보존, 보호 및 복원해서 생물다양성을 높이기 위해 자연을 조성하고 관리하는 것을 말한다.

ⓒ 생태계(Ecological System)

동・식물과 미생물의 군집들과 무생물의 환경이 기능적인 단위로 상호작용하는 역동적인 복합체이다. 또한 소생태계는 생물 다양성을 높여서 동・식물의 서식지 간에 이동가능성의 생태계 연속성을 높이거나 특정 생물종의 서식 조건을 개선하기 위해서 조성한 생물 서식공간의 생태계를 말한다.

ⓓ 생물다양성

육상과 수상의 생태계와 이들의 복합 생태계를 포함한 원천적으로 발생한 모든 다양한 생물체를 말한다.

(2) 환경보전정책계획(Green Policy Plan)

환경보전정책계획은 지속가능한 국토환경의 보전과 관리를 위한 개발의 계획이나 사업 추진을 관련시켜서 사업지구와 사업 주변에 대한 지형, 자연환경자원, 경관, 생물다양성, 자원순환, 신재생에너지, 기후관리, 생태적인 토지이용, 생태문화와 공동체 등의 기술적인 계획이다.

① 환경보전정책계획의 형식

사업 단위의 환경정책계획은 환경의 기본계획과 상세계획이 있다. 환경기본계획은 개발계획과 대상사업을 친환경적으로 사업자가 수립하고 사업지구의 지정, 개발계획과 실시계획을 연계시켜서 환경계획을 구상해야 한다. 개발기본계획은 환경의 민감한 사항을 수용해서 대안을 설정하고, 상세계획은 지역단위 계획과의 적용가능한 환경정책관련 생태추진계획과 지역단위 계획관련 생태공원 설계, 생태단지 설계를 위한 환경지침을 제시함으로써 환경보전 가치성이나 환경지속성, 지속가능 발전 등을 반영해야 한다.

② 환경정책계획 수립의 기대효과

환경정책계획은 환경문제를 각 전문가에게 진단을 받아서 해결해야 하며, 지속가능한 발전과 관련된 계획과 지표를 검토해 환경정책계획의 항목 도출로 지속가능 발전의 목표달성과 환경친화적 토지이용의 포괄적인 환경영향 검토를 통해 환경학적으로 건전하고 지속가능한 발전에 기여할 수 있어야 한다.

그림 1.8 친환경도시

3. 전략환경영향평가(SEA) 대상계획

SEA(Strategic Environmental Assessment)는 환경영향평가법상 환경에 미치는 영향에 대한 행정정책계획으로 8개 계획의 16개 대상정책계획과 17개 계획의 79개 대상개발기본계획이 있다.

(1) 대상계획 수립 시 검토사항

① 개발기본계획과 환경영향평가(Environmental Impact Assessment, EIA)의 대상사업에 따른 계획을 함께 통합시켜서 수립할 경우에는 SEA와 EIA를 통합하여 검토하고, 둘 중 하나만 실시해야 한다.

② SEA 협의시기와 EIA 대상사업의 협의시기가 똑같으면 반드시 EIA를 실시해야 한다.

③ 만일 EIA 협의 전에 SEA가 실시되었다면 EIA를 실시할 필요 없이 SEA를 대상계획으로 인정한다. 다만, 대상사업 면적이 10% 이상 확대되었으면 환경영향평가협의회와 재협의나 변경협의를 하면 된다.

(2) SEA 대상정책계획의 16개 행정계획 종류

① 도시의 개발(2개)

유통산업발전법 제5조에 따른 유통산업발전 기본계획과 같은 법 제6조에 따른 유통산업발전 시행계획

② 도로건설계획(1개)

도로법 제6조 제1항에 따른 도로건설·관리계획이다.

③ 수자원개발계획(1개)

댐건설 및 주변지역지원 등에 관한 법률 제4조에 따른 댐건설 장기계획이다.

④ 철도건설계획(1개)

철도건설법 제4조에 따른 국가철도망 구축계획이다.

⑤ 관광단지개발계획(3개)

㉠ 관광진흥법 제49조 제1항에 따른 관광개발 기본계획과 같은 법 제49조 제2항에 따른 권역별 관광개발계획이다.

㉡ 온천법 제3조의2에 따른 온천발전 종합계획이다.

⑥ 산지개발계획(4개)

㉠ 사방사업법 제3조의2에 따른 사방사업 기본계획

㉡ 산림기본법 제11조에 따른 산림 기본계획

㉢ 산림문화·휴양에 관한 법률 제4조에 따른 산림문화·휴양 기본계획

㉣ 임업 및 산촌진흥촉진에 관한 법률 제23조에 따른 산촌진흥 기본계획

⑦ 특정지역개발계획(2개)

㉠ 농어촌정비법 제4조에 따른 농어촌정비 종합계획

㉡ 같은 법 제7조에 따른 농업생산기반 정비계획

⑧ 폐기물·분뇨·가축분뇨처리시설 설치계획(2개)

㉠ 폐기물관리법 제9조에 따른 폐기물처리 기본계획이다.

㉡ 가축분뇨의 관리 및 이용에 관한 법률 제5조에 따른 가축분뇨관리 기본계획이다.

(3) SEA 대상개발기본계획 79개의 행정대상계획 종류

① 도시개발계획(14개)

㉠ 건설기술진흥법 시행령 제81조에 따라 국가 또는 지자체가 타당성 조사를 실시하는 총공사비 500억원 이상의 건설공사계획(도로건설공사는 고속국도건설공사로 한정한다)

㉡ 공공기관 지방이전에 따른 혁신도시 건설과 지원에 관한 법률 제6조에 따른 혁신도시개발 예정지구의 지정

㉢ 국토의 계획 및 이용에 관한 법률 제2조 제4호에 따른 도시·군관리계획

㉣ 도시개발법 제3조 및 제4조에 따른 도시개발구역의 지정 및 개발계획(별표 3 제1호 가목에 따른 EIA 대상사업규모 이상인 경우로 한정한다)

㉤ 도시재정비 촉진을 위한 특별법 제5조에 따른 재정비 촉진지구의 지정(대상지역이 국토의 계획 및 이용에 관한 법률 제36조 제1항 제1호에 따른 도시지역 외의 지역인 경우로 한정한다)

㉥ 도시재정비 촉진을 위한 특별법 제9조에 따른 재정비 촉진계획(대상지역이 국토의 계획 및 이용에 관한 법률 제36조 제1항 제1호에 따른 도시지역 외의 지역인 경우로 한정한다)

㉦ 도시 및 주거환경정비법 제4조에 따른 정비계획의 수립 및 정비구역의 지정(별표 3 제1호 나목에 따른 EIA 대상사업규모 이상인 경우로 한정한다)

㉧ 물류시설의 개발 및 운영에 관한 법률 제22조에 따른 물류단지 개발계획과 물류단지의 지정

㉨ 공공주택 건설 등에 관한 특별법 제6조에 따른 공공주택지구의 지정

㉩ 사회기반시설에 대한 민간투자법 제9조에 따른 민간부문 제안사업 및 같은 법 제10조에 따른 민간투자시설사업 기본계획

㉪ 역세권의 개발 및 이용에 관한 법률 제4조 및 제7조에 따른 역세권 개발구역의 지정 및 사업계획

㉫ 유통산업발전법 제7조에 따른 지역별 시행계획

㉬ 유통산업발전법 제34조에 따른 공동집배송 센터개발 촉진지구의 지정

㉭ 택지개발촉진법 제3조 및 제8조에 따른 택지개발지구의 지정 및 택지개발계획

② 산업입지와 산업단지의 조성계획(10개)

㉠ 국토의 계획 및 이용에 관한 법률 시행령 별표 20 제1호 항목 (7)에 따른 공장의 건축이 가능한 지역의 지정

㉡ 문화산업 진흥기본법 제28조의2에 따른 문화산업지구 지정

㉢ 산업입지 및 개발에 관한 법률 제6조에 따른 국가산업단지의 지정

㉣ 산업입지 및 개발에 관한 법률 제7조에 따른 일반산업단지의 지정

㉤ 산업입지 및 개발에 관한 법률 제7조의2에 따른 도시첨단산업단지의 지정

㉥ 산업입지 및 개발에 관한 법률 제8조에 따른 농공단지의 지정

㉦ 산업입지 및 개발에 관한 법률 제39조의2에 따른 재생산업지구의 지정을 위한 재생계획

ⓞ 산업집적활성화 및 공장설립에 관한 법률 제23조에 따른 유치지역의 지정

ⓩ 외국인투자 촉진법 제18조에 따른 외국인 투자지역의 지정(이미 개발된 산업단지 또는 개별 공장부지에 지정하는 경우는 제외한다)

ⓩ 중소기업 진흥에 관한 법률 제29조 제2항에 따른 단지조성사업이 포함된 협동화실천계획

③ 에너지개발계획(1개)

전원개발 촉진법 제11조에 따른 전원개발사업 예정구역 지정이다.

④ 항만의 건설계획(8개)

㉠ 신항만건설촉진법 제3조에 따른 신항만건설 기본계획

㉡ 신항만건설촉진법 제5조에 따른 신항만건설예정지역의 지정

㉢ 어촌·어항법 제17조에 따른 어항의 지정

㉣ 어촌·어항법 제19조 제2항 제1호에 따른 어항개발계획 중 어항시설 기본계획

㉤ 항만법 제5조에 따른 항만기본계획

㉥ 항만법 제51조에 따른 항만재개발 기본계획

㉦ 항만법 제54조에 따른 항만재개발 사업계획

㉧ 마리나항만의 조성 및 관리 등에 관한 법률 제8조에 따른 사업계획

⑤ 도로의 건설계획(2개)

㉠ 농어촌도로정비법 제6조에 따른 도로기본계획

㉡ 도로법 제2조 제1항 제1호와 국토의 계획 및 이용에 관한 법률 제2조 제13호에 따른 도로(고속국도는 제외한다)의 건설공사계획(별표 3 제5호에 따른 EIA 대상 사업규모 이상인 경우로 한정한다)

⑥ 수자원의 개발계획(1개)

댐건설 및 주변지역 지원 등에 관한 법률 제7조에 따른 댐건설 기본계획이다.

⑦ 철도의 건설계획(2개)

㉠ 철도건설법 제7조에 따른 사업별 철도건설 기본계획이다.

㉡ 도시철도법 제6조 제1항에 따른 노선별 도시철도 기본계획이다.

⑧ 공항의 건설계획(2개)

㉠ 수도권신공항건설 촉진법 제4조에 따른 신공항건설에 관한 기본계획

㉡ 항공법 제89조 제2항에 따른 공항개발기본계획

⑨ 하천의 이용 및 개발계획(3개)

㉠ 소하천정비법 제6조에 따른 소하천정비종합계획

㉡ 소하천정비법 제8조에 따른 소하천정비시행계획

㉢ 하천법 제25조에 따른 하천기본계획

⑩ 개간, 공유수면 매립계획(1개)

공유수면 관리 및 매립에 관한 법률 제22조에 따른 공유수면매립 기본계획이다.

⑪ 관광단지의 개발계획(5개)

㉠ 관광진흥법 제52조에 따른 관광지 등의 지정

㉡ 온천법 제5조에 따른 온천공보호구역의 지정

㉢ 온천법 제10조에 따른 온천개발계획

㉣ 자연공원법 제13조에 따른 도립공원계획의 결정

㉤ 자연공원법 제14조에 따른 군립공원계획의 결정

⑫ 산지의 개발계획(3개)

㉠ 임업 및 산촌 진흥촉진에 관한 법률 제21조에 따른 임업진흥계획

㉡ 임업 및 산촌 진흥촉진에 관한 법률 제25조에 따른 산촌개발사업계획

㉢ 장사 등에 관한 법률 제5조 제2항에 따른 묘지 등의 수급 중・장기계획

⑬ 특정지역의 개발계획(20개)

㉠ 경제자유구역의 지정 및 운영에 관한 특별법 제4조에 따른 경제자유구역개발계획 및 경제자유구역의 지정

㉡ 농어촌정비법 제8조에 따른 농업생산기반 정비사업 기본계획(농어촌정비법 제2조 제5호 나목의 경우는 제외한다)

㉢ 농어촌정비법 제54조에 따른 생활환경정비계획

㉣ 농어촌정비법 제94조에 따른 한계농지 등 정비지구의 지정

㉤ 농어촌정비법 제101조에 따른 마을정비구역의 지정

㉥ 연구개발특구의 육성에 관한 특별법 제4조에 따른 특구의 지정

㉦ 연구개발특구의 육성에 관한 특별법 제6조에 따른 특구육성종합계획

㉧ 연구개발특구의 육성에 관한 특별법 제34조에 따른 특구관리계획

㉨ 도서개발 촉진법 제4조에 따른 개발대상도서의 지정 및 같은 법 제6조에 따른 사업계획

㉩ 석탄산업법 제39조의8에 따른 탄광지역진흥사업 추진대상지역의 지정 또는

같은 법 제39조의9에 따른 탄광지역 진흥사업계획

㉪ 지역개발 및 지원에 관한 법률 제7조에 따른 지역개발계획

㉫ 지역개발 및 지원에 관한 법률 제11조에 따른 지역개발사업구역의 지정

㉬ 신행정수도 후속대책을 위한 연기·공주지역 행정중심 복합도시건설을 위한 특별법 제20조에 따른 개발계획

㉭ 주한미군기지 이전에 따른 평택시 등의 지원에 관한 법률 제21조에 따른 국제화 계획지구의 지정

㉮ 지역특화발전특구에 대한 규제특례법 제4조에 따른 특구의 지정 및 특구계획

㉯ 제주특별자치도 설치 및 국제자유도시 조성을 위한 특별법 제224조에 따른 광역시설계획

㉰ 친수구역 활용에 관한 특별법 제4조에 따른 친수구역의 지정 또는 사업계획 수립(같은 법 제26조에 따른 친수구역 조성사업에 직접 관련되는 사업을 포함한다)

㉱ 폐광지역개발지원에 관한 특별법 제3조에 따른 폐광지역 진흥지구의 지정

㉲ 폐광지역개발지원에 관한 특별법 제5조에 따른 폐광지역 환경보전계획

㉳ 기업도시개발특별법 제5조에 따른 개발구역의 지정 및 같은 법 제11조에 따른 기업도시개발계획

⑭ 체육시설의 설치계획(2개)

㉠ 청소년활동 진흥법 제47조에 따른 청소년수련지구의 지정

㉡ 체육시설의 설치·이용에 관한 법률 제12조에 따른 사업계획(25만 제곱미터 미만으로 한정한다)

⑮ 폐기물·분뇨·가축분뇨처리시설의 설치계획(1개)

폐기물관리시설 설치촉진 및 주변지역 지원 등에 관한 법률 제9조에 따른 폐기물처리시설의 입지 선정

⑯ 국방·군사시설의 설치계획(2개)

㉠ 국방·군사시설 사업에 관한 법률 제4조에 따른 국방·군사시설사업계획

㉡ 군사기지 및 군사시설 보호법 제4조에 따른 보호구역 등의 지정

⑰ 토석·모래·자갈·광물 등의 채취계획(1개)

골재채취법 제21조의2에 따른 골재채취 예정지의 지정(공유수면에 지정할 때에는 10만 제곱미터 이상 25만 제곱미터 미만으로 한정한다)

그림 1.9 조용한 쉼터

1.3 기후변화 대응정책

1. 기후변화(Climate Change)

현대인은 세 가지의 위기를 맞고 있는데 그것은 기후변화, 자원고갈, 오존층 파괴이다. 또한 과학의 발달로 인구팽창과 대량 소비문화에 따른 산더미 같은 폐기물 발생, 화석연료의 사용증가로 인류가 살고 있는 지구는 중병을 앓고 있다. 최근 대기 중에 온실가스인 CO_2, CH_4, N_2O, HFC 등의 농도가 점차 높아져서 지구의 평균온도가 계속 상승하면서 기후변화를 일으켜 사회적으로 심각한 영향을 미치고 있다.

온실가스(Green House Gas, GHG)는 직접온실가스와 간접온실가스가 있으며, 직접온실가스는 온실효과에 직접적으로 관여하는 CO_2(이산화탄소), CH_4(메탄), N_2O(아산화질소), PFC(과플루오르화탄소), HFC(수소플루오르화탄소), SF_6(육플루오르화황) 등이 있고, 간접온실가스는 다른 화합물과 반응해서 온실가스 발생에 기여하는 SO_x(황산화물), NO_x(질소산화물), CO(일산화탄소), NMVOC(비메탄계 휘발성유기화합물) 등이다.

유엔기후변화협약인 UNFCCC(United Nations Framework Convention on Climate Change)가 밝힌 지구온난화에 미치는 영향으로 CO_2가 1.0일 때의 지구온난

화 지수(global warming potential, GWP)를 〈표 1-7〉에 제시하였다.

지구온난화는 대기 속에 있는 401ppm의 CO_2가 지구에 쪼인 짧은 파장의 태양 적외선에너지는 통과시키지만 지구에서 배출되는 긴 파장의 적외선 복사에너지는 흡수해서 기온상승으로 일어난다. 기후변화의 원인에는 화산폭발, 태양활동 변화 등의 자연적인 것과 화석연료 사용, 바이오매스 소각 등의 인위적인 것이 있다.

표 1-7 | 지구온난화 지수와 발생원

구 분	이산화탄소	메탄	아산화질소	수소플루오르화탄소	과플루오르화탄소	육플루오르화황
화학식	CO_2	CH_4	N_2O	HFC	PFC	SF_6
GWP	1	21	310	650	6,500	23,900
발생	연소	부패	화학공장	발포제	세정제	절연체

(1) 기후변화 영향

전세계적으로 기후변화 영향은 자연계의 자연환경, 인위적인 생활환경과 사회・경제환경에 재해가 있을 것으로 예상한 잠재영향이나 재해 통과 후 수반되는 잔류영향이 있다. 특히 WMO(세계기상기구)와 UNEP(유엔환경계획)가 1988년에 공동으로 설립한 기후변화에 관한 정부간 패널(IPCC, Intergovernmental Panel on Climate Change)에서 지금처럼 화석연료에 의존한 대량소비형 사회가 지속된다면 2099년에는 평균기온이 최대 6.4℃ 높아져 해수면 높이가 59cm까지 상승, 대부분의 습지가 바닷물에 잠겨서 농사가 안 되고, 상수원수에 바닷물이 섞여 이용할 수 없게 되어 식량문제, 물부족현상을 비롯한 엄청난 피해가 발생한다고 하였다.

하지만 이러한 환경재해가 없도록 하기 위하여 화석연료 대신에 신재생에너지를 사용하고 에너지를 아껴 쓴다면 평균기온이 1.1℃로 상승해 18cm 정도만 높아지므로, 하루속히 친환경정책의 실천이 필요한 현실이다.

표 1-8 | 기후변화에 따른 지역별 영향

구분	아시아	아프리카	극지방	도서지역
영향	1. 빙하녹아 산사태 2. 허리케인 발생 3. 싱크홀 발생 4. 집중호우 발생	1. 집중호우 발생 2. 질병 발생	1. 빙하두께 감소 2. 생태계 교란 3. 야생동물 이동	1. 해수면 상승 2. 해안침식 증가 3. 해안생태 피해

북극해의 얼음 면적이 1979년에 278만km^2 이었는데 2007년에는 165만km^2로 크게 감소했으며, 빙하는 연평균 2.1% ~ 3.3% 정도씩 감소하였다. 그래서 빙하가 녹아 해수면이 상승하여 1961~1993년에는 매년 1.8mm씩 상승했으며, 기온이 1℃ 높아지면 양서류의백화현상이 나타나고 2℃ 높아지면 야생 동·식물이 20% 멸종되며, 3℃ 높아지면 모든 야생 동·식물이 거의 멸종될 우려가 있다고 한다. 특히 인간의 건강피해는 기온이 상승하면 폭염으로 전염병발생 증가, 식량부족으로 영양실조와 기아문제가 있으며, 대기오염, 산불발생 등의 피해도 나타난다.

그림 1.10 해수면 상승으로 바닷물에 잠겨드는 도시

표 1-9 기후변화에 따른 영향

구분	농·축산	생태계	보건	대기
영향	1. 과수품질 저하 2. 병해충 증가 3. 고랭지채소 감소 4. 쌀생산량 감소 5. 작물재배 가능지역 북상	1. 소나무 등 식생 변화 2. 꽃게, 명태 등 냉수성 어종 이동 3. 고산식물 멸종 4. 활엽수림 북쪽 이동 5. 남방계 곤충 증가 6. 생물다양성 감소	1. 오존농도 증가 2. 천식환자 증가 3. 생식기질환 증가 4. 폐암 증가 5. 심혈기능 저하 6. 폭염사망률 증가	1. 기온상승피해 증가 2. 사막화 증가 3. 가뭄, 홍수 증가 4. 황사 심각 5. 미세먼지 증가

(2) 기후변화협약의 주요내용

① 목적(제2조)은 지구온난화를 방지할 수 있는 수준으로 온실가스 농도를 안정화한다.

② 원칙(제3조)은 세계공통의 자발화된 책임, 국가별로 특수사정을 고려한 형평성, 환경오염과 기후변화의 예방원칙, 정책과 조치, 대상 온실가스의 포괄성 있는 공동이행에 대한 효율성과 지속가능한 발전 촉진이나 개방적인 국제경제체제의 촉진으로 경제발전을 모색한다.

③ 의무사항은 공동과 특정의 의무사항이 있는데, 공동 의무사항은 제4조 제1항에 온실가스 배출통계 작성발표, 정책과 조치의 이행이고, 제5조에는 연구와 체계적인 관측, 제6조에는 교육훈련과 공공인식, 그리고 정보교환의 특정 의무사항이 있다. 또한 특정 의무사항은 제4조 제2항에 배출원과 흡수원에 관한 특정 의무사항으로 1990년 수준이 되게 온실가스 배출을 안정화하는 데 노력하고, 이를 위해 제4조 제3항에서 재정지원과 기술이전에 관한 특정 공약을 하고 있다.

④ 기구와 제도는 제4조 제8항에서 기구를 개발도상국의 특수상황을 고려해서 설치하고, 제7조에서 당사국총회, 제8조에서 사무국, 제9조에서 과학기술자문 부속기구, 제10조에서 이행자문기구와 제11조에서 재정기구를 규정하였다. 그리고 제도는 제12조에서 서약과 검토, 국가보고서 제출과 당사국총회 검토이며, 제13조에서 이행관련된 의문점 해소를 위한 다자간 협의과정과 제14조에서 분쟁조정제도를 규정하고 있다.

(3) 교토의정서의 주요내용

기후변화협약은 지속가능한 성장을 위한 지구촌 국가들의 공동노력이어야 하기 때문에 온실가스 감축을 위한 의무사항 관련 당사국총회가 열린 1997년에 교토의정서를 채택하였다. 주요 온실가스 감축의 내용은 6개의 온실가스인 CO_2, CH_4, N_2O, HFC, PFC, SF_6을 대상으로 협약서 Annex-I 국가 중 미국을 제외한 38개국이 1990년대에 평균 5.2%를 감축하는 강제감축 의무규정을 발표하였다. 특히 이들 38개 국가의 CO_2 배출량이 1990년 기준 CO_2 배출량의 55% 이상을 차지해야만 교토의정서가 발효되는 것으로 규정하였다. 하지만 2001년 미국이 중국, 인도 등의 개발도상국들이 온실가스 감축 의무대상국가에서 제외되었다는 이유로 비준을 거부해서 러시아와 EU국가들이 2004년에 비준해 CO_2 배출량 55% 초과로 2005년 2월 16일에 발효되었다.

표 1-10 | 기후변화협약과 교토의정서의 비교

구분	발효시기	한국 비준시기	비준 국가수	주요내용
기후변화협약	1994. 3. 21.	1993. 12.	189	기후영향 감소
교토의정서	2005. 2. 16.	2002. 11.	153	온실가스 감축

그러므로 교토의정서는 총 38개 국가의 감축 대상 6개 온실가스를 선정해서 2012년까지 1990년의 CO_2 기준으로, 각 국가별로 EU · 스위스 · 체코가 −8%, 미국 −7%와 일본 −6%, 호주 +8%, 아일랜드 +10%까지이지만 평균 5.2%를 의무적으로 감축하며, 시장원리를 이용해서 CO_2 배출권 거래제도 등을 도입한 교토메커니즘을 발표하였다.

① 배출권거래제(ET)

배출권 거래제(Emission Trading)는 온실가스 감축의무국(38개국)이 의무 감축량을 초과해서 달성하면 그 초과분을 다른 온실가스 감축의무국과의 국제표준(ISO-14065)에 맞는 배출량 산정과 검증지침에 따라 거래할 수 있는 제도이다.

표 1-11 | 국가별 온실가스 감축률(1990년 대비)

구분	EU · 스위스 · 체코	미국	일본 · 폴란드 · 캐나다	한국	러시아 · 뉴질랜드	노르웨이	호주	아일랜드
%	-8	-7	-6	-4	0	+1	+8	+10

② 청정개발체제(CDM)

CDM(Clean Development Mechanism)은 38개 국가 중 독일이 개발도상국가인 한국에 기술투자로 발생된 CO_2 배출감축량을 독일의 CO_2 감축실적으로 인정해 주는 제도이다.

③ 공동이행체제(JI)

JI(Joint Implementation)는 CO_2 감축의무가 있는 38개 국가 사이에 온실가스 감축사업을 공동으로 수행하는 것을 인정하는 공동이행제도이다. 예를 들면, 독일이 프랑스에 투자해 CO_2 감축량의 일부분을 프랑스의 감축실적으로 인정해 주는 제도이다. 현재 EU의 동부유럽국가들에서 활발하게 진행되고 있으며, JI에 의해 발생된 CO_2 감축량을 ERU(Emission Reduction Unit)라고 하고 ERU를 인증하는 기관은 IE(Independent Entity)이다. 그리고 JI사업의 CO_2 감축실적(credit) 거래 시 유치국 내에서 동일한 CO_2 감축량만큼 삭감받으려면 JI 총괄기관인 JISCC

(Joint Implementation Supervisory Committee)와 협의해야 한다. JI사업은 추진절차가 2개로 구분되어 있는데, Track 1일 경우에 JI사업 유치국에서 자국의 CO_2 감축사업에 대한 CO_2 감축량을 국가 온실가스 배출량 지침에 따라 검증받아야 하고, Track 2는 JI 인증기관인 JE가 CO_2 감축량 검증 총괄기관(JISC)의 승인 절차에 따라 CO_2 감축량을 결정한다.

(4) 주요 당사국 총회

위의 교토의정서는 현재로서는 그 효력을 충분히 발휘하지 못하는 상태로, 다만 당사국 총회 중 중요한 한 획을 그음으로써 각국의 참여를 유도하고 계속 전향적인 협의를 할 수 있도록 한 것이다. 아래 표 1-12는 2013년까지의 당사국 총회 중 주요의제를 다루고 결정한 사례를 정리한 것이다.

표 1-12 | 주요 당사국 총회

총회 연도	개최 도시	주요내용	비 고
1997 제3차	교토/ 일본	1. 선진국(미, 일, EU) 온실가스배출량 평균 5.2% 감축 1990년 대비, 2008~2012 2. 중국(인도) 참여유도 : 선발개도국(한국, 멕시코, 터키) 동참 압박 3. 도쿄메커니즘 도입 : 배출권거래제, 청정개발체계, 공동이행제도	- 미국의 탈퇴(2001) - 2004년 러시아 의회 통과 - 2005년 발효 -경제적 유인책 : 실효의문
2007 제13차	발리/ 인도 네시아	1. '상당한 감축(deep cuts)'에 동의 2. 2009년 말까지 새로운 기후변화협약 설정 약속 (발리로드맵) 3. 개발도상국 배출억제/선진국 기술 및 금융 지원	- 수치설정 합의 실패 - 2013부터 탄소상쇄분 판매; 개도국 우림보존 (12/3 인니)
2009 제15차	코펜 하겐/ 덴마크	1. '지구기온상승을 산업화 시대 대비 2℃ 이내로 제한' 협의안 2. 합의 동의안에 각국 감축계획(2020년 목표) 첨부	- '10.1/31까지 주요국가 제출 미 : 05대비 17% EU : 90대비 20% 일 : 90대비 25% (우 : 05대비 4%) - 감축안에 '단서'가 붙음
2010 제16차	칸쿤/ 멕시코	1. 1000억불/년 녹색기후기금 조성(개도국 적응 위해) 2. 회원국 간 온실가스 감축원칙 합의 3. 중국과 미국 등 주요 배출국의 조치 검사 4. 5년 후 진전 상황에 대한 과학적 검토	- 구체적 자금조성방안 한계 - 확실하게 실행할 것을 약속 : 모호했던 내용의 구체화

2011 제17차	더반/ 남아공	1. 교토의정서 5년 연장(2017년까지로) 2. 모든 배출국가 참여하는 새로운 의정서 채택키로 (2020 이후)	- 교토의정서 의무국가 : 38개국 : 1~3위국 (중, 미, 인) 불참 - 참여시킬 발판
2012 제18차	도하/ 카타르	1. 제2차 공약기간(2013~2020) 연장 합의 2. 2015년까지 신기후체제 협상문 마련키로 함	- 제19차 COP에서 GCF자금 조성전략 마련
2013 제19차	바르샤바/ 폴란드	1. 모든 국가가 2020년 이후의 온실가스 감축공약을 자체적으로 결정하여 2015년까지 제출토로 요청	- GCF자금 2020년까지 연간 1천억 불 마련 위해 2년마다 기후재원장관회의

2. 기후변화 대응정책

최근 인구팽창과 산업발달로 화석연료의 소비가 증가되어 지구온난화로 기후변화를 일으킴에 따라 정량적으로 온실가스를 감축시켜 공개적으로 제시하는 환경정책을 수립해야 한다. 온실가스의 감축목표를 제시하는 방식에는 기준연도 대비 CO_2 감축량을 제시하는 절대량 기준방식과 배출전망값(Business As Usual, BAU) 대비 CO_2 감축량을 제시하는 전망값 기준방식이 있다.

우리나라도 2009년 11월 17일에 2020년 국가온실가스 감축목표를 2005년 대비 40% 감축과 BAU 기준으로 30%를 감축하기로 선언하였다. 이처럼 절대량 기준방식은 기후변화협의체(IPCC) Annex-I에 속한 38개 선진국이 채택하는 방식이고, 전망값 기준방식은 기후변화협의체가 개발도상국가에 권고하는 방식인데, 우리나라는 두 방식을 모두 적용하고 있다.

지금까지 IPCC 선진국가들은 중기로 2015년에서 2020년과 장기로 2020년에서 2050년까지 온실가스 감축목표를 제시하고 있는데, CO_2 삭감량이 기준연도인 1990년 대비 25%에서 40%이며, BAU 대비 15%에서 30% 수준이다. 개발도상국가의 CO_2 삭감량은 2020년 BAU 대비 2005년 기준으로 중국은 40%, 인도는 20%이다.

(1) 선진국의 기후변화 대응정책

① 미국

미국은 기후변화협약과 교토의정서 체결을 주도했지만 CO_2 총배출량 302억 톤(2010년 기준)의 24%인 72.9억 톤을 중국이 배출하는데 자발적 온실가스 감축대상국가에서 제외되었다고 해서 교토의정서를 거부(2001년)했다가 2009년에 청정에너지안보법(Waxman- Markey 법안)이 미국하원에서 발의되어 2020년까지 CO_2 총량을 제한받는 중기목표로 17% 삭감하기로 하였다. 이에 따라 미국의 지방정부도 온실가스 감축목표를 수립하고 목표달성을 위한 정책과 수단들을 시행하고 있다.

② EU

EU(유럽공동체)는 온실가스 감축목표를 중기계획으로 2020년까지 1990년 대비 CO_2 30% 감축을 제시했고, 장기계획으로 2050년까지 배출권 거래제도와 탄소시장 정책에 의해 50% 이상으로 감축하겠다고 발표하였다. 영국은 2008년 기후변화법을 제정해 CO_2 감축량을 2020년까지 26%와 2050년까지 80%로 감축설정을 해 탄소예산을 수립해 가기로 하였다. 프랑스도 2008년에 신환경법을 제정해 2020년까지 건물부문에서 에너지소비율을 40% 감축하고 교통부문에서 20% 감축하며, 2050년까지 1990년 대비 75% 감축을 목표로 설정하였다.

이처럼 EU는 27개 국가의 기후변화 대응전략으로 1991년에 유럽기후변화프로그램(The European Climate Change Program, ECCP)을 수립해서 적극적으로 교토메커니즘 활동에 참여하고 있다. 그리고 2020년까지 EU 온실가스 배출량 삭감은 1990년 대비 20%(최대 30%)라고 기후변화 대응전략을 선언하였다.

③ 일본

일본은 2008년에 중기 목표검토위원회를 설립해서 온실가스 배출량 삭감에 대한 각계 의견을 수렴해서 2020년까지 1990년 대비 8%를 발표하였다. 그리고 UN이 인정하는 탄소배출권의 구매와 일본 내의 산림의 CO_2 흡수원을 활용해 최대한 BAU 25%까지 감축목표를 달성하기로 발표하였다. 또한 한국처럼 일본도 EU와 함께 부문별 접근(sectoral approach)방식을 통해서 선진국과 개발도상국의 공동감축을 이행하도록 제안하였다. 그래서 에너지효율이 우수한 기술을 활용하겠다는 전략이다.

(2) 개발도상국의 기후변화 대응전략

① 중국

중국은 공업신흥국가여서 화석연료의 다량 사용으로 전체 온실가스양의 89%가 CO_2이며, 2006년부터 세계 1위의 온실가스를 배출하고 있다. 그래서 중국은 2007

년에 NCCP(National Climate Change Programme)를 발표하면서 2010년까지 2005년대 GDP당 에너지소비량을 20% 감축하고 2020년까지 40%를 감축하며, 그리고 신재생에너지비율도 10%까지 확대보급하기로 하였다. 또한 CO_2 흡수원(carbon sink)으로 농지개발, 자연림보호 등의 산림점유율을 20%로 높이고, 2009년까지 90%의 자연림과 야생 동·식물보호를 위해 전국토의 16%를 녹지화하기로 하였다.

② 인도

인도는 인구 1명당 CO_2를 250kg씩 배출하고 있어서 온실가스 저감을 위해 신재생에너지 보급확대, 대형 수력발전설비 구축, 에너지집약적 산업화 등으로 2009년에 2020년까지 2005년 기준으로 24%의 CO_2 삭감과 2030년까지 37% 삭감을 발표하였다. 인도는 미국과 공동으로 재생에너지 기술개발과 청정기술을 접목시켜서 기후변화문제와 CDM사업을 추진하고 있다.

표 1-13 IPCC의 온실가스별 지구온난화지수(GWP)

코드	온실가스	화학식	GWP	코드	온실가스	화학식	GWP
1	이산화탄소	CO_2	1	13	HFC-143a	$C_2H_3F_3$	3,800
2	메탄	CH_4	21	14	HFC-227ea	C_3HF_7	2,900
3	아산화질소	N_2O	310	15	HFC-236fa	$C_3H_2F_6$	6,300
4	HFC-23	CHF_3	11,700	16	HFC-245ca	$C_3H_3F_5$	560
5	HFC-32	CH_2F_2	650	17	PFC-14	CF_4	6,500
6	HFC-41	CH_3F	150	18	PFC-116	C_2F_6	9,200
7	HFC-43	$C_5H_2F_{10}$	1,300	19	PFC-218	C_3F_8	7,000
8	HFC-125	C_2HF_5	2,800	20	PFC-318	$C-C_4F_8$	7,000
9	HFC-134	$C_2H_2F_4$	1,000	21	PFC-31-10	C_5F_{10}	8,700
10	HFC-134a	CH_2FCF_3	1,300	22	PFC-41-12	C_5F_{12}	7,500
11	HFC-152a	$C_2H_4F_2$	140	23	PFC-51-14	C_6F_{14}	7,400
12	HFC-143	$C_2H_3F_3$	300	24	육플루오르화황	SF_6	23,900

(3) 우리나라의 기후변화 대응

우리나라는 2008년에 환경(green)과 경제(growth)를 통해 시너지(synergy)를 극대화하는 저탄소 녹색성장을 건국 60주년 기념식에서 선언하였다. 녹색성장은 온실가스 삭감과 환경오염 저감으로 경제의 지속가능한 성장에 이어서 녹색기술과 청정에너지로 신성장동력과 일자리를 창출시키자는 신국가발전을 말한다. 그리고 환경적으로 건전하고 지속가능한 개발(Environmentally Sound and Sustainable Development, ESSD)은 전지구적인 공업화와 도시화의 지구환경문제와 환경오염의 대안으로 인정되어 1992년에 UNCED(United Nation Conference on Environmental and Development)에서 주요 의제로 채택되기도 하였다. 그런데 지속가능한 발전은 저탄소 녹색성장으로 환경과 경제, 사회의 조화이면서 환경학적으로 지속가능한 경제성장과 에너지안보, 기후변화 대응의 종합관리여야만 가능하다. 또한 지속가능한 발전과 에너지안보는 온실가스 의무감축의 국제적인 협상문제를 국가발전 측면에서 선진국들과 개발도상국들 사이에 한국이 가교국가의 역할을 담당하면서 글로벌 리더십(global leadership)을 발휘해 세계일류의 녹색선진국으로 나아갈 수도 있다. 그러므로 환경과 경제를 통한 시너지 극대화는 저탄소 녹색산업 육성, 가치사슬 녹색정책 개발, 녹색생활 실천과 녹색산업 소비기반으로 지속가능한 녹색성장을 위한 국가환경정책으로 추진해 나가야 한다.

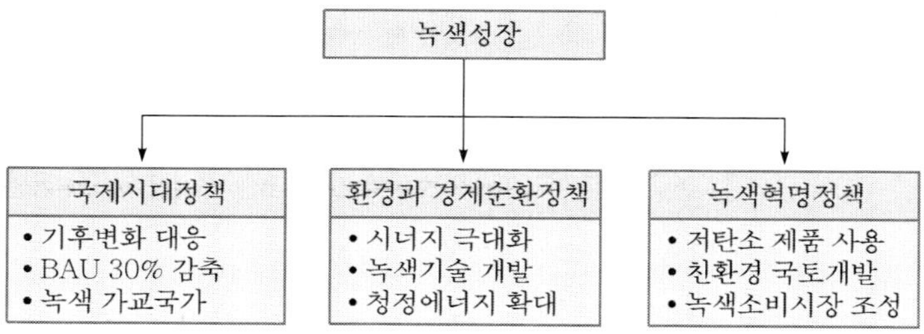

그림 1.10 녹색성장전략

(4) 국제 기후변화 대응 국제협약

① 유엔기후변화협약(UNFCCC)

㉠ UNFCCC(United Nations Framework Convention on Climate Change)는 1994년부터 발효되었으며, 지구온난화(global warming)를 일으키는 온실가스(Green House Gas, GHG)의 배출량을 억제하기 위한 협약이다.

㉡ 1992년 6월 5일에 브라질 리우데자네이루(일명 리우)에서 자연자원의 환경적으로 건전하고 지속가능한 개발(Environmentally Sound and Sustainable Development, ESSD)이라는 주제로 개최된 UNCED(유엔환경개발회의)에서 지구환경문제를 해결하려고 유엔기후변화협약 외에도 유엔사막화방지협약,

유엔생물다양성협약, 몬트리올의정서가 체결되었다.

㉢ 온실가스인 CO_2, CH_4, N_2O, HFC, PFC, SF_6, NF_3 등의 배출량 삭감으로 지구 온난화에 의한 해수면 상승, 생태계 교란, 홍수피해 예방 등의 환경재해를 방지하기 위해 UNFCCC가 채택되었다.

그림 1.12 하수도관의 빗물처리능력 부족 때문에매년 무릎까지 잠길 정도로 침수되는 강남역 일대

② 유엔사막화방지협약(UNCCD)

㉠ UNCCD(United Nations Convention to Combat Desertification)는 1996년에 발효되었으며, 가뭄과 사막화에 따른 피해지역에 재정적, 기술적 측면에서 국제적인 노력으로 사막화를 방지하거나 지구환경보호를 목표로 하는 협약이다.

㉡ 1992년 6월 5일 리우에서 개최된 UNCED에서 합의된 의제 21(Agenda 21)에 근거해서 유엔사막화방지협약이 채택되었다.

③ 몬트리올의정서(Montreal Protocol)

㉠ 몬트리올의정서는 대기공간의 지상 12km에서 20km에 있는 오존층을 파괴하는 물질인 프레온가스(CFC)의 생산과 사용을 규제하는 국제협약이다.

㉡ 몬트리올의정서는 1989년부터 발효되었으며, 그 내용에 따라 현재 냉장고나 자동차 에어컨(air conditioner) 등에 사용하는 프레온가스의 생산과 수입을 금지하고 있다.

(5) 저탄소 녹색성장기본법 주요내용

한국의 저탄소 녹색성장기본법은 2009년 11월 5일 국회 기후변화 대책 특위법안 심사소위원회를 통과하였다. 저탄소 녹색성장기본법은 저탄소 녹색성장을 효율적이고 체계적으로 추진하기 위해서 녹색성장국가 전략을 수립, 심의하는 녹색성장위원회의 설립 등의 추진체계를 구축하고 저탄소 녹색성장을 위한 각종 제도적인 장치를 마련하였다. 특히 녹색성장 대안으로 자동차분야에서의 온실가스 규제를 선택적으로 할 수 있도록 완화하고 원자력산업 육성정책을 삭제하였다.

저탄소 녹색성장기본법의 핵심내용은 다음과 같다.

① 법의 성격

저탄소 녹색성장에 관한 기본법이 다른 법률인 에너지기본법, 지속가능발전기본법 등보다 우선해서 적용되고, 다른 법률의 제정이나 개정 시에는 기본법의 목적과 기본원칙에 맞도록 해야 한다.

② 녹색성장국가 전략의 수립과 시행

정부는 저탄소 녹색성장을 위한 정책목표, 추진전략, 중점 추진과제 등을 포함한 녹색성장국가 전략을 녹색성장위원회와 국무회의 심의를 거쳐서 수립하고 시행해야 한다.

③ 녹색성장위원회의 설치

정부는 국무총리와 민간위원을 공동위원장으로 하는 대통령소속의 녹색성장위원회를 설치하고, 재정부 · 지경부 · 환경부 · 국토부의 장과 등과 당연직 위원, 대통령이 위촉한 민간위원 50명 이내로 구성한다.

④ 녹색경제와 산업육성

정부는 성장잠재력이 큰 신규 녹색산업을 발굴해서 육성하고 녹색경제와 녹색산업으로의 단계적인 전환을 촉진하며, 각 산업부문과 과정 사이의 연관성을 제고해 산업화를 하는 등의 녹색경제와 녹색산업을 육성하고 지원하는 시책을 강구해야 한다.

⑤ 환경친화적 세제운영

환경오염과 온실가스를 발생시키며 에너지 이용효율이 낮은 재화와 서비스에 대하여 조세부담을 강화하고 지원배분의 비효율성을 줄일 수 있도록 국가의 조세정책을 운영해야 한다.

⑥ 기후변화 대응 에너지 기본계획 수립과 시행

정부는 온실가스 중장기 감축목표의 설정과 부문별, 단계별 대책, 에너지 수요관리와 안정적인 공급 등을 포함한 기후변화 대응 기본계획과 에너지 기본계획을 녹색성장위원회와 국무회의의 심의를 거쳐서 수립하여 시행해야 한다.

⑦ 중장기와 단계별 목표 설정 및 관리

정부는 온실가스 감축, 에너지 절약, 에너지 자립, 에너지 이용효율, 신재생에너지 보급의 향상을 위하여 중장기와 단계별 목표를 설정하고, 그 달성을 위하여 조기행동을 촉진하며, 필요한 경우에 경영지원, 기술적 조언 등의 지원이나 조치를 강구할 수 있다.

⑧ 온실가스 배출량 보고와 종합정보관리체제 구축 및 운영

온실가스를 대량 배출하는 업체와 에너지 다소비업체는 온실가스 배출량과 에너지 사용량을 정부에 보고하도록 하고, 정부는 온실가스 종합정보관리체제를 구축하여 운영해야 한다.

⑨ 총량제한 배출권 거래제 도입

총량제한(Cap and Trade) 배출권 거래제의 할당방법, 등록과 관리의 방법, 거래소 설치, 운영과 도입시기 등을 다른 법률로 정한다.

⑩ 녹색성장 관련계획 수립 시 협의

과학기술 기본계획과 국토종합계획 등은 녹색성장 관련 주요계획 수립 시 녹색성장위원회의 의견을 미리 들어야 한다.

⑪ 녹색산업 투자회사 설립

녹색산업에 관련된 기술개발과 사업에 자산을 투자해 그 수익을 주주에게 배분하는 것을 목적으로 하여 녹색산업 투자회사를 설립할 수 있다.

그림 1.13 유엔기후정상회의(2014. 9. 24.)

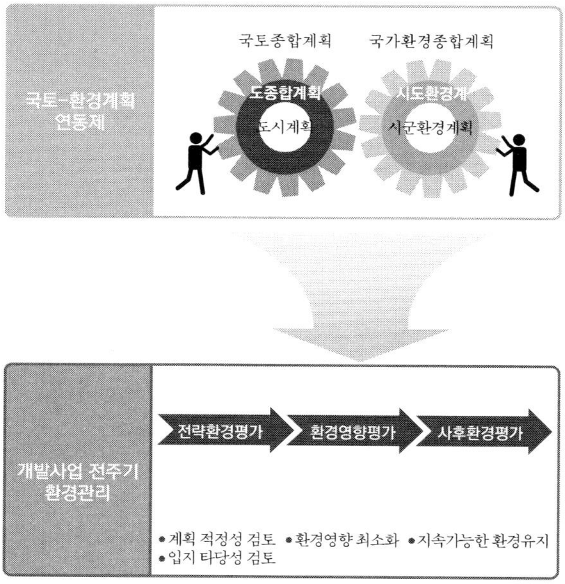

[환경부: 2014 환경백서]

그림 1.14 환경과 조화되는 국토관리

CHAPTER 02

환경영향평가

CHAPTER

02 환경영향평가

2.1 환경영향평가제도(EIA system)

환경영향평가(Environmental Impact Assessment, EIA)는 계획사업이 환경에 미치는 영향을 미리 조사, 예측 및 평가함으로써 해 해로운 환경영향을 피하거나 제거 또는 감소시킬 수 있는 방안을 마련하는 종합적인 환경관리 수단이다.

1. 환경영향평가의 도입

최근 과학문명의 발달에 따른 기온상승으로 기후변화, 지구환경문제, 사막화, 쓰나미, 엘니뇨현상 등이 나타남으로써 생태계가 파괴되고 자정능력이 초과되어 건강하고 쾌적한 환경을 유지하는 데 사회적인 문제가 되고 있다. 미국은 1969년에 세계 최초로 환경영향평가제도를 법제화했고, EIA제도의 가치를 인식한 영국, 독일 등이 도입하였다.

우리나라는 급속도의 경제 성장에 따른 국토 난개발에 의해 환경이 마구 훼손되자 사후 환경관리보다는 사전 예방적인 관리수단으로서 환경영향평가제도를 1977년에 도입하였다. 환경영향평가는 사업계획을 수립하고 시행하면서 해당사업의 경제성이나 기술성뿐만 아니라 환경성까지 종합적으로 고려해 환경적으로 건전하고 지속가능한 발전(Environmentally Sound and Sustainable Development, ESSD)을 위한 사업계획안을 모색하는 계획기법이다. 환경영향평가제도는 1981년부터 사업시행 전에 미리 환경보전측면에서 충분한 환경성 검토가 고려될 수 있도록 하여 환경오염을 사전예방하려는 것이며, 또한 산업사회의 진전에 따른 개발사업의 시행으로 환경오염이 점진적으로 심화되면서 경제성, 기술성과 환경보전을 포함한 환경계획의 종합적인 평가를 하는 제도이다.

환경영향평가제도는 환경영향평가 대상사업의 계획수립단계에서 사업시행으로 인해 발생되는 자연환경, 생활환경과 사회・경제환경에 미치는 전체적인 영향을 예측하고 분석해서 이에 대한 대책을 강구함으로써 건강하고 쾌적한 환경에서 안전한 삶의 질을 향상시키게 하는 제도이다. 환경영향평가제도의 변천내역은 다음과 같다.

(1) 공해방지법 상의 환경영향평가제도

1971년에 개정된 공해방지법 제16조에 최초로 공해의 사전대책으로 환경영향평가제도를 도입하기로 하였다.

• 공해방지법 제16조 전문개정(1971년 1월 22일 법률 제2305호)

> **제16조(공해 사전대책)** ① 국가 또는 지방자치단체는 도시개발, 산업입지의 선정, 조성과 정비에 관한 시책의 책정과 실시를 하면서 그 부근의 지리, 기상, 수리, 산업분포 등에 필요한 사항을 조사해야 한다.
> ② 제1항의 조사에 필요한 항목, 조사방법, 시험방법 등의 필요한 사항은 보건사회부령으로 정한다.

이처럼 공해방지법은 환경영향평가제도를 포괄적으로 발전시키지 못하고 공해방지법 제16조의 표제처럼 공해 사전대책으로 도시개발, 산업단지 조성 등의 사업추진 시 인근지역의 지리, 기상, 수리 등에 대한 조사를 하는 정도로 조사항목과 방법을 규정하였다.

(2) 환경보전법 상의 환경영향평가제도

1977년 환경보전법을 제정하면서 제5조에서 사전협의라는 표제로 명실공히 환경영향평가제도의 도입근거를 마련하였다.

> **제5조(사전협의)** 도시의 개발이나 산업단지의 조성, 에너지 개발 등 환경보전에 영향을 미치는 계획을 수립하고자 하는 행정기관의 장은 대통령령이 정하는 방법에 따라 해당계획에 관하여 미리 보건사회부장관과 협의하여야 한다.

그리고 1980년에 환경청이 설립되고 1981년에 환경영향평가서 작성 등에 관한 규정이 제정되어 고시되면서 1982년부터 본격적인 환경영향평가를 시행하였다. 또한 1979년에는 표제의 '사전협의'를 '환경영향평가 및 협의'로 변경하고 그 평가대상 사업의 종류도 광범위하게 확대시켰다. 1981년에는 제5조 조문내용 중 행정기관의 장을 행정기관, 공공단체와 정부투자기관의 장으로 확대 적용했고, 1986년에는 민간사업도 환경영향평가를 받도록 의무화하였다.

그림 2.1 건강한 자연생태습지

(3) 환경정책기본법 상의 환경영향평가제도

1990년에 환경정책기본법이 환경정책의 종합적인 조절기능 강화를 위해 새로 제정되면서 제4절 제26~28조까지에 별도로 환경영향평가를 신설했고, 사업자는 대상사업 시행으로 인하여 환경영향을 받게 되는 주민의견을 수렴한 환경영향평가서 초안을 공고하고 환경영향평가서의 절차가 완료되기 전에 사전공사 시행의 금지를 제도화하였다.

제26조(주민의견 수렴) 사업자는 대상사업으로 인하여 환경영향을 받게 되는 주민의 의견을 수렴하여 환경영향평가서 초안을 공고하도록 한다.

제27조(사전공사 시행금지) 환경영향평가서의 절차가 완료되기 전에는 대상사업에 관련된 조사를 시행할 수 없도록 하고, 위반하면 사업의 일시중지 등 필요한 조치를 취할 수 있다.

(4) 환경영향평가법 상의 환경영향평가제도

1993년에 단일법으로 환경영향평가법이 제정되었으며, 환경영향평가 대상사업의 범위, 시기, 협의절차 등이 구체적으로 법제화되었다. 그리고 지역적인 특수성을 고려해서 시・도 조례로 환경영향평가법상 대상사업이 규모 미만일지라도 심각한 환경영향이 예상되면 환경영향평가를 실시하도록 제도화하였다.

> 제1조(목적) 이 법은 환경에 영향을 미치는 계획이나 사업을 수립, 시행할 때에 해당계획과 사업이 환경에 미치는 영향을 미리 예측과 평가하고 환경보전방안 등을 마련하도록 하여 친환경적이고 지속가능한 발전과 건강하고 쾌적한 국민생활을 도모함을 목적으로 한다.

이처럼 환경보전방안을 쾌적한 환경상태를 조성하고 유지하는 행위로서 반드시 개발계획 수립 시부터 시행하여 바람직한 사업시행안으로 친환경개발사업 시행을 유도해서 국민건강과 지속가능한 발전에 기여하고자 환경영향평가법을 제정하였다. 특히 환경영향평가사 시험을 2014년부터 최초로 실시해 환경영향평가서 작성 등의 업무 최고수행자로서 환경현황조사, 환경영향 예측과 분석, 환경보전방안의 설정과 대안평가 등을 총괄하도록 하였다.

2. 각 법률상의 환경영향평가제도

우리나라는 1990년부터 환경에 대한 국민의식 수준이 높아지면서 국민건강과 쾌적한 환경유지의 중요성을 인식하여 환경정책의 종합적 조정기능의 강화를 위해서 환경보전법을 폐지하고 환경정책기본법을 제정하였다.

(1) 환경정책기본법상 환경영향평가제도

환경정책기본법상 환경영향평가제도는 주민의견 수렴절차와 환경영향평가의 사후 관리제도, 사전 공사시행 금지규정의 신설이다. 사업자는 대상사업의 시행으로 생긴 영향을 받게 되는 주민의 의견을 수렴해서 환경영향평가의 내용에 포함하며, 평가서 초안을 공고하여 의견수렴 절차를 규정하였다. 그리고 환경부장관은 환경영향평가서에 대한 협의내용 이행여부를 조사, 확인하고, 사업자가 협의내용을 이행하지 아니하면 관계행정기관의 장에게 시정조치를 요청할 수 있도록 하고 관계기관의 장은 이에 응하도록 하였다. 또한 환경영향평가서의 절차가 완료되기 전에 대상사업에 관련된 공사를 시행할 수 없도록 조치하고 사전공사의 시행금지에 위반하면 사업의 일시중지 등의 필요한 조치를 취할 수 있도록 하였다.

(2) 환경영향평가법상 환경영향평가제도

환경정책의 기본방향을 규정하고 있는 환경정책기본법에서 환경영향평가 대상사업의 범위, 시기, 협의절차 등의 구체적이면서 집행적인 사항까지를 규정해야 하는 입법기술상 어려움이 있어 환경영향평가법이 1993년 6월 11일에 제정되어 실질적인 주민의견 수렴을 위한 설명회나 공청회를 의무적으로 개최하도록 하였다.

이 밖에도 주민과의 협의내용을 충실히 이행하기 위해서 협의내용 관리대장의 비치와 관리책임자의 지정을 의무화하였다. 그리고 협의내용의 미이행으로 공사중지 명령을 받은 사업자가 공사중지 명령을 위반하면 형사처벌을 받으며, 협의기준 위반 시에는 협의기준 초과부과금을 부과, 징수하게 하였다. 또한 환경영향평가서의 전문적인 검토와 관련정치, 평가기법의 연구, 개발 등을 위해서 한국환경정책평가연구원을 특수법인으로 설립하였다.

특히 지역적인 특수성을 고려해 시・도의 조례로 환경영향평가법상 평가대상 미만의 사업에 대하여도 환경영향평가를 실시할 수 있게 하였다.

(3) 환경, 교통, 재해 등에 관한 영향평가법상 환경영향평가제도

1999년에 환경분야, 교통분야, 재해분야, 인구분야, 경관분야에 관한 영향평가를 각각 다른 법률에 의해서 별도로 시행함으로써 절차가 중복되거나 사업자에 큰 경제적인 부담이 되어, 일괄된 의견수렴 절차에 따른 환경영향평가법을 개정해서 통합영향평가의 기반을 마련하였다. 그리고 2003년에 영향평가 대행자가 통합영향평가를 전부 실시하다 보니 너무 기간이 많이 소요되어 사업자가 대상사업의 공사에 관한 계약과 분리해 별도로 분야별 체결을 하도록 하였다. 또한 사업자는 해당사업에 적용해야 할 평가항목의 범위를 정해 주도록 승인기관의 장에게 요청할 수 있으며, 이 경우에 승인기관의 장은 평가항목, 범위를 위한 심의위원회를 거쳐서 결정하여 사업자에게 통보하는 평가항목과 범위확정제도(scoping)를 도입하였다.

이 밖에도 2005년에 환경영향평가의 대상인 개발사업은 행정계획 수립단계에서부터 사전 환경성 검토를 실시한 경우에 환경영향평가를 실시해서 사전 환경성 검토서

내용을 활용하고, 사전 환경성 검토에서 실시된 의견수렴은 환경영향평가법상 의견수렴으로 대체시킬 수 있다고 판단되면 교통, 재해, 인구 등의 평가대상에서 의견수렴을 생략할 수 있도록 하였다.

(4) 환경영향평가법상 전략환경영향평가제도

2011년 7월 21일에 통합영향평가법에서 교통, 재해, 인구 영향평가제도를 분리해 환경영향평가제도만 규정하여 개정하였다. 환경영향평가의 협의와 이행과정의 관리강화를 위해서 환경영향평가서의 검토와 사후 관리를 보강하였다.

전략환경영향평가를 도입해 환경에 영향을 미치는 상위 계획을 수립할 때에 환경보전계획과의 부합여부 확인과 대안의 설정, 분석 등을 통해서 환경측면상 해당계획의 적정성과 입지의 타당성 등을 검토하여 국토의 지속가능한 발전을 도모하도록 하였다. 또한 환경영향평가사를 두어 환경영향평가서 등의 작성 등에 관한 업무를 수행하는 사람으로 자격시험제도가 도입되었다.

3. 환경영향평가제도

환경영향평가제도는 대규모의 개발사업이나 중요한 시책의 추진계획(program)을 시행하는 과정에서 나타날 수 있는 환경에 미치는 영향을 미리 예측하고 분석해 이를 최소화하는 방안을 강구하는 계획기법이면서 의사결정도구이다. 따라서 환경영향평가는 사업자가 개발계획을 수립하면서 환경영향을 예측분석해서 스스로 환경영향을 저감시켜야 한다.

(1) 환경영향평가를 위한 평가항목

환경영향평가는 미래의 불확실한 환경변화 상태를 과학적으로 예측해야 한다는 측면에서 예측평가기법의 개발이 지속적으로 연구개발되어야 하는 분야이다. 그리고 환경영향평가 시 다루게 되는 환경영향평가분야는 자연생태환경, 대기환경, 물환경, 토지환경, 생활환경과 사회・경제환경의 6개 분야와 21개 항목으로서 다음과 같다.

① 자연생태환경 분야의 2개 항목은 동・식물상, 자연환경자산이다.
② 대기환경 분야의 4개 항목은 기상, 대기질, 악취, 온실가스이다.
③ 물환경 분야의 3개 항목은 수질(지표와 지하 포함), 수리・수문, 해양 환경이다.

④ 토지환경 분야의 3개 항목은 토지이용, 토양, 지형 · 지질이다.
⑤ 생활환경분야의 6개 항목은 친환경적 자원순환, 소음 · 진동, 위락 · 경관, 위생 · 공중보건, 전파장해, 일조장해이다.
⑥ 사회 · 경제분야의 3개 항목은 인구, 주거(이주의 경우를 포함한다), 산업이다.

그림 2.2 녹지대개발

(2) 환경영향평가서

환경영향평가서는 개발사업 시행에 따른 환경영향을 미리 예측해서 환경에 미치는 영향을 줄이기 위해 개발사업의 실시계획 승인 등의 기본결정이 이루어지기 전에 작성해서 협의하도록 되어 있다. 개발사업의 대상시설은 17개 분야의 단위사업별로 평가서의 제출시기나 협의요청시기가 다르다.

영향은 사업시행으로 인하여 환경에 변화를 가져오는 모든 긍정적이고 부정적인 영향으로서 직접적인 영향과 간접적인 영향, 그리고 단기적인 영향과 장기적인 영향을 포함한다. 또한 저감은 환경에 미치는 영향을 감소, 제거와 완화시키는 것을 말한다. 특히 환경영향 요소는 사업계획의 내용 중에서 환경에 미치는 영향의 원인이 되는 요소를 말하며, 사후 환경영향조사는 사업착공 시부터 발생될 수 있는 환경피해를 방지하고 당초의 환경영향평가를 적정하게 실시하였는지를 파악하기 위하여 사업자가 행하는 주변환경에 대한 조사, 분석과 평가의 행위를 말한다.

또한 전략환경영향평가 대안은 대상계획의 목표와 방향, 환경적 목표와 기준, 추진전략과 방법, 수요와 공급, 위치와 시기, 입지 등의 조건이 다른 여러 가지 안을 말하며, 환경영향평가 대안은 해당사업 시행으로 인하여 환경에 미치는 영향을 저감이나 방지할 수 있는 모든 합리적인 방안으로서 규모, 지구경계, 토지이용계획, 시기, 공법, 그 밖의 조건이 다른 여러 가지 안을 말한다.

환경영향평가서 등은 전략환경영향평가 준비서, 전략환경영향평가서 초안, 전략환경영향평가서, 전략환경영향평가 재협의서 및 변경협의서, 환경영향평가 준비서, 환경영향평가서 초안, 환경영향평가서, 환경영향평가 재협의서 및 변경협의서, 소규모 환경영향평가서, 약식평가서 및 사후 환경영향조사서를 말한다. 또한 환경영향평가 시 환경에 미치는 실시계획, 시행계획의 승인 등은 허가, 인가, 승인, 면허와 결정 등을 말한다.

그림 2.3 해안사구

2.2 환경영향평가

1. 미국의 환경영향평가법

미국은 1969년에 국가환경정책법(National Environmental Policy Act, NEPA)을 미 공법 91-190호로 제정하여 1970년 1월 1일부터 효력이 발생되었다. 그리고 물오염, 대기오염의 규제에 관한 특별법을 포함한 환경문제를 다루는 주요 연방법이 계속 통과되었다. 또한 환경위원회(Council on Environmental Quality, CEQ) 지침과 NEPA 시행령이 제정되어 사업계획이나 정책결정과정에서 환경적, 재정적, 기술적, 사회적인 부문과 그 밖의 구성항목에 관한 사항을 종합적으로 고려하도록 하였다. 다시 말하면, NEPA가 제정되기 전에는 경제적, 기술적인 부문만 고려했는데, NEPA가 제정된 후에는 환경적, 사회적인 부문까지 포함된 것이다.

(1) NEPA 주요내용

NEPA는 2개의 기본적 부문으로 구성되었는데, 주제 Ⅰ은 국가환경정책선언이고 주제 Ⅱ는 CEQ 설립의 내용으로 규정되어 있다. 국가목표는 다음과 같다.

① 각 세대는 다음 세대를 위한 환경관리자로서 모든 책임을 다해야 한다.
② 모든 미국 국민은 안전하고 건강하며 생산적, 심미적, 문화적으로 쾌적한 환경에 살 수 있도록 보장되어야 한다.
③ 환경피해, 건강과 안전에 대한 위협, 그 밖의 원하지 않는 부작용이 없도록 환경을 잘 이용할 수 있도록 한다.
④ 역사적, 문화적, 자연적으로 중요한 국가 문화재를 보존하고 개인의 선택적인 자유가 보장될 수 있도록 환경을 보전한다.
⑤ 인구와 자원이용 시 균형이 이루어져서 생활수준의 향상을 도모하게 편익의 공평한 배분을 한다.
⑥ 재활용가능한 자원의 품질을 높이고 고갈되어 가는 자원을 위해 최대한 자원순환을 추진해야 한다.

(2) 환경영향평가서(EIS)

① 환경영향평가서의 구성

EIS(Environmental Impact Statement)는 환경현황조사(Environmental Inventory, EI), 환경평가(Environmental Assessment, EA), 환경영향평가서(Environmental Impact Statement, EIS)이다.

㉠ 환경현황조사

ⓐ 특정한 대상지역에서 제안된 개발사업 실시를 고려해서 지역의 환경현황을 상세하게 기술한다.

ⓑ 현황조사는 물리적 환경, 생태학적 환경과 문화적 환경에 대해서 점검표(checklist)로 서술한다.

- 물리적 환경분야는 지형, 지질, 지표수, 지하수, 수질, 대기질, 기상이다.
- 생태학적 환경분야는 어류(물고기류), 파충류, 조류, 식생, 초본류, 포유

동물 등의 동·식물상, 희귀하거나 멸종위기에 있는 동·식물이다.
- 문화적 환경분야는 인구추세, 인구분포, 사적지, 고고학 가치가 있는 지역, 인간복지의 경제적 지표이다.

ⓒ 대상사업에 의한 환경영향은 잠재적인 영향, 좋은 영향과 나쁜 영향 모두 자료를 조사한다.

㉡ 환경평가

ⓐ 환경현황조사과정에서 각각의 환경분야에 대한 일어날 수 있는 결과를 평가하는 단계이다.
- 각각의 환경항목에 대한 잠재적인 변화를 예측해야 한다.
- 변화의 크기를 결정해야 한다.
- 변화의 중요도를 평가해야 한다.

ⓑ 평가는 수질, 대기질 예측은 잘 개발된 기법의 이용이 가능하나 동·식물 피해 등은 여러 전문가들이 참여해 전문지식에 근거한 체계성이 있어야 한다.

㉢ 환경영향보고서

ⓐ NEPA, CEQ 지침과 특정 정부기관의 지침(guideline)에 따라 기본양식에 맞추어서 작성하고 문서화해야 한다.

ⓑ 환경현황조사와 환경평가결과의 요약보고서이다.

ⓒ 환경영향보고서는 환경영향평가서 초안(draft statement)과 환경영향평가서 최종본(final statement)으로 구분된다.
- 초안은 개발제안기관이 작성해서 다른 연방정부기관, 주정부, 지방자치단체, 공공기관, 민간단체가 공람한다.
- 최종본은 검토기관에서 제시된 문제점과 주민의견을 수렴해서 초안을 수정한 보고서여야 하며, 그리고 사업실시 30일 전까지 환경위원회(CEQ)에 제출하여 비치되어야 한다.

ⓓ 해당 연방정부에 환경영향에 대한 건의 시 주요내용
- 제안사업의 환경영향 내용이어야 한다.
- 사업시행 시 불가피하게 일으킬 환경에 대한 악영향을 기술해야 한다.
- 제안사업의 대안을 제시해야 한다.
- 단기적이거나 국부적인 인간환경 이용과 장기적인 생산성 유지 및 증대의 상호관계를 기술해야 한다.

• 제안사업의 공사 중 일어날 수 있는 재이용 불가능한 자원이용과 원상회복 내용이어야 한다.

② 환경영향평가서의 기본 작성내용

EIS에는 제안사업이 환경에 미치는 영향, 나쁜 영향과 대안을 포함시켜야 한다.

㉠ 제안사업의 환경영향 기술일 경우

ⓐ 작성 초기에는 제안사업에 관련된 부정적 영향, 악영향에 주안점을 둔다.

ⓑ 환경영향은 좋고 나쁜 영향을 모두 구체적으로 완전공개해야 한다.

ⓒ 제안사업에 관련된 제1차적 영향, 제2차적 영향, 제3차적 영향, 직・간접적인 영향도 언급해야 한다.

㉡ 제안사업 진행의 불가피한 환경영향 파악일 경우

ⓐ 환경영향을 정확하게 기술한다.

ⓑ 직접이나 간접적인 나쁜 영향도 기술한다.

㉢ 대안의 제시일 경우

ⓐ 대안은 환경적으로나 공학적, 경제적, 사회적으로 보아 제안된 사업이 상대적으로나 절대적인 환경영향을 비교해서 가능한 한 환경에 악영향이 적은 방법으로 사업을 추진하도록 한다.

ⓑ 대안에는 제안사업을 시행하지 않은 경우와 장래 환경변화까지 예측해서 제안사업을 시행할 때에 일어날 영향에 대한 내용도 포함되어야 한다.

㉣ 인간과 환경관계 기술일 경우

ⓐ 각 세대는 다음 세대를 위한 환경관리자로 의무를 다해야 한다.

ⓑ 대상사업이 장래 쾌적한 환경에 얼마까지 나쁜 영향을 미칠 것인지를 판단해야 한다.

ⓒ 건설단계에서 단기적으로 미칠 동・식물 서식지 파괴 등의 환경영향을 기술한다.

ⓓ 운영단계에서 중장기적으로 환경에 미칠 원상회복 불가능한 영향을 예상한다.

표 2-1 ‖ 국가별 초미세먼지(PM-2.5) 권고값 (단위 : $\mu g/m^3$)

구분	한국	세계보건기구	미국	유럽연합	일본
연평균	25	10	15	25	15
24시간 평균	50	25	35		35

그림 2.4 전기자동차(미국산)

2. 우리나라의 환경영향평가

우리나라는 개발계획을 수립하거나 시행하는 과정에서 해당사업의 경제성과 기술성뿐만 아니라 환경오염과 기후변화 등을 일으키는 환경요인까지 종합적으로 비교와 검토를 해서 환경학적으로 건전하고 지속가능한 사업계획안을 도모하기 위한 환경영향평가 절차 등을 규정(2014. 1. 1. 시행)하고 있다. 따라서 환경영향평가의 시행목적은 환경에 미치는 계획수립이나 사업을 시행할 때의 영향을 미리 예측 및 평가해서 환경보전방안을 마련하여 친환경적이고 지속가능한 발전과 건강하고 쾌적한 국민생활을 도모하는 데 있다. 일반적으로 환경영향평가 등이라고 하면 EIA, SEA, SEIA를 말한다.

(1) 환경영향평가

① 궁극적 목적

㉠ 친환경적이고 지속가능한 발전해야 한다.

㉡ 건강하고 쾌적한 국민생활 도모한다.

② 용어 정의

㉠ 환경영향평가(EIA)제도

EIA(Environmental Impact Assessment)는 환경에 영향을 미치는 실시계획이나 시행계획 등의 허가, 인가. 승인, 면허, 결정(이하 '승인 등'이라 한다)을 할 때에 해당사업이 환경에 미치는 영향을 미리 조사, 예측, 평가해 해로운 영향을 피하거나 제거, 감소시킬 수 있는 방안을 마련하는 제도이다.

㉡ 전략환경영향평가(SEA)제도

SEA(Strategic Environmental Assessment)는 환경에 영향을 미치는 상위계획을 수립할 때에 환경보전계획에 맞는지의 여부확인과 대안의 설정, 분석 등을 통해 환경적인 측면에서 해당계획의 적정성과 입지의 타당성 등을 검토하여 국토의 지속가능한 발전을 도모하는 제도이다.

㉢ 소규모 환경영향평가(SEIA)제도

SEIA(Small Environmental Impact Assessment)는 환경보전이 필요한 지역이나 국토난개발이 우려되어 계획적인 개발이 필요한 지역에서 개발사업을 시행할 때에 입지의 타당성과 환경에 미치는 영향을 미리 조사, 예측, 평가해 환경보전방안을 마련하는 제도이다.

③ 환경영향평가 주요내용

㉠ 국가, 지방자치단체와 사업자의 책무

정책수립과 계획시행, 사업시행 시는 환경오염과 환경훼손을 최소화하는 방안을 마련한다.

㉡ 국가, 지방자치단체, 사업자와 국민의 책무

환경영향평가, 전략환경영향평가와 소규모 환경영향평가(이하 '환경영향평가 등'이라 한다)의 중요성을 인식해서 절차에 따라 원활하게 추진되도록 노력해야 한다.

㉢ 환경부장관의 책무

환경영향평가 등의 객관성, 과학성 및 예측가능성을 높이기 위해서 평가지침, 작성기준과 점검목록 등을 작성해서 보급한다.

㉣ 환경영향평가 등의 기본원칙

환경의 보전과 개발의 조화, 균형을 이루는 지속가능한 발전이어야 한다. 그리고 환경보전방안과 그 대안은 과학적으로 조사와 예측된 결과를 근거로 해서 경제적으로나 기술적으로 실행할 수 있는 범위 안에서 마련한다.

㉤ 환경보전 목표설정

환경영향평가 등을 하려는 자는 환경기준(환경정책기본법), 생태 · 자연도(자연환경보전법), 지역별 대기 · 수질오염 총량기준(대기환경보전법, 수질 및 수생태계보전에 관한 법률)과 그 밖의 관계법률에서 환경보전을 위해 설정한 기준, 계획이나 사업성격, 토지이용과 환경현황, 그리고 계획과 사업이 환경에 미치는 영향의 정도, 평가 당시의 과학적・기술적인 수준, 경제적인 상황 등을 고려해서 환경보전 목표를 설정하여 EIA, SEA, SEIA를 실시한다.

ⓑ 환경영향평가(EIA) 등의 분야별 세부 평가항목

ⓐ SEA(전략환경영향평가)

SEA는 정책계획과 개발기본계획분야로 구분해 세부 평가항목을 규정하였다.

- 정책계획에서는 환경보전계획과의 부합성, 계획의 연계성・일관성, 계획의 적정성・지속성으로 나누어 규정하고 있는데 환경보전계획과의 부합성 항목은 국가환경정책과 국제환경의 동향・협약・규범이다. 계획의 연계성은 정책 상위계획과 관련계획과의 연계성을 말하며, 일관성은 계획목표와 내용과의 일관성이며, 또 적정성과 지속성은 각각 공간계획 적정성, 수요공급 규모의 적합성과 환경용량의 지속성으로 그 항목이 정해져 있다.
- 개발기본계획에서는 계획의 적정성과 입지의 타당성으로 나누어 계획의 적정성 항목은 상위계획 및 관련계획과의 연계성, 대안설정과 대안분석의 적정성을 평가하도록 하며, 입지의 타당성 항목에는 자연환경 보전과 생활환경의 안정성, 사회・경제환경과의 조화성이 있다. 특히 자연환경 보전은 생물다양성, 서식지 보전, 지형과 생태축 보전, 주변 자연경관에 미치는 영향, 물환경 보전 등을 평가하도록 하며, 생활환경의 안정성은 환경기준 부합성, 환경기초시설의 적정성과 자원・에너지순환 효율성, 그리고 사회・경제환경과의 조화성 평가를 위해서는 환경친화적인 토지이용을 평가하도록 규정하고 있다.

ⓑ SEIA(소규모 환경영향평가)

SEIA는 사업개요 및 지역 환경현황, 환경에 미치는 영향의 예측・평가 및 환경보전방안의 분야로 구분해 세부 평가항목을 규정하였다. 사업개요와 평가지역 환경현황의 항목은 사업개요, 지역개황, 자연생태환경, 생활환경과 사회・경제환경이다. 그리고 환경에 미치는 영향의 예측・평가 및 환경보전방안은 자연생태환경, 대기질과 악취, 수질 및 해양환경, 토지이용과 토양 및 지형・지질, 친환경적 자원순환 및 소음・진동, 경관, 전파장해와 일조장해, 인구와 주거 및 산업 등 8개 항목으로 나누어 평가하도록 규정되어 있다.

ⓒ EIA(환경영향평가)

EIA는 자연생태환경, 대기환경, 물환경, 토지환경, 생활환경과 사회・경제 환경의 분야로 구분해 세부 평가항목을 규정하고 있다. 자연생태환경 분야는 동・식물상, 자연환경자산이고, 대기환경 분야는 기상, 대기질, 악취, 온실가스이며, 물환경 분야는 수질(지표・지하), 수리・수문, 해양환경이다. 또한 토지환경 분야는 토지이용, 토양, 지형・지질이고, 생활환경 분야는 친환경적 자원순환, 소음・진동, 위락・경관, 위생・공중보건, 전파장해, 일조장해이며, 사회・경제환경 분야는 인구, 주거(이주 포함), 산업이다.

표 2-2 환경영향평가의 6개 분야별 21개 세부 평가항목

환경분야	자연생태	대기	물	토지	생활	사회·경제
항목	1. 동・식물상 2. 자연환경자산	1. 기상 2. 대기질 3. 악취 4. 온실가스	1. 수질 2. 수리・수문 3. 해양환경	1. 토지이용 2. 토양 3. 지형・지질	1. 친환경적 자원순환 2. 소음・진동 3. 위락・경관 4. 위생・공중보건 5. 전파장해 6. 일조장해	1. 주거 2. 인구 3. 산업
항목수	2개	4개	3개	3개	6개	3개

ⓢ 환경영향평가협의회

환경부장관, 계획수립기관장, 계획수립이나 사업수행에 대하여 승인 등을 하는 승인기관장과 승인 등을 받지 않아도 되는 사업자는 규정된 내용을 심의하기 위해 환경영향평가협의회를 구성・운영하여야 한다. 심의사항은 환경영향평가의 항목과 범위, 환경영향평가협의회의 협의내용 조정, 약식 환경영향평가 실시여부, 주민의견 수렴내용 및 협의내용의 조정에 관한 사항 등이다. 환경영향평가협의회 위원장은 협의기관의 장이나 승인기관장이 소속공무원 중에서 지명하며, 위원은 10명 내외의 인원으로 환경영향평가분야에 관한 학식과 경험이 풍부한 자로 구성하되 반드시 주민대표, 시민단체 등의 민간전문가를 포함하도록 하였다.

(2) 전략환경영향평가

① SEA 실시 대상계획(행정기관장)

㉠ SEA 대상계획의 성격구분

전략환경영향평가(SEA) 대상계획은 정책계획과 개발기본계획으로 구분된다. 정책계획이 국토의 전체 지역이나 일부 지역을 대상으로 국토개발과 환경보전 등에 관한 기본방향이나 지침 등을 일반적으로 제시하는 계획이라면, 개발기본계획은 국토의 일부 지역을 대상으로 하는 계획으로서 구체적인 개발구역 지정, 개별법령으로 실시계획 수립 전에 실시계획의 기준이 되도록 하는 계획이다. SEA 실시계획은 크게 개발계획, 건설계획, 설치계획 등으로 구분된다.

ⓐ 개발계획

도시개발, 산업입지와 산업단지 조성, 에너지개발, 수자원개발, 하천의 이용과 개발, 관광단지 개발, 개간과 공유수면 매립지개발, 산지개발, 특정지역 개발 등이다.

ⓑ 건설계획

항만건설, 도로건설, 철도건설, 공항건설, 체육시설 건설, 폐기물처리시설 건설, 국방·군사시설 건설, 토석·모래·자갈·광물 등의 채취시설 건설과 가축분뇨시설 건설 등이다.

그림 2.5 건강한 생태숲

㉡ SEA 평가준비서 작성

SEA 대상계획을 수립하려는 행정기관장이 대상계획의 목적과 개요, 대상지역 설정, 구체적인 토지이용 구상안, 지역개황, 환경영향평가협의회의 평가항목·범위·방법설정 방안과 주민의견의 수렴을 위한 방안으로 작성한다.

② 전략환경영향평가서 초안에 대한 의견수렴

㉠ SEA 평가서 초안 작성

초안 작성은 대상계획과 개발기본계획을 수립하는 행정기관의 장이 작성하며, 평가항목은 준비서에 맞추어 SEA 평가서 초안을 작성한 후 주민의견을 수렴해서 협의기관인 환경부장관, 승인기관의 승인기관장, 대상지역을 관할하는 지방환경관서의 장, 시·도지사, 시장·군수·구청장에게 제출해야 한다. 그리고 SEA 평가서 초안의 작성내용은 요약문, 개발기본계획의 개요, 개발기본계획과 구체적인 입지에 대한 대안, 전략환경영향평가 대상지역, 개발기본계획 적정성, 입지 타당성, 환경영향평가협의회 심의내용, 주민 등 제출의견의 검토내용이다.

㉡ 주민 등 의견수렴

개발기본계획을 수립하는 행정기관의 장은 개발기본계획의 SEA 평가서 초안을 공고 및 공람하고 설명회, 공청회를 열어 해당 평가대상지역의 주민의견을 들어야 하며, 생태계 보전가치 지역은 자연환경보전지역, 자연공원, 습지주변 관리지역, 특별대책지역일 경우에 전문가 등 평가대상지역 주민이 아닌 자의 의견도 들어야 한다. 또한 주민은 SEA 평가서 초안의 공람기간이 시작된 날부터 공람 종료 후 7일 이내에 개발기본계획을 수립하려는 행정기관의 장에게 예상되는 환경영향, 환경보전방안과 공청회 개최 요구 등의 의견을 제출할 수 있다.

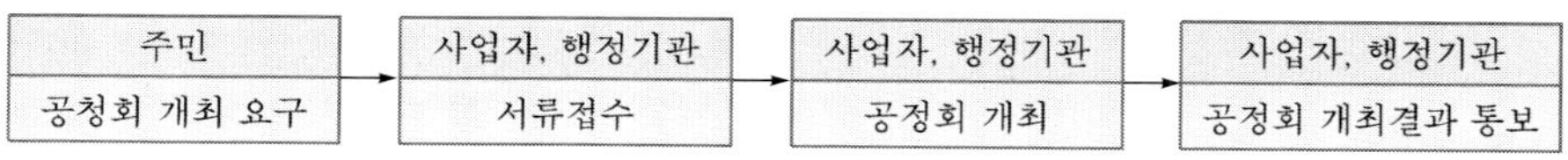

그림 2.6 공청회 처리절차

㉢ SEA 평가서 작성과 협의요청

승인 등을 받아야 하는 SEA 대상계획 수립 행정기관의 장은 SEA 평가서를 작성해서 승인기관의 장에게 제출하면 승인기관의 장은 승인 전에 환경부장관에게 협의요청을 하여 의견을 반영해야 한다. SEA 평가서 작성은 항목별 결정내용과 조치내용, 주민의견 검토내용, 개발기본계획, 관계 행정기관 의견 반영, 그리고 부록에는 인용한 문헌과 참고자료, 참여인력 인적사항 및 용어해설 등이 들어간다.

③ 환경영향평가(EIA) 대상

㉠ EIA 대상사업

사업자가 EIA를 실시하는 때에는 개발사업과 건설사업으로 구분하고 있다. 개발사업은 도시개발, 산업입지와 산업단지 조성, 에너지개발, 수자원개발, 하천의 이용과 개발, 관광단지 개발, 개간과 공유수면 매립, 산지개발, 특정지역 개발 등이다. 그리고 건설사업은 항만건설, 도로건설, 철도건설, 공항건설, 체육시설 설치, 폐기물처리시설 설치, 국방・군사시설 설치, 토석・모래・자갈・광물 등 채취, 축산폐수 공공처리시설 등이다.

㉡ EIA 대상 제외사업

대상 제외사업은 재난과 안전관리상 응급조치사업, 국방부장관이 군사상 고도기밀보호 필요나 군사작전 긴급수행 필요시 환경부장관과 협의한 사업이며, 국가정보원장이 국가안보를 위해 고도기밀보호 필요가 인정되어 환경부장관과 협의한 사업이다. 그러므로 EIA 제외사업은 모든 평가 대상사업의 환경영향평가 중복을 피하면서 스코핑(scoping) 절차결과의 실효성 확보 차원에서 면제된다.

④ EIS 초안 주민 등 의견 수렴

㉠ EIA 평가준비서 작성

사업자는 EIA 승인을 받을 경우에 EIA 실시 전 EIA 평가준비서를 작성해서 승인기관의 장에게 EIA 항목 등을 정해줄 것을 요청해야 한다. 그러면 승인기관의 장은 환경부장관을 통해 항목 등을 환경영향평가협의회의 심의를 거쳐 결정한 다음 사업자에게 통보해야 한다. 특히 EIA 항목 등을 결정할 때에는 개발기본계획을 수립할 경우에 SEA 항목 등 해당지역과 주변지역의 입지여건, 토지이용상황, 사업성격, 환경특성, 계절적인 생태와 환경가치 특성변화 등이 포함된다. 그리고 EIA 평가준비서의 작성 시 포함사항은 EIA 대상사업의 목적과 개요, EIA 대상지역 설정, 토지이용계획안, 대상사업 실시지역과 그 주변지역 환경현황을 포함한 지역개황, EIA 평가의 항목・범위・방법의 설정방안, 주민의견 수렴방안, SEA의 협의내용과 반영여부 등이다.

㉡ EIA 초안 작성

EIA 초안의 포함사항은 요약문, 사업개요, EIA 대상사업 시행에 따른 평가항목별 영향을 받는 지역의 범위와 그 주변지역의 환경현황, SEA의 협의내용 반영여부, EIA 항목 등의 결정내용과 조치내용, EIA의 결과이다. 여기서 말하는 EIA의 결과는 EIA 항목별 조사, 예측과 평가의 대책, 대안의 설정과 평가, 종합평가와 결론, 사후 환경영향조사계획이다. 또한 국민은 EIA 초안의 공람기간이 시작된 날부터 EIA 초안의 공람기간이 끝난 후 7일 이내에 주관 시장·군수·구청장이나 관계 시장·군수·구청장에게 해당사업 시행으로 예상되는 환경영향, 환경보전방안과 공청회 개최 요구 등의 의견을 제출할 수 있다.

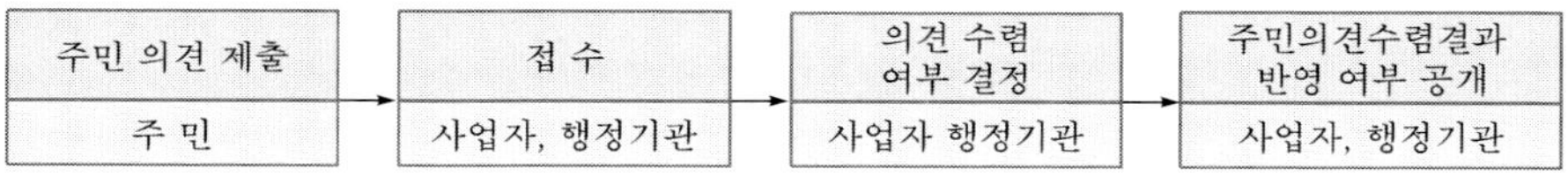

그림 2.7 주민의견 처리절차

㉢ 공청회 개최

공청회는 사업자가 개최하며, EIA 초안 공람기간이 끝난 후 관계전문가 등이 인정 시에 실시한다. 공청회 주재자는 해당 EIA 대상사업이나 EIA 등과 관련한 학식과 경험이 풍부한 사람 중에서 사업자가 주관 시장·군수·구청장과 협의해서 결정한다. 주재자는 의견 진술자를 통해 해당계획과 관련된 환경보전방안에 한정해서 발표, 조치할 수 있다. 공청회 개최는 주민 30명 이상이 필요하다고 의견을 제출한 자가 있거나 필요의견을 제출한 주민 5명 이상과 EIA 초안 의견제출 주민의 총수 중 50% 이상일 때에 실시한다. 사업자는 대상사업지역이 자연환경보전지역, 자연공원, 습지보호지역과 습지주변 관리지역, 특별대책지역일 경우는 주민이 아닌 관계전문가 의견도 들어야 한다.

㉣ EIA 작성

EIA 작성 시 포함사항은 EIA 항목 등의 결정과 조치내용, 주민 등 의견 검토내용, EIA 초안에 대한 주민·전문가·행정기관의 의견과 이에 대한 사업자 검토의견, 부록이다. 여기서 부록내용은 EIA의 인용문헌과 참고자료, 참여인력 인적사항과 용어해설 등이다.

㉤ EIS 검토

환경부장관은 승인기관장의 환경영향평가서(Environmental Impact Statement, EIS)에 대한 협의요청이 있으면 한국환경정책평가연구원과 항만건설, 해안매립 등에 대해서는 해양수산부장관에게 의견을 들어야 하며, 필요시 관계전문가의 의견을 듣거나 현지조사를 의뢰해서 검토받아야 한다. 그리고 협의기관장은 EIS에 대한 사항인 협의대상 요건에 관한 사항, 주민 등 의견 수렴절차 이행과 의견반영사항, EIS 내용의 타당성 여부를 검토해야 한다.

ⓐ 주민의견 수렴 관련규정의 변천과정

- 환경정책기본법에서 1990년에 EIA 초안을 2개 이상의 지방일간지에 공고하고 공람기간을 20일로 하였다.
- 환경영향평가법에서 1993년에 EIA 초안의 공람기간을 20일에서 30일로 연장하고, 설명회와 공청회를 의무화하였다.
- 환경영향평가법에서 1995년에 EIA 초안의 공고방법을 중앙일간지로 확대하도록 개선했으며, 공청회 개최시기도 공람기간 후로 조정하였다.
- 환경영향평가법에서 1997년에 EIA 초안의 공람기간을 30일에서 30~50일로 조정하였다.
- 환경영향평가법에서 1999년에 사업자의 주민의견 수렴에 대한 소요비용 부담 규정을 삭제하였다.
- 통합영향평가법에서 2004년에 EIA 초안의 공람기간을 20~50일에서 30~60일로 재조정하였다.
- 환경영향평가법에서 2013년에 EIA 초안의 공람기간을 20~60일로 재조정하였다.

표 2-3 | 주민의견 수렴 관련범위 설정의 외국사례

국가	의견제출자의 범위
미국	누구든 관심 갖고 있는 개인이나 단체로 규정함
독일	사업계획에 영향받는 자는 누구나 의견을 제출할 수 있도록 규정함
영국	의견을 가진 자는 누구나 제출할 수 있도록 규정함
캐나다	누구나 지역한정 없이 공중의견을 듣도록 규정함
네덜란드	의견이 있으면 한두 명이라도 의견을 제출하도록 규정함
이탈리아	국민은 누구나 의견을 제출할 수 있도록 규정함
일본	• 환경영향평가법일 경우 : 지역주민에 관계없이 누구나 의견을 제출할 수 있도록 기회부여함 • 각의영향평가일 경우 : 사업이 실시되는 지역의 주민으로 한정함

⑤ EIS 협의내용 이행과 관리

사업자는 사업계획 등을 시행할 경우 사업계획 등에 반영된 협의내용을 이행해야 하고, 협의내용을 적은 관리대장에 그 이행상황을 기록해서 공사현장 사무실에 비치해야 한다. 그리고 이행관리를 위하여 관리책임자를 지정해서 환경부장관, 승인기관장에게 통보해야 한다.

관리책임자의 자격기준(시행규칙 제17조)은 기술자격일 경우 환경영향평가사, 환경분야 기술사자격소지자, 환경분야 기사자격을 취득한 후 7년 이상 환경영향평가 실무를 수행한 자이어야 한다. 그리고 학력, 경력자일 경우에는 관련전공의 박사학위를 취득한 후 4년 이상 EIA 실무를 수행한 자 또는 석사학위를 취득한 후 7년 이상 EIA 실무를 수행한 자이며, 공공기관, 국공립연구기관, 정부출연기관의 근무자나 공무원으로 환경분야에서 15년 이상 근무하고 그 기간 중 3년 이상 EIA 실무를 수행한 사람이어야 한다. 특히 관리책임자는 환경영향평가업자, 환경컨설팅회사와 감리전문회사에 관리를 대행할 수 있다.

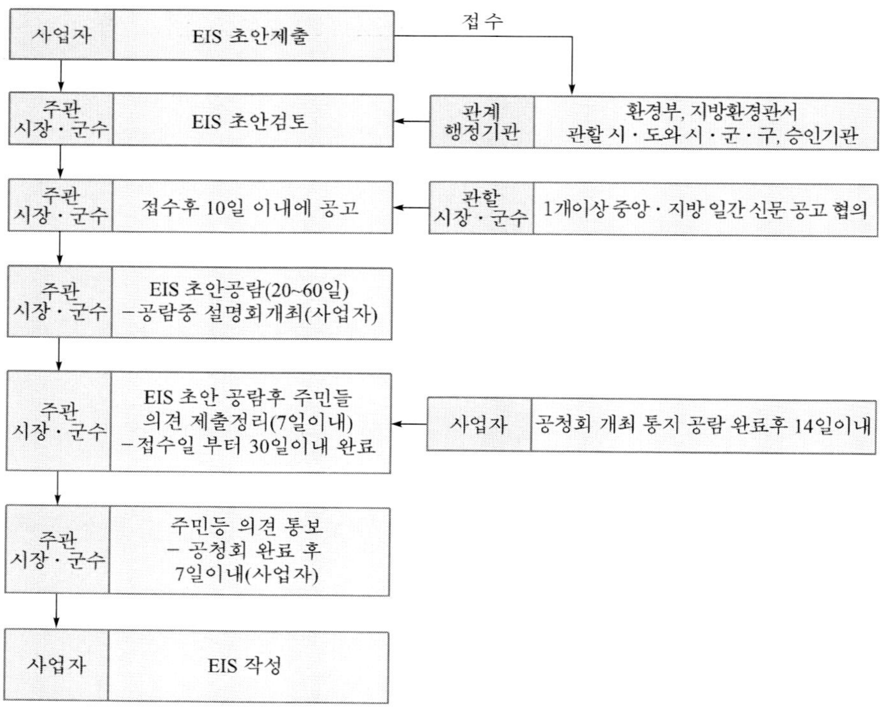

그림 2.8 주민 등 의견수렴 절차

표 2-4 EIA의 평가준비서, 초안, 최종평가서 작성내용

구분	평가준비서	평가서 초안	최종평가서
내용	1. 사업개요 2. SEA 협의내용과 반영여부 3. 지역개황 4. EIA 대상지역 설정 5. 평가항목과 범위 등 설정 6. 주민 등 의견수렴계획 7. 약식평가 절차 신청여부	1. 요약문 2. 사업개요 3. EIA 대상지역 설정 4. 지역개황 5. 평가항목과 범위 등에 대한 결정내용, 조치사항 6. 평가항목별 환경현황조사, 예측과 평가, 저감방안, 사후 환경영향 조사계획 7. 환경에 미치는 총괄영향 저감방안 8. 불가피한 환경영향과 이에 대한 대책 9. 주민의 생활환경, 재산상의 환경오염피해와 대책 10. 대안설정과 평가 11. 종합평가와 결론 12. SEA 협의내용 반영여부 13. 부록	1. 요약문 2. 사업개요 3. EIA 대상지역 설정 4. 지역개황 5. 평가항목과 범위 등에 대한 결정내용, 조치사항 6. 주민과 관계행정기관의 의견수렴 결과 7. 평가항목별 환경현황조사, 예측, 평가, 저감방안, 사후 환경영향 조사계획 8. 환경에 미치는 총괄영향 저감방안 9. 불가피한 환경영향과 이에 대한 대책 10. 주민의 생활환경, 재산상의 환경피해와 대책 11. 대안설정과 평가 12. 종합평가와 결론 13. SEA 협의내용 반영여부 14. 부록
분량	1. 본문 : 50면 이내 2. 활자 : 12point	1. 본문 : 100면 이내 2. 부록 : 100면 이내	1. 본문 : 300면 내외 2. 부록 : 150면 내외

그림 2.9 수상도시(이탈리아)

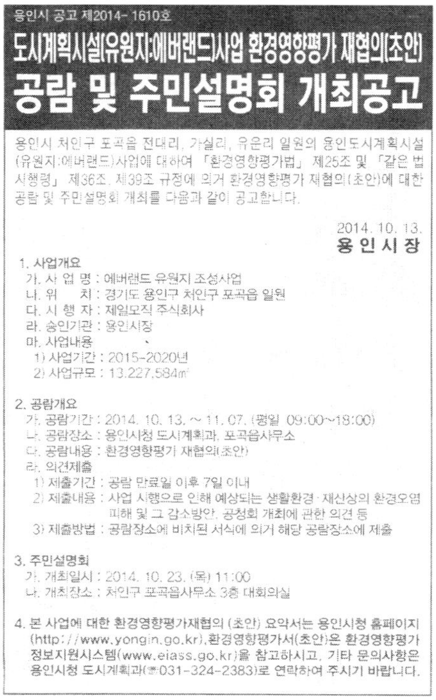

용인시 공고 제2014-1610호

도시계획시설(유원지:에버랜드)사업 환경영향평가 재협의(초안)

공람 및 주민설명회 개최공고

용인시 처인구 포곡읍 전대리, 가실리, 유운리 일원의 용인도시계획시설(유원지:에버랜드)사업에 대하여 「환경영향평가법」 제25조 및 「같은 법 시행령」 제36조, 제39조 규정에 의거 환경영향평가 재협의(초안)에 대한 공람 및 주민설명회 개최를 다음과 같이 공고합니다.

2014. 10. 13.

용 인 시 장

1. 사업개요
   가. 사 업 명 : 에버랜드 유원지 조성사업
   나. 위 치 : 경기도 용인구 처인구 포곡읍 일원
   다. 시 행 자 : 제일모직 주식회사
   라. 승인기관 : 용인시장
   마. 사업내용
      1) 사업기간 : 2015-2020년
      2) 사업규모 : 13.227,584㎡

2. 공람개요
   가. 공람기간 : 2014. 10. 13. ~ 11. 07. (평일 09:00~18:00)
   나. 공람장소 : 용인시청 도시계획과, 포곡읍사무소
   다. 공람내용 : 환경영향평가 재협의(초안)
   라. 의견제출
      1) 제출기간 : 공람 만료일 이후 7일 이내
      2) 제출내용 : 사업 시행으로 인해 예상되는 생활환경 · 재산상의 환경오염 피해 및 그 감소방안, 공청회 개최에 관한 의견 등
      3) 제출방법 : 공람장소에 비치된 서식에 의거 해당 공람장소에 제출

3. 주민설명회
   가. 개최일시 : 2014. 10. 23. (목) 11:00
   나. 개최장소 : 처인구 포곡읍사무소 3층 대회의실

4. 본 사업에 대한 환경영향평가재협의 (초안) 요약서는 용인시청 홈페이지(http://www.yongin.go.kr),환경영향평가서(초안)은 환경영향평가정보지원시스템(www.eiass.go.kr)을 참고하시고, 기타 문의사항은 용인시청 도시계획과(☎031-324-2383)로 연락하여 주시기 바랍니다.

그림 2.10 주민설명회 일간신문 공고(중앙일보, 2014. 10. 13.)

CHAPTER 03

환경영향평가 실무

CHAPTER

03 환경영향평가 실무

3.1 환경영향평가서 등 작성방법

1. 환경영향평가서 작성규정

전략환경영향평가의 대상계획을 수립하려는 행정기관의 장(계획수립기관)이나 사업자는 환경영향평가서 등의 내용에 대해 최종적인 책임을 져야 하며, 환경영향평가 항목별로 작성자를 명시해야 한다.

(1) 대상지역 설정

전략환경영향평가나 환경영향평가의 대상지역 설정은 계획이나 사업의 시행에 따라 환경에 영향이 미칠 것으로 예상되는 지역으로 하는 것을 원칙으로 한다. 환경영향이 미치는 지역의 범위는 계획이나 사업지구와 그 주변지역에 개발 중이거나 계획이 확정된 사업이 있는 경우에는 이를 포함해 과학적으로 예측하고 분석한 결과에 의하여야 한다. 여기서 환경영향의 예측과 분석에 사용된 기법, 내용, 관련자료 등은 객관적으로 제시하고, 그 타당성을 명시해야 한다.

① 지역개황 조사항목

㉠ 대상지역과 주변지역의 토지이용상황

㉡ 환경보전을 목적으로 하는 법령과 조례 등으로 지정된 자연환경보전지역, 생태・경관보전지역, 상수원보호구역, 수변구역, 특별대책지역, 자연공원, 습지보호지역, 야생생물보호구역, 백두대간 등의 지역지정 현황이다.

㉢ 해당지역의 환경기준, 녹지자연도, 생태・자연도, 국토환경성평가지도, 지역별 오염총량기준 등의 환경규제 내용과 환경보전에 관한 사항

㉣ 멸종위기 및 보호 야생생물 서식현황, 철새도래현황이다.

㉤ 공장 · 공항 · 도로 · 철도 등 환경피해를 유발시킬 수 있는 주요 시설물현황

㉥ 취수장 · 정수장, 문화재, 천연기념물, 역사 · 문화적으로 보전가치가 있는 건조물 · 유적 등 보호를 요하는 시설물현황

㉦ 하수종말처리시설, 분뇨처리시설, 폐기물처리시설 등 환경기초시설 현황

㉧ 임해도시지역 및 해양에서 시행되는 계획이나 사업에 한하는 어업권 현황

㉨ 주변 교통상황과 교통시설 확충계획이다.

㉩ 교육시설, 병원 등의 공공시설 현황이다.

㉪ 그 밖의 사업지역 환경상황을 파악할 수 있는 사항 등이다.

② 환경현황조사

환경현황조사는 현지조사와 문헌조사를 함께 실시하며, 국가환경측정망 자료 및 생태환경 조사자료 등의 국가환경 DB(Data Base)와 문헌 등의 기존자료가 있을 경우에는 이들 기존 자료를 활용해서 환경현황조사를 할 수 있다. 특히 전략환경영향평가와 환경영향평가의 평가준비서 작성 시는 국가환경 DB, 문헌 등의 기초자료를 활용해서 작성하는 것을 원칙으로 한다. 그리고 이 경우에는 가장 최근의 자료를 인용하고 본문의 해당내용 하단에 인용문헌이나 그 출처를 표기해야 한다.

(2) 환경영향평가서 등의 작성방법

환경영향평가서 등은 평가항목과 범위 등의 심의 결과, 주민 등과 관계행정기관 의견수렴 결과 등을 종합적으로 고려해서 대상계획과 사업시행으로 인하여 환경에 미칠 각 영향의 중요도를 규명하고 중요한 사항을 집중적으로 고찰하되 경미한 사항은 간략하게 기술한다.

환경영향평가서 등의 작성방법은 과학적인 사실에 근거를 두고서 객관적 · 논리적으로 작성해야 하며, 이를 위해 자연과학, 사회과학과 응용과학 등이 종합적으로 활용되어야 한다. 그리고 작성을 할 때에는 선정한 조사지역, 조사지점, 예측방법, 예측조건, 예측에 사용된 계수, 수치 등에 대한 선정 근거를 명확하게 제시해야 한다.

환경영향평가 등의 대상지역 내에 교육시설, 문화재, 병원 등의 환경적인 배려를 필요로 하는 시설이 있는 경우에는 이들 시설에 미치는 영향에 유의해서 평가 및 저감방안을 강구해야 한다. 또한 환경영향평가서 등의 내용은 평가서 초안내용과 서로 다

르면 안 되고, 변경내용이 있으면 그 사유를 명시해야 한다. 내용 중 법규나 그에 따른 행정계획 등의 일정한 근거나 확인을 필요로 하는 사항에 대해서는 그 근거를 간략하게 기술하거나 내용을 확인할 수 있도록 관련문서 등의 사본을 제시해야 한다.

일반적으로 환경영향의 예측과 분석은 환경현황 조사내용을 토대로 해당계획이나 사업시행에 따라 변화되는 환경인자를 고려해 환경오염 부하를 저감할 수 있는 방안도 수립 전과 후로 나누어서 실시해야 한다. 이러한 경우에 평가항목의 상호 간에 관련성이 큰 사항에 대해서는 상호 연계시켜서 영향을 예측, 분석하고 반드시 현재의 기술적인 상황을 고려해서 정량화하며, 정량화가 곤란하면 객관적이면서 정성적인 방법으로 예측과 분석을 해야 한다.

전략환경영향평가 대상계획의 수립기관과 사업자는 평가항목별로 예측이나 분석한 결과에 대해 인간의 건강, 생활환경 및 자연환경 보전, 사회·경제환경 등의 관점에서 평가를 실시한다. 또한 예측이나 분석에 따른 평가는 환경정책기본법상 환경기준, 과학적인 지식, 경험과 외국에서 적용되고 있는 기준 등을 고려해 환경보전 목표를 설정하고 이를 토대로 평가를 실시한다. 이들의 평가항목 중에서 학술적인 가치, 경관적인 가치나 휴식공간적인 가치 등을 갖는 자연환경에 대해서는 전국적인 가치와 지역적인 가치로 구분한 후 그들의 고유성, 희소성, 특이성 등을 고려해 평가를 실시해야 한다.

(3) 전략환경영향평가

① 전략환경영향평가의 평가준비서

전략환경영향평가의 평가준비서는 전략환경영향평가 대상계획의 목적과 개요, 대상지역 설정, 토지이용 구상안, 대상계획이 실시되는 지역과 그 주변지역에 대한 환경현황을 포함한 지역개황, 평가항목과 범위 및 평가방법의 설정방안, 개발기본계획인 경우 주민 등의 의견수렴을 위한 절차와 방법 등으로 구성된다. 또한 전략환경영향평가의 평가준비서는 가능한 한 이해하기 쉽게 작성해야 하며, 구체적 자료를 제시할 필요가 있으면 부록으로 제출한다.

② 전략환경영향평가의 평가준비서 작성방법

㉠ 계획의 목적과 개요

계획의 목적은 계획에 대한 목적, 목표와 필요성 등을 기술하며, 계획의 개요는 계획에 대한 추진근거와 전략환경영향평가의 근거, 계획의 확정, 결정, 승인기관명을 제시한다. 그리고 계획의 규모와 입지, 계획기간 등에 대한 내용을 기술하며, 구상단계에서 명확한 입지나 소요부지의 산출이 어려운 경우에는 대략적으로 제시한다.

㉡ 대상지역 설정

사업시행에 따라 환경영향이 미칠 것으로 예상되는 지역의 범위를 설정하고 그 사유를 제시하며, 설정된 지역범위를 도면에 표시해 제시해야 한다. 구체적인 입지가 없는 계획일 경우에는 계획에 따른 영향의 시간적, 공간적 범위를 개괄적이고 정성적인 형태로 파악해서 제시한다.

㉢ 토지이용 구상안

구체적인 입지가 있는 계획일 때에는 대상지역의 축척을 1:3,000에서 1:25,000도에 토지이용 구상안을 제시해야 한다.

그림 3.1 토지이용

㉣ 지역개황

대상지역과 주변지역의 인문환경, 자연환경, 지리적 및 지형적인 여건, 토지이용현황 등을 간략하게 제시하고, 환경기준, 환경보전용도지역, 주요 보호대상 시설물 등의 현황을 제시한다.

㉤ 대안 설정

계획의 목표와 방향, 추진전략과 방법, 수요와 공급, 위치와 시기, 토지이용 등에 대해 설정가능한 대안을 No Action을 포함해 3개 이상 설정해서 제시한다.

ⓑ 평가항목과 범위 등의 설정

평가항목 설정은 6개 분야 21개 세부항목 중 평가에 필요한 항목을 선정해 제시하고, 그 선정사유와 제외사유를 제시해야 한다. 평가범위와 방법설정은 평가항목별로 평가범위와 방법 등을 선정하고 그 사유를 제시한다.

ⓢ 주민 등에 대한 의견수렴계획

개발기본계획인 경우에 한하여 전략환경영향평가서 초안단계에서 주민 등의 의견수렴을 위한 절차와 방법 등의 계획을 제시한다.

③ 전략환경영향평가서 초안

전략환경영향평가서 초안은 요약문, 개발기본계획 개요, 개발기본계획과 구체적인 입지에 대한 대안, 전략환경영향평가 대상지역, 개발기본계획의 적정성, 입지타당성, 환경영향평가협의회 심의내용, 주민 등의 제출의견에 대한 검토내용 등으로 구성된다. 초안은 결정된 평가 항목·범위 등에 따라 대상계획의 시행이 적정한지, 대상계획의 입지가 타당한지에 관한 사항을 중심으로 작성하며, 여기서 제시하는 대안은 계획을 시행하지 않았을 경우(No Action)를 포함하여 2개 이상으로 하여야 하고, 각각의 장 · 단점을 객관적으로 기술할 뿐 아니라 최종적으로 이행할 대안에 대해 그 선정 사유를 명시하여야 한다. 또한 초안의 작성 시에 예측·평가한 환경의 질이나 상태가 주민의 생활환경, 사회 · 경제환경, 자연생태환경에 미치는 영향을 일반인이 이해하기 쉬운 용어를 사용하여 제시하고, 계획 · 입지 · 저감방안 등에 대한 환경영향을 계획 시행 전·후로 구분하여 작성하되, 환경기준 및 기타 평가의 척도가 될 수 있는 자료 등과 비교·분석하여 기재한다.

그 밖에 전략환경영향평가서 초안 작성에 관한 사항은 전략환경영향평가서 작성에 관한 사항을 준용한다.

④ 전략환경영향평가서

전략환경영향평가서는 정책계획에 대한 것인지 개발기본계획에 대한 것인지에 따라 그 구성이 다르다.

㉠ 정책계획에 대한 전략환경영향평가서의 구성

요약문, 정책계획의 개요, 구체적인 입지가 있는 경우 정책계획 및 입지에 대한 대안, 전략환경영향평가 대상 지역, 지역개황, 환경영향평가협의회 심의내용, 전략환경영향평가항목등의 결정 내용 및 조치내용, 공개된 전략환경영향평가항목 등에 대하여 주민 등이 의견을 제출한 경우 이를 검토한 내용, 정책계획의 적정성(환경보전계획과의 부합성과 계획의 연계성·일관성 및 계획의 적정성·지속성), 구체적인 입지가 있는 경우의 입지 타당성, 종합평가 및 결론, 그리고 부록(인용 문헌 및 참고자료, 참여자 인적사항, 용어해설 등)으로 구성된다.

㉡ 개발기본계획에 대한 전략환경영향평가서의 구성

요약문, 개발기본계획의 개요, 개발기본계획 및 입지에 대한 대안, 전략환경영향평가 대상지역, 지역 개황, 환경영향평가협의회 심의 내용, 전략환경영향평가항목 등의 결정 내용 및 조치 내용, 공개된 전략환경영향평가항목 등에 대하여 주민 등이 의견을 제출한 경우 이를 검토한 내용, 전략환경영향평가서 초안에 대한 주민, 관계 행정기관의 의견 및 이에 대한 반영여부, 개발기본계획의 적정성(상위 계획 및 관련 계획과의 연계성, 대안 설정·분석의 적정성), 입지의 타당성(자연환경의 보전, 생활환경의 안전성, 사회·경제 환경과의 조화성), 종합평가 및 결론, 그리고 부록(인용 문헌 및 참고자료, 참여자 인적사항, 용어해설 등)으로 구성된다.

⑤ 전략환경영향평가서 작성방법

㉠ 요약문

계획의 내용, 지역개황, 검토항목과 범위 설정, 대안의 설정과 대안별 환경영향, 최종안 선정결과, 결론의 순으로 전략환경영향평가서 내용을 간략하게 알기 쉽도록 요약해 기재한다.

㉡ 정책계획(개발기본계획)의 개요

계획의 배경과 목적은 사업에 대한 배경, 목적과 필요성을 기술하며, 전략환경영향평가 실시근거 등으로는 대상사업의 범위, 평가서 제출시기와 협의요청시기를 기재한다.

㉢ 정책계획(개발기본계획)의 대안과 입지 대안

정책계획일 경우는 No Action 대안을 포함해 계획목적을 달성할 수 있는 다양한 시나리오 대안을 설정하고 각 대안별로 영향을 검토해 최적안을 선정한다. 이때 해당 정책계획의 내용과 연동되는 다른 계획도 함께 연계시켜서 검토한다. 구체적인 입지가 예정된 계획일 경우에는 No Action 대안을 포함해 계획

목적을 달성할 수 있도록 대상입지와 사업지구의 경계를 변경, 조정하는 안을 대안으로 설정해야 한다.

㉣ 전략환경영향평가 대상지역

사업시행에 따른 환경영향이 미칠 것으로 예상되는 지역의 범위를 과학적으로 예측과 분석을 해서 평가서준비서 심의결과 등에 따라 평가대상지역을 설정하고, 그 내용을 도면으로 표시하여 함께 제시한다. 그리고 환경영향의 예측과 분석에 사용된 기법, 내용, 관련자료 등을 명시하며, 사용근거 등의 타당성을 객관적으로 제시해야 한다.

㉤ 지역개황

대상지역과 주변지역의 인문환경, 자연환경, 지리적 및 지형적인 여건, 토지이용현황 등을 간략히 제시하고, 대상지역과 주변지역의 환경기준, 환경보전용도지역, 주요 보호대상 시설물 등의 현황을 제시해야 한다. 또한 대상지역과 주변지역의 경관자원, 대표나 상징경관의 랜드마크, 대상지역에 적용되는 경관관련계획 등의 현황을 제시한다.

㉥ 환경영향평가협의회 심의내용

환경영향평가협의회 구성에 대한 위원장과 위원의 성명, 소속기관, 직책 등과 심의일시 등의 운영에 관한 사항을 기재하고, 평가항목과 범위 등의 결정이나 공개까지 추진경위를 간략하게 기재한다. 그리고 협의회 심의내용인 전략환경영향평가 대상지역, 토지이용 구상안, 대안과 평가항목, 범위, 방법 등을 기재한다.

㉦ 전략환경영향평가 항목의 결정내용과 조치내용

환경영향평가협의회에서 결정한 평가항목 등과 이를 반영한 조치내용을 표로 작성해 간략하게 기재한다.

㉧ 공개된 전략환경영향평가 항목 등에 대한 주민 등의 의견제출 시 검토내용

협의회에서 공개한 평가항목 등에 대하여 주민 등이 의견을 제출한 경우 표로 만들어 그 내용과 검토 결과 등을 기록한다.

㉨ 전략환경영향평가서 초안에 대한 주민, 관계행정기관의 의견 및 이에 대한 반영여부 (개발기본계획에만 해당)

주민의견 수렴의 개요는 개발기본계획을 수립한 행정기관의 장을 기재하고, 설명회와 공청회를 실시할 경우에 공람장소, 일시를 기재한다. 또한 공청회나 설명회를 개최하지 못한 경우는 그 사유와 그에 대한 조치내용을 기재한다. 특

히 의견을 제출한 주민의 성명, 주소와 기관명을 기재해야 한다. 전략환경영향평가서 초안에 대하여 주민, 관계행정기관 등이 의견을 제출한 경우에는 다음 표에 의해 내용과 반영여부를 기록해야 한다.

표 3-1 | SEA Draft 기록일지(서류 양식)

구분	평가항목	의견제출자(기관)	의견요지	반영여부 (미반영사유)	쪽
초안					
설명회					
공청회					

㉩ 정책계획의 적정성

정책계획이 환경보전계획과의 부합성, 계획의 연계성과 일관성이 있어야 한다. 여기서, 환경보전계획은 국가환경정책과 국제환경동향, 협약, 규범을 말한다. 국가환경정책은 국가에서 시행하는 환경계획과 시책이며, 시책은 국가환경종합계획, 환경비전21, 생물다양성 국가전략, 자연환경보전 기본계획, 환경보전 중기계획, 물관리종합대책, 기후변화협약대응 종합대책, 수도권 대기환경관리 기본계획 등을 말한다. 또한 국제적인 환경관련 협약, 조약, 규범으로 몬트리올의정서, 기후변화협약, 생물다양성협약, 람사협약, 철새보호협약 등을 고려해서 수립하였는지의 여부를 제시한다.

그리고 국제적인 협약 등으로 규정되어 있지는 않지만 해당계획과 관련성 있는 국제적인 환경동향을 고려해서 계획이 수립되었는지도 제시하고, 해당계획과의 연관성, 이를 준수하기 위한 계획이 체계적으로 반영되었는지도 제시한다. 계획의 연계성과 일관성은 상위 행정계획과 일관성이 있는지와, 다른 행정계획과의 수직적, 수평적 연계성이 일관성 있게 반영되었는지도 제시한다. 계획목표와 계획의 세부내용이 일관성이 있는지도 제시해야 한다.

또한 공간계획의 적정성과 수요, 공급 규모의 적정성, 그리고 환경용량의 지속성을 검토하여 계획의 적정성과 지속성을 제시하여야 하는데 공간계획의 적정성은 국토의 생태적인 건전성, 환경과 개발의 조화 등을 위해서 통합적인 네트워크화 방안이 고려되었는지를 제시하고, 국토의 환경친화적인 토지이용 차원에서 생활권 배분 등의 공간계획이 효율적으로 계획되었는지를 제시한다. 그리고 하천, 백두대간 등의 광역적인 생태녹지축 보전 등의 각종 보호지역을 충

그림 3.2 생태녹지대

분히 고려해 계획되었는지와 계획의 수립이나 시행으로 인한 환경적인 여건변화와 관련된 장·단기적인 보전대책을 감안해서 계획되었는지를 제시한다. 수요와 공급규모의 적정성은 인구의 증가, 자원수요, 에너지수요 등을 지구적, 국가적인 환경문제와 연계시켜서 환경계획이 타당하게 수립되었는지를 제시한다. 특히 환경용량의 지속성은 계획의 수요, 규모, 수단예측 시 환경용량과 환경지표 등의 환경적 요소를 고려해 타당하게 검토 및 분석되었는지와 대기오염 총량관리제, 물오염 총량관리계획의 할당부하량의 준수가 가능한지를 제시한다. 끝으로 개발기본계획의 적정성은 상위 행정계획과의 일관성이 있는지를 제시하고, 다른 행정계획과의 수직적, 수평적 연계성이 일관되게 반영되었는지를 제시하며, 그리고 대안이 적절하게 선정되고 분석되었는지를 제시해야 한다.

표 3-2 | 대안의 종류별 선정방법

종류	선정방법
계획비교	계획을 수립하지 않을 경우에는 발생가능상황(No Action)과 계획을 수립했을 때에 발생가능한 상황을 대안으로 선정
수단과 방법	행정목표 달성을 위한 다양한 방법을 대안으로 선정
수요와 공급	개발에 따른 수요와 공급을 결정하는 계획 시 수요공급량 조건을 변경해 대안으로 선정
입지	개발대상 입지결정의 계획 시 대상지역이나 그 경계의 일부를 조정해서 대안으로 선정
시기와 순서	개발의 시기와 순서를 결정하는 계획 시 시행시기나 진행순서 등의 연차별 개발조건을 변경해 대안으로 선정
기타	상기의 대안을 종합적으로 고려한 대안이나 그 밖의 관계행정기관의 장이 계획의 성격과 내용을 고려할 필요가 있다고 판단되는 대안을 선정

㉪ 입지 타당성(정책계획은 구체적인 입지가 있는 경우만 해당)

입지 타당성은 자연환경보전, 생활환경 안정성과 사회·경제환경 조화성이다.

첫째, 자연환경보전은 생물다양성과 서식지 보전, 지형과 생태축 보전, 주변 자연경관에 미치는 영향, 물환경보전이다. 여기서 생물다양성과 서식지 보전은 생태계보전지역, 습지보전지역, 야생생물보호구역 등의 각종 보호지역에 아주 심각한 영향이 예상되는지와 생태자연도 1등급, 녹지자연도 8등급 이상의 지역, 하천, 호소 등의 생태적인 보전가치가 높은 지역이 포함되거나 훼손가능성이 없는지를 제시한다. 또한 멸종위기 야생생물, 주요 철새도래지 등의 각종 보호야생생물의 서식공간 확보에 문제점이 없는지와 생태적으로 보전가치가 높은 조간대, 사구, 하구, 갯벌과 습지 등에 가장 심각한 영향이 예상되는지를 제시한다. 그리고 지형과 생태축 보전은 학술적, 문화적으로 자연환경 보전가치가 있는 지역을 대상으로 하고 있는지와 백두대간, 주요 정맥 등의 산림축의 훼손을 일으키는지를 제시한다. 또한 야생생물의 주요 이동통로가 되는 능선과 계곡 등의 생태적인 보전가치가 높은 지역에 아주 심각한 영향이 우려되는지와 생태축, 녹지축 등의 생태적인 연속성 단절을 일으키는지를 제시한다.

그림 3.3 백제유물

또한 주변 자연경관에 미치는 영향은 높은 표고, 급한 경사에 따른 과도한 지형훼손여부와 주변지역과의 조화에 아주 심각한 영향이 있는지와 아름다운 경관, 특색 있는 자연경관지역, 경관관련 보전용도지역에 아주 심각한 영향이 예상되는지를 제시한다. 생태적으로나 경관적인 보전가치가 높은 해안, 호소 등의 지역, 주요 조망점, 건축물과 구조물의 스카이라인이 산지와 구릉지 등의 외부 스카이라인, 상징적인 경관 랜드마크, 역사문화자원 등의 경관자원 등에 아주 심각한 영향이 예상되는지를 제시한다. 특히 물환경보전은 상수원보호구역, 특별대책지역, 수변구역 등의 물환경관련 보호지역에 직접, 간접으로 영향이 예상되는지를 제시한다.

둘째, 생활환경 안정성은 환경기준 부합성, 환경기초시설 적정성과 자원, 에너지순환 효율성이다. 여기서 환경기준 부합성은 환경정책기본법상 환경기준의 유지나 달성을 위한 환경목표 설정과 이를 이행하기 위한 단계별 추진전략이 적정하게 반영되었는지와 환경오염이 심화되거나 예상되는 지역에서 추가개발 시에 환경기준 유지나 달성에 어려움은 없는지를 제시한다. 또한 환경기초시설 적정성은 하수종말처리장, 폐기물처리시설 등과 같은 환경기초시설의 공급가능성, 시기, 규모, 연계처리 등이 적정한지를 제시하고, 자원과 에너지순환 효율성은 해당계획의 자원, 에너지가 효율적으로 순환되고 있는지를 제시한다.

셋째, 사회・경제환경과의 조화성은 해당계획이 인구, 주거, 산업 등의 사회・경제환경과 조화를 이루는지와 토지이용계획이 환경친화적으로 수립되었는지를 제시한다.

㉰ 종합평가와 결론

개별 평가항목에 대한 평가결과를 바탕으로 정량적으로나 정성적으로 종합평가를 실시한다.

㉱ 부록

부록의 내용은 전략환경영향평가 시 인용한 문헌과 참고한 자료, 전략환경영향평가에 참여한 사람의 인적사항, 용어해설 등이다. 그러므로 자료는 인용했거나 참고한 문헌을 제시하고, 환경현황조사, 환경영향예측 등의 본문내용보다 상세하게 설명하기 위한 조사과정, 예측과정의 자료를 수록한다. 인적사항은 평가대행자를 기재하고 평가대행업무를 하도급한 경우는 도급받은 자의 인적사항과 도급내용도 기재하며, 평가에 참여한 자의 인적사항을 평가항목별 및 참여내용별로 세분해서 구체적으로 제시한다. 끝으로 용어해설은 일반인이 이해하기 어려운 용어에 대해서 알기 쉽게 해설을 붙인다.

2. 환경영향평가서

(1) 환경영향평가 평가준비서

환경영향평가의 평가준비서는 환경영향평가 대상사업의 목적과 개요, 환경영향평가 대상지역 설정, 토지이용계획안, 환경영향평가 대상지역과 그 주변지역에 대한 환경현황 등의 지역개황, 평가항목·범위와 평가방법 설정, 약식절차 해당여부(약식절차를 하려는 경우에만 해당), 주민 등의 의견수렴 절차와 방법 등에 관한 계획, 전략환경영향평가협의를 거친 경우에는 협의내용과 반영여부 등으로 구성된다.

① 사업의 개요

사업의 개요로는 사업의 배경 및 목적과 사업내용을 기술한다. 첫째, 사업의 배경과 목적, 필요성을 기술한다. 둘째, 사업내용은 명칭, 소재지, 사업시행자, 사업내용이다. 일반적으로 위치도와 지형도는 1:25,000 또는 1:50,000에 사업지역의 위치도를 표시해서 제시하고, 사업기간, 소요예산, 사업규모(면적·계획인구·노선길이 등), 사업기대효과 등을 알기 쉽게 기재하며, 토지이용계획을 용도별로 기재해서 가급적 사업내용을 파악하기 쉽게 조감도 등을 함께 제시한다.

② 전략환경영향평가 협의내용과 반영여부

해당사업이나 해당사업에 관련된 행정계획의 전략환경영향평가 협의에 대한 개요를 간략하게 기재하고, 전략환경영향평가 협의내용에 대한 반영여부, 반영내용, 미반영 시 사유 등을 표로 작성해서 제시한다.

③ 지역개황

사업지역의 환경상황은 알기 쉽게 요약해서 정리한다. 여기서 환경상황은 사업지역과 주변지역의 토지이용상황, 환경보전을 목적으로 하는 법령, 조례 등에 의해 지정된 자연환경보전지역, 생태·경관보전지역, 상수도보호구역, 수변구역, 특별대책지역, 대기환경관리권역, 자연공원, 습지보호지역, 야생생물보호구역 등의 지역지정 현황이다. 그리고 해당지역 환경기준, 생태·자연도, 지역별 오염총량기준 등 환경규제 내용과 환경보전에 관한 사항, 멸종생물 서식현황과 철새도래현황, 공장·공항·도로·철도·발전시설·항만·산업단지 등 환경피해를 유발시킬 수 있는 주요 시설물, 하수종말·분뇨·폐기물처리시설 등 환경기초시설을 제시한다. 또한 석유류저장시설 및 유독물저장시설과 광산 등의 토양오염 발생가능성이 있는 시설, 임해도시 및 해양인접지역에서의 사업시행 시의 어업권 현황, 교육시설, 병원 등 환경적인 배려를 필요로 하는 시설과 그 밖에 사업지구 지역현황을 파악할 수 있는 사항 등을 기재한다.

④ 환경영향평가 대상지역 설정

사업시행에 따라 환경영향이 미칠 것으로 예상되는 지역의 범위를 설정하고 그 사유를 제시하며, 설정된 지역의 범위를 도면에 표시해 제시하고, 평가항목별로 영향예측 등에 사용할 기법과 그 방법을 선정한 사유를 제시한다.

그림 3.4 철새도래습지

⑤ 평가항목과 범위 등의 설정

평가항목과 범위는 환경영향요소 추출, 환경영향요소와 평가항목 간 행렬식 대조표 작성, 항목별 평가범위 설정이다. 따라서 환경영향조사와 예측을 실시해 대상사업 개발계획 등의 내용에 따라 공사중이나 사업완료 후의 전체 단계에 걸쳐서 대기환경, 물환경, 토지환경, 자연생태환경, 생활환경, 사회・경제환경에 영향을 미칠 것으로 예상되는 환경영향요소를 추출한다. 이때 대상사업지역뿐만 아니라 주변인접 영향권을 포함해야 하며, 평가항목의 선정사유를 중점, 일반, 미포함으로 구분해 제시한다.

또한 환경영향요소와 평가항목 사이의 관계를 비교하고 평가한 결과를 이해하기 쉽게 가로축에 환경영향요소를, 세로축에 평가항목을 기입해 개발행위나 이용행위 등이 환경에 어떠한 영향을 미치는지를 상호 대조한다. 이때 영향이나 관련성의 크기를 부호나 숫자 등을 이용해서 행렬식 대조표로 작성한다. 그리고 항목별로 평가범위와 방법 등을 선정하고 그 사유를 제시한다.

⑥ 주민 등에 대한 의견수렴계획

환경영향평가서 초안단계에서의 주민의견 수렴계획을 제시한다.

⑦ 약식 평가절차 신청여부

약식 평가절차의 신청여부와 그 이유를 제시한다.

(2) 환경영향평가서 초안

환경영향평가서 초안의 구성은 요약문, 사업개요, 환경영향평가 대상사업 시행에 따라 평가항목별 영향을 받게 되는 지역범위와 그 주변지역 환경현황, 전략환경영향평가 협의를 거친 경우 그 협의내용과 반영여부, 평가항목 결정내용과 조치내용, 그리고 평가항목별 조사, 예측, 평가의 결과, 환경보전조치, 불가피한 환경영향과 이에 대한 대책, 대안설정과 평가, 종합평가와 결론, 사후 환경영향조사계획 등으로 이루어진다.

환경영향평가서 초안은 결정된 평가항목과 범위 등에 따라 대상사업 시행에 따라 예상되는 주민의 생활환경과 환경오염피해, 자연생태환경에 대한 영향을 중심으로 작성하며, 제시되는 대안은 가능한 한 둘 이상을 비교하여 그 장점과 단점을 객관적으로 기술하고, 최종적으로 사업시행 시 이행할 대안과 그 선정사유를 명시해야 한다.

그림 3.5 후버댐(wikimedia 제공)

또한 환경영향평가서 초안은 주민의견 내용에 적합하도록 작성해야 하며, 주민의견 수렴의 관점에서 중요하지 않은 사항은 간략하게 기술하거나 생략할 수도 있다. 따라서 환경영향평가서 작성 시 예측 · 평가한 환경의 질이나 상태에 대해서는 주민의 생활환경, 사회 · 경제환경, 자연생태환경에 미치는 영향을 일반인이 이해하기 쉬운 용어를 사용하여 제시하고, 저감방안 등에 대한 환경영향을 사업시행의 전, 후로 구분해 작성하며, 환경기준 및 그 밖에 척도가 될 수 있는 자료 등과도 비교, 분석해서 기재한다.

그리고 사업자는 환경영향평가서 초안을 작성해 관계행정기관의 장에게 제출한 경우에는 그 명단을 주관 시장 · 군수 · 구청장에게 통보해야 한다. 의견 수렴 내용에 관한 사항으로는 주민이나 관계행정기관의 장 등이 제출한 의견 및 설명회 · 공청회 개최결과에 주관 시장 · 군수 · 구청장, 공람 · 설명회 · 공청회의 일시와 장소, 주민 등의 의견수렴 결과, 평가서 초안 공람결과통지서 사본, 공청회 개최결과통지서 사본 등을 포함시켜 작성한다.

3.2 소규모 환경영향평가서 작성방법

1. 소규모 환경영향평가서 작성규정

(1) 사업개요 항목

① 사업의 배경과 목적

사업의 배경과 목적, 필요성을 기술한다.

② EIA 실시근거 등

대상사업의 종류, 범위와 협의요청시기를 기재하고, EIA 실시시간과 평가서 작성 비용을 기재한다.

(2) 지역개황 항목

환경영향평가서 등 작성에 관한 규정 중 환경영향평가서 작성방법에 따른 지역개황 내용을 준용한다.

(3) 대상사업 지역범위 항목

환경영향평가서 작성방법에 따른 대상사업의 지역범위 내용을 준용한다.

(4) 대상지역의 주변지역에 대한 토지이용현황 항목

대상지역과 그 주변지역의 지목별, 용도지역별로 토지이용현황, 계획과 조성 중인 개발사업현황 등을 구분해 제시한다.

(5) 환경현황 항목

① 자연생태환경은 사업지역과 그 주변지역의 생태자연도, 녹지자연도, 국토환경성평가지도 등급, 생태계현황(식물상, 육상・육수 동물상 등), 백두대간・정맥 등의 산줄기를 기재한다.

② 생활환경은 사업지역과 그 주변지역의 대기질, 수질, 토양, 토지이용, 소음・진동 등의 현황을 기재한다.

③ 사회・경제환경은 사업지역과 그 주변지역의 인구, 주거, 산업 등과 같은 사회적, 경제적인 환경현황을 기재한다.

(6) 환경에 미치는 영향의 조사, 예측, 평가와 환경보전방안 항목

① 자연생태환경은 사업지구와 그 주변지역의 자연생태환경 현황을 바탕으로 해당 소규모 개발사업 시행으로 동・식물상 등에 미치는 영향을 예측한다. 이 예측결과를 바탕으로 그 영향 정도를 파악해 저감대책을 수립하며, 이 경우에 현황조사, 영향예측, 평가방법 등은 환경영향평가서 작성 시의 동・식물상 항목 작성방법을 적용한다. 다만, 사업의 성격, 규모, 위치 등을 고려해 조정할 수 있다.

② 대기질과 악취는 사업지구와 그 주변지역의 대기질・악취의 현황을 바탕으로 당해 소규모 개발사업 시행에 따른 대기질이나 악취의 영향을 예측한다. 이 예측결과를 바탕으로 영향 정도를 평가해 저감대책을 수립한다. 이 경우에 현황조사, 영향예측, 평가방법 등은 환경영향평가서 작성방법의 내용 중 대기질 항목 작성방법을 준용하되 사업의 규모, 성격, 위치 등을 고려해서 조정할 수 있다.

③ 수질과 해양환경은 사업지구와 그 주변지역의 물환경현황을 바탕으로 당해 소규모 개발사업 시행으로 인하여 수질, 해양환경에 미치는 영향을 예측한다. 이 예측결과를 바탕으로 영향 정도를 평가하고 저감대책을 수립한다. 이 경우에 현황조

그림 3.6 야생 동 · 식물 생활공간

사, 영향예측과 평가방법 등은 환경영향평가서 작성방법의 내용 중 수질항목 작성방법을 준용하되 사업의 규모, 성격, 위치 등을 고려해서 조정할 수 있다. 특히 사업지역과 그 주변지역이 해양이거나 해양에 면해 있으면 해양환경을 평가해야 한다.

④ 토지이용, 토양, 지형과 지질은 사업지구와 그 주변지역의 토지이용현황, 토양오염 정도, 지형 · 지질현황 등을 바탕으로 해당 소규모 개발사업 시행으로 토지이용 등에 미치는 영향을 예측한다. 이 예측결과를 바탕으로 영향 정도를 평가해 저감대책을 수립한다. 이 경우에 현황조사, 영향예측과 평가방법 등은 환경영향평가서 작성방법의 내용 중 토지이용, 토양, 지형 · 지질 항목 작성방법을 준용한다. 다만, 사업의 성격, 규모, 위치 등을 고려해 조정할 수 있다.

⑤ 친환경적 자원순환과 소음 · 진동은 사업지구와 그 주변지역의 폐기물이용과 처리현황, 소음 · 진동현황 등을 바탕으로 해당 소규모 개발사업 시행에 따른 친환경적인 자원순환, 소음 · 진동 등에 미치는 영향을 예측한다. 이 예측결과를 바탕으로 영향 정도를 평가해서 저감대책을 수립한다. 이 경우에 현황조사, 영향예측과 평가방법 등은 환경영향평가서 작성방법의 내용 중 자원순환, 소음 · 진동 항목 작성방법을 적용한다. 다만, 대상사업의 성격, 규모, 위치 등을 고려해 조정할 수 있다.

⑥ 경관은 사업지구와 그 주변지역의 토지이용현황, 자연과 인공경관 현황 등을 바탕으로 해당 소규모 개발사업 시행에 따른 경관영향을 예측한다. 이 예측결과를 바탕으로 영향 정도를 평가해서 저감대책을 수립한다. 이 경우에 현황조사, 영향예측과 평가방법 등은 환경영향평가서 작성방법의 내용 중 경관항목 작성방법을 적용한다. 다만, 대상사업의 특징, 규모 등을 고려해 간단한 예측모델(simulation model)을 통해서 평가하도록 한다.

⑦ 전파장해와 일조장해는 사업지구와 그 주변지역의 전파장해, 일조장해의 발생시설물현황 등을 바탕으로 해당 소규모 개발사업 시행에 따른 전파장해와 일조장해의 영향을 예측한다. 이 예측결과를 바탕으로 영향 정도를 평가해서 저감대책을 수립한다. 이 경우에 현황조사, 영향예측과 평가방법 등은 환경영향평가서 작성방법의 내용 중 전파장해와 일조장해 항목 작성방법을 적용한다. 다만, 사업의 성격, 규모, 위치 등을 고려해 조정할 수 있다.

⑧ 인구, 주거, 산업은 해당 소규모 개발사업 시행에 따라 사업지구와 그 주변지역의 인구, 주거, 산업에 미치는 영향을 예측하고 저감대책을 수립한다.

그림 3.7 경관훼손과 전파장해

(7) 부록 항목

① 인용문헌과 참고자료는 인용이나 참고한 문헌을 기재하고, 환경현황조사, 환경영향예측 등의 본문내용을 보다 상세하게 설명하기 위한 조사과정, 예측과정의 자료 등을 수록한다.

② 평가참여자의 인적사항으로는 평가대행업자를 지정일자, 지정기관과 지정번호 등을 포함하여 기재하고, 평가업무 중 일부를 하도급한 경우에는 도급받은 자의 인적사항과 도급내용도 기재한다. 평가에 참여한 사람들의 인적사항으로 소속, 직책, 성명, 전공분야 등을 기재하고 또한 평가항목별, 참여내용별로 세분해서 구체

적으로 기재한다.

③ 용어해설 등은 일반이 이해하기 어려운 용어에 대해서 알기 쉽게 해설을 붙인다.

2. 경미한 소규모 환경영향평가 대상과 평가서 작성방법

(1) 경미한 소규모 환경영향평가 대상개발사업

① 경미한 소규모 환경영향평가의 대상개발사업은 국토의 계획 및 이용에 관한 법률 제36조 제1항 제2호 및 제3호의 용도지역별로 세분화된 지역으로서 적용지역과 대상, 그 면적은 다음 〈표 3-3〉과 같다.

표 3-3 | 적용지역별 대상개발 면적

적용지역		대상면적(m^2)
농림지역		10,000~30,000
관리지역	보전관리지역	5,000~30,000
	생산관리지역	7,500~30,000
	계획관리지역	7,500~30,000

② 적용지역에서의 사업종류별 적용대상시설은 다음과 같다.

㉠ 공장조성사업은 부대창고와 야적장을 포함한 공장이다.

㉡ 창고조성사업은 야적장, 적치장의 창고이다.

㉢ 주택건설사업은 전원주택이다.

㉣ 체육시설 조성사업은 소규모 운동장이다.

㉤ 교통시설 설치사업은 주차장시설에만 해당된다.

㉥ 개간사업은 초지조성을 포함한 개간사업이다.

㉦ 공간시설 설치사업은 공원을 포함한 공간시설(유원지는 제외한다)이다.

㉧ 육상골재채취사업은 농지복구 목적의 토취장을 포함한 육상골재이다.

(2) 경미한 소규모 환경영향평가서 작성방법

① 사업계획과 주요 환경현황

㉠ 사업개요는 사업목적, 추진절차, 사업명, 위치와 면적(m^2), 업종, 사업시행자, 승인기관, 사업기간이다.

㉡ 토지이용계획은 공장용지, 녹지, 도로, 그 밖의 용지면적(m^2)과 그 분포비율

(%)이다.

ⓒ 생태자연도는 Ⅰ등급, Ⅱ등급과 Ⅲ등급의 면적(m^2)과 그 분포비율(%)이다.

ⓔ 토지이용현황은 용도지역과 지구, 구역별 지목에 대한 임야, 전(밭), 답(논), 그 밖의 지역의 면적(m^2)과 그 분포비율(%)이다.

ⓞ 사업부지 경계선으로부터 300m 이내에 있는 시설물현황은 도로와 철도일 경우에 최단이격거리와 도로의 차선 수, 폭 등을 기재하며, 공동주택, 학교, 공공주택 등의 정온시설이나 환경기초시설(취수장, 정수장 포함)과 공장·산업단지의 명칭, 주요업종을 기재한다.

ⓧ 별도 첨부자료는 생태자연도 도면, 토지이용계획도, 시설물배치계획도, 대상지역 위치도(축척 1:3,000부터 1:5,000)와 3개 이상의 조망점에서 촬영한 현장사진이다.

② 입지의 검토항목

㉠ 국토의 계획 및 이용에 관한 법률(별표 20)상 검토대상의 계획관리지역 입지제한공장

구분	1호	2호	3호	4호	5호	6호
항목	• 특정 대기유해물질 • 대기 1~3종 업소 • 물 1~3종 업소	• 화학제품 제조시설 • 석유정제시설	• 제1차 금속 • 가공금속제품 • 기계장비 제조시설 • 폐유기용제류 발생	• 가죽·모피의 약품과 물로 저장 가공	• 섬유제조 • 감량·정련·표백·염색 시설	• 폐기물처리업 허가사업장 • 특정 수질유해물질 미배출 제외

㉡ 산업입지 개발에 관한 통합지침(제36조 관련) 검토항목은 다음과 같다.

ⓐ 환경정책기본법에 따른 대기보전 특별대책지역

ⓑ 수도법에 따른 상수원 보호구역

ⓒ 자연환경보전법에 따른 생태·경관 보전지역과 생태·자연도 1등급 지역

ⓓ 한강수계 상수원 수질개선 및 주민지원 등에 관한 법률과 그 밖의 영산강·섬진강 수계, 낙동강수계와 금강수계 물관리와 주민지원 등에 관한 법률에 따른 수변지역

ⓔ 상수원 보호구역이 고시되지 아니한 경우에는 취수장으로부터 수계상 상류방향으로 유하거리 15km 이내의 지역과 하류방향으로 유하거리 1km 이내의 지역

ⓕ 광역상수도는 상수원 보호구역으로부터 수계상 상류방향으로 유하거리 20km 이내인 지역이고, 지방상수도는 10km 이내의 지역

ⓖ 농업용저수지 최대 만수위로부터 수계상 상류방향으로 유하거리 5km 이내의 지역 단, 국토의 계획 및 이용에 관한 법률 제36조에 따른 용도지역이 도시지역이거나 계획관리지역인 경우 또는 폐수배출시설이 아닌 공장은 2km 이내의 지역

ⓗ 국토의 계획과 이용에 관한 법률에 따른 용도지역

ⓘ 도로법에 따른 접도구역, 연도구역과 고속교통구역

ⓙ 문화재보호법에 따른 문화재와 문화재 보호구역

ⓚ 산지관리법에 따른 산지전용제한지역

ⓛ 산림자원의 조성 및 관리에 관한 법률에 따른 보안림, 산림유전자원 보호림, 채종림과 시험림

ⓜ 국유림의 경영과 관리에 관한 법률에 따른 요존국유림

ⓝ 야생생물보호법에 따른 야생생물 특별보호구역

ⓞ 지하수법 제2조에 따른 지하수를 상수원으로 취수하는 경우에 상수원 보호구역의 취수장에서 1km 이내의 지역

ⓟ 군사시설보호법에 따른 군사시설 보호구역과 해군기지법이나 공군기지법에 따른 기지구역 내 지역

ⓠ 임업 및 산촌진흥 촉진에 관한 법률에 의한 임업진흥권역(다만, 임업진흥권역에 상응하는 면적을 대체지정하는 조건으로 하는 경우에는 그러하지 아니하며, 편입면적이 1핵타르 미만인 경우에는 대체지정을 하지 않고도 개별공장 입지가 가능함)

㉢ 그 밖의 검토항목은 다음과 같다.

ⓐ 환경정책기본법에 따른 상수원수질보전 특별대책지역

ⓑ 대기환경보전법에 따른 대기환경 규제지역

ⓒ 그 밖의 개별 법령에 따른 행위제한이나 입지제한 지역

㉣ 별도 첨부자료

상기 검토항목 중 어느 하나에 해당하는 경우의 근거자료

③ 중점 환경영향 검토항목

㉠ 산지 포함된 지형 관련

표 3-4 지형현황 작성(서류 양식)

	구분(m)	0~25	25~50	50~75	75~100	100이상
1. 표고	면적(m^2)					
	비율(%)					
2. 경사도	구분(도)	0~5	5~10	10~20	20~30	30이상
	면적(m^2)					
	비율(%)					
3. 최대 절토사면고(m)						
4. 최대 성토고(m)						
5. 별도 첨부자료		대상지역의 표고분석그림, 경사분석그림				

표 3-5 중점 검토사항과 제출서류

구분	생태축 형성	사면비율 15% 이상	표고차 15m 이상	절토사면고 6m 이상(2단 이상개발시 15m이상) 또는 건물높이의 2배 이상	5부 능선 이상의 입지
서류	• 생태축현황 그림 • 생태영향 분석자료 • 생태보전대책 서류	• 부지정지 계획자료 • 사면발생 분석자료 • 사면안정/보호대책 자료 • 공사 시 토사유출 저감 대책자료	• 종단면그림 • 횡단면그림	• 지형변화자료 • 절토·성토량 최소화자료 • 토사유출 저감자료	• 경관영향자료 • 경관부조화 방지자료

㉡ 자연생태(동·식물상) 관련

표 3-6 자연생태현황(서류 양식)

	구분	8등급 이상	7등급	6등급	6등급 미만
1. 녹지자연도	식생유형				
	면적(m^2)				
	비율(%)				
2. 동물상	구분	포유류	양서·파충류	조류	그 밖의 동물
	주요 분포율				
	법정보호종				
3. 첨부자료		녹지자연도와 식생분포도, 주요 출현서식동물 분포현황			

표 3-7 중점 검토사항과 제출서류(대상지역 경계선에서 1km 이내까지 적용)

구분	녹지자연도 7등급 이상 지역 훼손	법정보호 야생동 · 식물 출현 · 서식지 또는 서식지 및 보호구역 경계 500m 이내 위치
서류	• 훼손의 면적과 비율, 수목량 분석자료 • 식생훼손 최소화대책 – 원형보전과 대체녹지 조성 – 사업계획 변경	• 야생생물 출현, 서식 위치도와 사진 • 야생생물의 서식지와 보호구역 영향자료 • 서식지의 조성과 대체에 관한 보전대책자료

㉢ 대기, 악취, 소음, 진동 관련(대기환경 규제지역과 대기관리권역에서 1km 이내까지 적용)

표 3-8 현황 : 소음 · 진동 측정지점은 정온시설이 위치한 대상지역 부지 경계선에서 300m 지점

	구분	SO_2(ppm)	CO(ppm)	NO_2(ppm)	PM-10(㎍/m^3)
1. 대기환경기준	연간		–		
	24(8)시간				
	1시간				–
2. 대기질(대상지역 주변 3개)	연간		–		
	24(8)시간				
	1시간				–
3. 소음, 진동		소음 : dB(A)	낮 : 밤:	진동 : dB(V)	낮 : 밤:
4. 첨부자료		정온시설 분포현황그림, 대기질 측정자료(측정지점, 자료 등)			

표 3-9 중점 검토사항과 제출서류

구분	특정 대기오염물질 발생	악취 발생	소음, 진동 발생
서류	• 발생예측량 분석자료 • 공정그림과 배출시설, 오염방지시설 설치내역 서류 • 영향 저감대책자료	• 악취발생량 자료 • 주변 영향지역 검토자료 • 오염방지시설 내역서류	• 주변 정온시설영향 검토 자료 • 토지이용계획 조정자료 • 배출허용기준 강화대책자료

㉣ 물 관련(국가하천과 지방 1등급 하천의 양안에서 100m 이내까지 적용)

표 3-10 현황 : 상수원수보전 특별대책지역, 4대강 수변지역에서 상류 10km 이내까지 적용

	구분	BOD(mg/L)	TOC(mg/L)	SS(mg/L)	T-N(mg/L)	T-P(mg/L)
1. 물환경 기준 (대상지 주변 방류)	하천		–		–	–
	호소	–				

2. 물측정자료 (대상지 주변 3개 지점 평균)	하천		-		-	-
	호소	-				
3. 방류 · 하천, 호소와 국가하천, 지방하천 1등급 현황	수계	명칭	하천등급	연장길이	최단이격거리	비고
4. 첨부자료	측정자료위치, 분석자료현황, 총량규제 부하량과 할당량					

비고 : 2016년부터 COD 대신 TOC를 적용함

표 3-11 | 중점 검토사항과 제출서류

구분	공사 운영 시 특정 물오염물질 발생	물오염물질이 하천, 호소 등 유입
서류	• 오수, 폐수 발생과 토사유출의 예측량 분석자료 • 공정그림과 배출시설 설치내역서, 방지시설	• 오수, 폐수 처리대책 • 토사유출 방지대책 • 배출허용기준 강화 시 대응자료 • 비점오염물질 저감대책 등

ⓜ 경관 관련(사업면적 1만m^2 이상에 적용)

표 3-12 | 현황 : 표고 300m 이상의 봉우리를 가진 지형, 하천 경계선에서 200m 이내 입지

1. 지역현황	명칭			
	면적(m^2)		이격거리(m)	
2. 입지지역	표고(m)		능선부 입지여부	
	하천명		국가/지방 이격거리	
3. 주요 경관자원		□산림녹지 □물경관 □농촌경관 □역사문화 □생태경관		
4. 자연경관 심의대상		□대상 □비대상	심의대상 내용	
5. 첨부자료		주변 경관자원을 표기한 지형도면		

표 3-13 | 중점 검토사항과 제출서류

구분	사업지, 주변지역 경관영향	조망점의 조망경관 확보	자연지형과의 부조화
서류	• 경관영향 분석자료 • 경관변화, 훼손유형의 저감 방안자료	• 주요 조망점위치 표시도면 • 조망점별 전경사진	• 건축높이, 층수, 굴뚝높이, 부지 경계선자료 • 녹지조성계획자료 • 훼손복원계획자료

ⓑ 해양환경 관련(해안가 입지나 운영 시 오·폐수처리 방류수가 직접 해역유입)

표 3-14 현황(서류 양식)

구분		pH	COD(mg/L)	DO(mg/L)	DO(mg/L)	T-N(mg/L)	T-P(mg/L)
1. 해역 환경기준 (대상지 주변해역)	해역						
2. 해수측정자료 (대상지 주변 3개 지점)	해역						
3. 방류해역의 환경기준과 이격거리 현황		수계	명칭	등급	연장길이	최다 이격거리	비고
		하천					
		해역					
4. 첨부자료		조사지점 위치도, 3개 지점 측정자료와 특별대책지역 분포현황 등					

표 3-15 중점 검토사항과 제출서류

구분	특정 물오염물질 발생	오염물질 해역 직접방류	사업지 주변에 습지, 갯벌 존재
서류	• 공사와 운영 시 오수와 폐수 발생자료 • 토사유출 예측량자료 • 배출과 방지시설의 설치내역자료	• 오폐수 처리대책자료 • 토사유출 방지대책자료 • 비점오염물질 저감자료	• 특별관리해역자료 • 갯벌, 습지 등의 현황과 훼손 여부, 복원대책자료

그림 3.8 환경친화적인 화장실(비점오염대책)

CHAPTER 04

환경영향평가서

CHAPTER 04

환경영향평가서

4.1 환경영향평가서(EIS) 작성

1. 환경영향평가서 작성항목

(1) 환경영향평가서 작성내용 순서

① 요약문

② 환경영향평가의 대상사업 개요

③ 지역개황

④ 환경영향평가의 대상사업 시행에 따른 평가항목별로 영향을 받게 되는 지역의 범위와 그 주변지역에 대한 환경현황

⑤ 환경영향평가 항목 등의 결정내용과 조치내용

⑥ 주민과 관계행정기관의 의견수렴 결과 및 검토내용

⑦ 평가항목별 환경현황조사, 환경영향 예측과 평가의 결과

⑧ 환경에 미치는 영향의 저감방안(환경보전을 위한 조치)

⑨ 불가피한 환경영향과 이에 대한 대책

⑩ 주민의 생활환경, 재산상의 환경오염피해와 대책

⑪ 대안의 설정과 평가

⑫ 종합평가와 결론

⑬ 사후 환경영향조사계획

⑭ 전략환경영향평가 협의내용의 반영여부

⑮ 부록은 환경영향평가서 작성에 참여한 사람의 인적사항, 사업관련 상위계획과 관계법령, 용어해설, 평가서 작성 시 인용한 문헌 및 참고자료 등

(2) 환경영향평가서의 작성

용어해설

1. **환경영향용어** : 사업계획의 내용 중에서 환경에 미치는 영향의 원인이 되는 요소이다.
2. **환경요소** : 환경을 구성하는 기초적인 요소인 기상, 대기질, 수질, 지질, 지형, 소음, 진동, 폐기물 등이다.
3. **환경기준** : 사람의 건강을 보호하고 환경보전을 위하여 바람직한 기준으로서 환경행정의 목표일 뿐만 아니라 국가와 행정기관의 기준이 된다.
4. **배출허용기준** : 환경기준의 달성을 위한 배출시설의 법적 구속력 있는 규제기준이면서 최대배출 허용치이다.
5. **중점 평가항목** : 사업특성, 입지여건 등을 고려해서 환경에 미치는 영향이 중요하다고 판단되는 평가항목이다.
6. **환경영향 저감** : 환경영향을 감소, 완화, 방지하는 것이다.
7. **환경영향** : 사업의 시행에 따라 환경변화를 일으키는 모든 피해를 말한다.

① 요약문의 기재사항별 작성방법

㉠ 사업내용

사업계획과 환경영향평가의 결과를 쉽게 알 수 있도록 간략하게 작성한다.

㉡ 환경에 미치는 주요 영향

자연생태환경, 생활환경과 사회·경제환경 등으로 제시한다.

㉢ 환경영향 저감방안

환경현황, 영향, 예측, 저감방안의 제시는 사업시행에 따른 영향권 중심으로 논리적이고 일관성 있게 제시한다.

㉣ 환경영향조사계획

현지조사와 자료조사 등으로 계획한다.

㉤ 대안

사업지역 위치, 사업규모, 사업시기, 토지이용계획 등의 사업계획에 대한 대안을 설정하고, 그에 대한 분석과 평가를 실시한다.

㉥ 결론

환경영향평가서의 결론을 제시한다.

② 사업개요의 기재사항별 작성방법

㉠ 사업의 배경과 목적

대상사업에 대한 배경, 목적과 필요성을 제시한다.

㉡ 환경영향평가 실시근거 등

대상사업 범위, 평가서 제출시기 및 협의요청시기, 환경영향평가의 실시기간과 평가서 작성비용을 제시한다.

③ 환경영향평가 대상지역의 설정

해당사업 시행으로 환경영향이 미칠 것으로 예상되는 지역의 범위를 과학적으로 예측, 분석해서 평가계획서 심의결과 등에 따라 평가 대상지역을 설정하고, 그 내용을 도면으로 표시해서 제시한다. 또한 환경영향의 예측과 분석에 사용된 기법, 내용, 관련자료 등을 명시하고 사용근거 등의 타당성을 객관적으로 제시한다.

④ 지역개황

평가 대상지역의 환경상황에 대한 사업지역과 주변지역의 토지이용현황 및 계획, 환경보전을 목적으로 하는 법령과 조례에 따른 지정된 지역인 자연환경보전지역, 생태·경관보전지역, 상수원보호구역, 수변구역, 특별대책지역, 대기관리지역, 자연공원, 습지보호지역 및 습지주변관리지역, 야생생물 특별보호구역 및 야생생물보호구역 등의 지정현황의 조사내용을 쉽게 요약, 정리한다. 이 밖에도 해당지역 환경기준, 녹지자연도, 생태·자연도, 지역별 오염총량기준 등의 환경규제 내용 및 환경보전에 관한 사항과 평가 대상지역 내의 생태계 특성 및 멸종위기 야생생물 등의 보호동·식물의 서식현황에 관한 사항이다.

그리고 공장, 공항, 도로, 철도, 발전시설, 항만, 산업단지 등의 피해유발시설, 취수장, 정수장, 천연기념물, 문화재, 역사·문화적으로 보전가치가 있는 건조물, 유적 등의 법적 보호를 요하는 시설물, 교육시설, 공공시설, 병원 등의 환경적인 배려가 필요한 시설현황, 하수종말처리시설, 폐기물처리시설 등의 환경기초시설, 석유류저장시설 및 유독물저장시설, 광산 등의 토양오염의 발생이 가능한 시설, 어업권현황, 사업지역 주변의 교통상황 및 교통시설 확충계획과 사업지구의 지역환경을 파악할 수 있는 사항이다. 또한 지역개황 조사결과는 관련 도면에 종합적으로 표시해서 작성하고 그 내용을 표로 작성하거나 간략하게 기술한다.

그림 4.1 석굴암(경주)

⑤ 평가의 항목, 범위, 방법에 대한 심의결과

㉠ 평가의 항목, 범위와 방법의 개요는 평가항목과 범위가 확정요청부터 결정내용 통보까지 추진경위의 추진일정, 추진내용, 추진기관 등을 간략하게 기술한다.

㉡ 평가의 항목, 범위와 방법의 심의결과는 환경영향평가협의회의 구성내역에 대해서는 위원장과 위원의 성명, 소속기관, 직책을 기술하고, 환경영향의 조사와 예측을 실시해서 대상사업의 개발계획 등의 내용에 따라 공사 중이거나 사업 완료 후의 전체에 걸쳐 대기환경, 물환경, 토지환경, 자연생태환경보전, 생활환경 쾌적성, 사회・경제환경 편익성 등에 영향을 미칠 것으로 예상되는 환경영향 요소를 추출해서 대상사업 지역과 인접 영향권을 포함해서 장・단기적인 중요한 영향을 추출한다.

㉢ 해당사업에 대한 평가항목의 결정결과와 사유를 분야별로 표로 작성한다. 이때 분야는 대기환경, 물환경, 토지환경, 자연생태환경, 생활환경, 사회・경제환경이고, 항목은 세부 평가항목이며, 결정결과는 평가항목, 현황조사항목, 제외항목으로 구분해서 사유란에 결정사유를 기재한다. 또한 평가항목별로 현황조사와 영향예측계획 등의 범위, 방법의 선정 및 사유 등은 다음 표에 요약해 기재한다. 특히 평가준비서 심의결과의 약식 평가절차 대상 및 의견수렴방

법으로 결정된 내용과 사유 등도 기재한다.

표 4-1 평가항목별 심의결정결과에 따른 영향예측 선정(서류 양식)

평가항목	구분	지역(범위)	방법	선정사유
	현황조사			
	영향예측			

⑥ 주민 등 의견수렴

주민의견 수렴개요는 관할 시장·군수·구청장을 기재하고, 설명회와 공청회를 실시할 장소와 일시, 그리고 의견을 제출한 주민의 성명, 주소와 기관명을 기재한다. 또한 평가준비서 심의에 따라 의견수렴을 대체했으면 전략환경영향평가 검토과정에서의 의견수렴 결과를 다음 표로 제시한다.

표 4-2 주민의견 수렴결과(서류 양식)

구분	평가항목	의견제출자(기관)	의견요지	반영여부	쪽
평가서 초안 공람					
설명회					
공청회					

⑦ 환경현황조사, 예측, 평가, 저감방안과 사후 환경영향조사

㉠ 환경영향평가 항목별로 환경현황, 영향예측 등의 결과를 제시하고 각각의 평가항목별 상호 연계된 저감방안과 사후 환경영향조사계획을 수립한다. 특히 평가계획서는 심의결과와 평가서 초안에 대한 의견수렴 결과에 따른 해당사업의 중요 이슈사항을 고려해야 하고, 평가항목에 해당되지 않을지라도 다른 항목에서 평가에 필요한 환경현황을 조사하거나 환경영향이 조금이라도 있으면 영향을 최소화하려는 저감대책이 필요하므로 그 내용을 간략하게 제시한다.

㉡ 현황조사는 사업시행지역과 사업시행에 따라 영향을 받을 지역의 대기환경, 물환경, 토지환경, 자연생태환경, 생활환경과 사회·경제환경을 조사, 분석해 기술하고, 지도, 사진, 도표 등을 인용한다. 그리고 사업시행에 따라 크게 영향을 받을 분야에 중점을 두어 기술하며, 각 항목별로 현황조사, 일시, 지점, 분석방법 등을 제시한다. 특히 개황조사와 각 항목별 현황조사 내용이 다른 항목의 평가에 필요한 현황조사 내용이 있으면 상호 연계시켜서 영향예측과 평가에 활용한다.

㉢ 영향예측과 평가는 사업시행에 따른 환경과 인체에 미칠 모든 영향을 현재와 해당사업이 시행되지 않을 경우에 미래환경에 비추어 과학적인 방법으로 예측·평가해 기술하고, 예측결과는 체계적이면서 종합적으로 기술한다. 해당사업이 환경영향 요소별로 환경에 미칠 영향의 발생가능성, 정도, 장기적인 시기와 지역, 직·간접적인 영향의 중요성을 기술하며, 여기서 환경에 미칠 영향은 공사 시와 운영 시로 구분해서 영향을 평가한다.

㉣ 환경영향 저감방안의 수립은 사업시행에 따른 환경영향을 최소화할 수 있는 방지대책을 검토하고, 검토된 대책을 사전에 제시함으로써 환경영향을 사전에 방지하며, 환경영향 저감방안 수립단계에서 현재의 기술적 및 경제적인 수준으로 실시가능한 최선의 방안을 제시한다. 저감방안을 제시할 때는 여러 가지 대안을 제시하고 제시된 대안의 장·단점을 비교분석한 후에 이 중에서 가장 좋은 대안을 선정한다. 또한 사업시행에 따른 영향예측 시 설정한 환경목표를 달성하려는 저감방안 검토와 실제로 어떤 대책을 강구하는 것이 가능한지를 제시하고, 실시가능한 인정 저감방안을 환경영향 요소별로 정리해 그 효과, 안전, 기술, 비용, 주민에 대한 설득력 등의 모든 사항에 대한 가능성을 검토하면서 함께 최선의 대책을 도표를 이용해 제시한다. 특히 환경적으로 민감하거나 사회·경제적으로 가치 있는 지역은 저감대책 수립에 주의해야 하며, 법령으로 지정된 중요 지역은 보전가치가 있는 대상이어서 인근지역에 사업입지를 억제하고, 불가피한 경우에는 충분한 환경영향 저감대책을 수립해 제시할 때는 저감효과의 분석을 실시한 후 저감대책을 고려하여 영향예측을 실시한다.

㉤ 사후 환경영향조사는 각 항목별로 환경영향이 미칠 예상지역에서 환경영향조사 지점, 방법, 횟수 등을 정해 공사기간과 운영기간 중에 조사계획을 수립하며, 그리고 조사계획은 평가과정에 미리 예측된 결과와 주기적으로 비교, 검토될 수 있도록 하며, 환경영향 저감대책의 이행여부에 대한 조사계획이 포함되어서 사업시행에 따른 환경기준과 목표기준 등을 유지하고자 하는 기준의 초과 시 그에 대한 대책을 제시한다. 특히 환경에 미치는 불가피한 영향과 영향예측의 불확실성에 따른 사후 환경영향조사계획을 요약해서 제시한다.

⑧ 환경에 미치는 영향의 저감방안과 사후 환경영향조사(총괄)

㉠ 각 21개 항목별 저감방안을 총괄적으로 파악할 수 있도록 종합해서 정리한다.

㉡ 각 21개 항목별 사후 환경영향조사계획을 총괄적으로 파악할 수 있도록 항목별로 종합해서 정리한다.

⑨ 불가피한 환경영향

대상사업의 시행에 따라 환경영향이 미칠 것으로 예상되는 사항 중에서 그 저감이 현실적으로 곤란한 사항에 대해서는 항목별로 구분해서 분석하여 기재한다.

⑩ 주민의 생활환경, 재산상의 환경오염피해와 대책

㉠ 환경영향평가 결과로 대상사업의 시행에 따른 주민의 생활환경과 재산상의 환경오염피해가 발생될 것으로 예상되는 사항을 저감대책 시행의 전후로 나누어서 항목별로 기재한다.

㉡ 환경오염피해 여부와 정도는 환경기준이나 그 밖의 평가척도가 될 수 있는 자료 등과 비교해 분석하고, 그에 대한 대책을 기재한다.

⑪ 대안설정과 평가

㉠ 대안은 일정한 환경목표의 달성을 전제로 하여 해당 개발계획의 위치, 규모, 공법, 시기 등에 대해 여러 가지 조건을 변경해서 각각의 환경영향평가 결과를 비교해 검토하는 것이다.

㉡ 대안설정은 토지이용계획, 사업입지, 사업규모, 사업시기 등을 대상으로 한다.

㉢ 대안평가는 가능한 한 정량화하고, 타당성이 있도록 하기 위해 평가기법이나 해석기법 등을 이용해야 한다.

⑫ 종합평가와 결론

㉠ 각 21개 환경항목에 대한 개별적인 평가를 실시하고, 평가에 따른 영향 정도가 종합적으로 어느 정도인지를 가능한 한 정량적으로 나타내야 한다.

㉡ 종합해석기법 등을 이용해 내용설명을 유도하기 곤란한 경우에는 정성적인 내용으로 개별적인 영향 정도를 기술해 결론을 내려야 한다.

⑬ 전략환경영향평가 협의내용 반영여부

㉠ 해당사업이나 사업과 관련된 행정계획의 전략환경영향평가협의에 대한 개요로 협의요청기관, 협의대상기관, 협의내용 통보일자 등을 간략하게 기재한다.

㉡ 전략환경영향평가 협의내용, 이행주체, 반영여부, 반영내용, 미반영 시 사유 등을 협의내용 항목별로 표(table)를 작성해 기재한다.

⑭ 부록(appendix)

㉠ 평가시행자 등의 인적사항

ⓐ 평가대행자, 지정일자, 지정기관, 지정번호 등을 기재한다.

ⓑ 평가대행자 업무 중 일부를 하도급한 경우에 도급받은 자의 인적사항과 도급내용을 기재한다.

ⓒ 평가에 참여한 자의 인적사항인 소속, 직급, 성명, 전공분야 등을 평가항목별 및 참여내용별로 세분해 구체적으로 기재한다.

㉡ 사업관련 상위계획과 관계법령

사업시행에 따른 관련된 다른 사업계획과 국가나 지방자치단체에서 정책적으로 추진하고 있는 상위계획이나 관계법령을 간략히 언급하고, 대상사업지역 주변에 계획하고 있는 사업과 정책 등을 조사해서 사업별로 그 내용과 본 사업과의 연관성을 기술한다.

㉢ 평가서 작성 참고자료

평가서 작성 시 참고했던 문헌, 자료 등을 기재한다.

㉣ 용어해설

일반인이 이해하기 어려운 용어에 대해 알기 쉽게 해설을 붙여 기술한다.

㉤ 인용문헌과 참고자료

ⓐ 인용하였거나 참고한 자료를 기재한다.

ⓑ 환경현황조사, 환경영향예측 등의 본문내용을 보다 상세하게 설명하기 위한 조사과정, 예측과정의 자료 등을 수록한다.

㉥ 그 밖의 내용

ⓐ 평가서 초안의 내용과 달라진 사항에 대해 해당 쪽수를 표기하고 그 내용과 사유를 기술한다.

ⓑ 평가서 작성을 대행할 때에는 분리계약여부를 증명하는 서류사본을 부록에 수록한다.

ⓒ 평가준비서 심의에 관한 서류사본을 수록한다.

ⓓ 평가대행자로서 건의사항 등의 의견을 기술한다.

2. 환경분야별 평가항목의 작성

(1) 자연생태환경분야

① 동 · 식물상

㉠ 현황

현황은 조사항목, 조사범위, 조사방법과 조사결과로 구분해 제시한다.

ⓐ 조사항목은 대상사업의 종류, 규모와 지역의 환경적 특성을 고려해 동 · 식물과 생태계 현황을 충분히 파악하도록 조사항목을 선정하고, 분류군별로 현황과 생태환경, 보호가치가 있는 주요한 종(species)이나 개체, 생태계의 자연성 등을 조사한다. 조사항목은 다음과 같다.

- 식물상은 관속식물, 대상지역의 식물구계와 식물군계, 식생분포 현황을 작성한다.
- 육상동물상은 포유류, 조류, 양서 · 파충류, 육상곤충류이다.
- 육수생물상은 어류, 저서성 대형무척추동물, 그리고 필요 시 플랑크톤과 부착조류도 조사한다.
- 생태 · 자연도와 생태계 현황은 광역생태계 현황, 생태계다양성, 생물서식지 현황 및 특성, 서식지다양성, 식생패치분포, 서식지들의 연결성을 조사한다.
- 그 밖의 생물다양성 확보와 자연환경의 체계적인 보전을 위해서 필요한 항목이다.

그림 4.2 멸종위기 호랑이

ⓑ 조사범위는 공간범위와 시간범위로 구분된다. 공간적 범위는 대상사업의

종류와 규모, 조사지역의 동·식물과 생태계특성을 고려해 사업이 영향을 미칠 수 있는 범위로 한다. 또한 조사범위는 동·식물의 분포와 서식·생육환경을 파악할 수 있도록 선정해서 영향이 예상되는 곳과 문헌조사에 의한 주요 종 서식확인지역이 인근에 포함될 경우는 기본조사범위 외에 확장해서 조사한다. 그리고 시간적 범위는 조사시기와 조사횟수를 말하며, 동·식물의 출현과 생육 등의 속성을 충분히 파악할 수 있도록 설정한다.

ⓒ 조사방법은 대상사업의 규모 및 특성을 고려하여 조사항목별로 현지조사, 문헌조사, 탐문조사 등 자연환경조사방법을 병행한다.

- 문헌조사는 1) 환경부, 지방자치단체, 국립환경과학원, 국립생물자원관, 국립공원관리공단 등 정부 및 공공기관의 조사자료 2) 인근 지역의 사전환경성검토서, 환경영향평가서, 사후환경영향조사서(환경영향평가 정보지원 시스템에서 제공 되어지는 것에 한한다) 3) 분류군별 대표적인 전문학술지, 관련기관 홈 페이지 등을 대상으로 실시하되, 최소한 다음의 표에서 제시한 자료를 포함시켜야 한다.
- 탐문조사는 지역 실정에 밝은 지역 주민 등을 대상으로 출현종, 출현시기, 출현위치기, 개체수 등에 대해 조사하여야 하며, 탐문조사 결과 법적보호종 등 중요종에 관한 사항은 현지조사 시 확인하여야 하며, 탐문조사 대상자는 1) 사업예정지역내와 근접한 지역에 거주하는 지역 주민, 2) 지역생태 전문가 또는 지역 대학의 생물(생태)관련 교수 및 연구원, 3) 지역 행정기관의 담당자 또는 지역 초·중·고등학교 생물교사, 수렵 허가를 받은 자, 민간단체(환경단체) 활동가 등을 대상으로 탐문 가능한 대상자 중 3인 이상으로 정한다. 탐문조사대상자의 인적사항(성명, 나이, 직업, 연락처 등) 및 구체적인 탐문내용은 평가서 작성을 위한 기초자료로 보관하여 협의기관 등에서 요구할 경우 이를 제시하여야 한다.

ⓓ 조사결과는 조사항목별, 조사지점별로 동·식물상과 생태계의 현황이 잘 나타나도록 표나 그림을 활용하여 서술한다.

- 탐문조사 결과는 탐문조사개요, 탐문조사내용, 탐문조사결과 조치 내역 순으로 정리하여 다음과 같이 제시한다.
  - 조사내용 : 조사횟차별로 조사일, 탐문내용(탐문종, 출현시기, 출현위치, 출현개체수 등)을 기재한다.

–조사결론 : 탐문조사결과, 현지조사 시에 반영하여야 할 사항 등을 간단하게 요약 정리하여 제시한다.

–탐문조사결과 조치내역은 탐문조사결과 현지조사 시에 반영하여야 할 사항과 그에 따라 조치가 이루어진 내용 등을 구체적으로 작성한다.

㉡ 사업시행에 따른 영향예측

ⓐ 예측결과는 조사항목별로 다음과 같이 현황조사결과를 연계시켜서 정리한다.

- 식물상은 식생변화, 주요 종과 개체에 대한 영향, 훼손수목발생 등의 예측결과 정리한다.
- 육상동물상은 포유류, 조류, 양서·파충류, 육상곤충류 등의 예측결과 정리한다.
- 육수생물상은 어류, 저서성 대형무척추동물 등의 예측결과 정리한다.
- 생물군별로 사업시행에 따른 도태가 예상되는 종과 새로 유입이 예상되는 종을 비교해 정리하고, 생태계는 서식지와 서식환경의 변화, 식생패치별 변화, 동물이동통로와 생태계연결성 등의 생태계 전반적으로 발생되는 변화에 대한 예측결과 정리한다.

ⓑ 예측평가는 예측결과를 바탕으로 해당사업의 시행이 동·식물상과 생태계에 미치는 영향특성과 가치를 고려해 영향이 심각한 정도, 사후 회복가능성 등을 제시한다.

㉢ 저감방안

저감방안은 영향예측과 평가결과를 바탕으로 보호해야 할 동·식물과 생태계에 대한 적정 저감방안을 수립하며, 사업지역의 환경적 특수성을 고려해 중대한 환경영향을 회피할 수 있는 사업계획의 조정이나 동·식물상 및 생태계에 미치는 환경변화 최소화 등의 저감방안을 수립한다. 그리고 저감방안 수립 후의 동·식물상에 미치는 여향을 평가한다.

㉣ 사후 환경영향조사

사후 환경영향조사는 공사 시와 운영 시로 구분해서 동·식물과 생태계에 미치는 영향이나 저감대책의 적정 이행여부 등을 조사한 후 확인하고 관리계획을 수립한다.

② 자연환경자산

㉠ 현황

현황은 조사항목, 조사범위, 조사방법과 조사결과로 구분해 제시한다.

- 조사항목은 자연환경자산의 분포현황을 위치와 지정내역 등을 조사하며, 항목에는 멸종위기 야생생물, 습지보호지역, 산림유전자원보호림, 백두대간 보호지역, 천연기념물 등으로 지정되거나 정부가 가입한 국제기구나 국제협약에 따라 지정, 보호되는 지역과 동·식물이다.
- 조사범위는 공간적 범위로 대상사업의 종류와 규모, 지역의 특성을 고려해 사업의 실시가 자연환경자산에 영향을 미친다고 예상되는 지역으로 한다.
- 조사방법은 기존자료 수집과 다른 평가항목의 조사결과를 분석하거나 정리해야 하며, 필요시에는 현장조사를 실시해야 한다.
- 조사결과는 조사항목별로 표(table)나 그림(figure) 등을 활용해서 서술한다.

㉡ 사업시행에 따른 영향예측

- 예측항목은 대상사업지역과 인접지역의 자연환경자산에 영향을 미칠 것으로 예상되는 항목이어야 하며, 조사항목으로 제시된 기준항목이어야 한다.
- 공간적 범위는 현황조사의 범위여야 하며, 대상사업의 실시에 따른 영향이 미칠 것으로 예상된 지역을 범위에 포함시켜야 한다.
- 시간적 범위는 공사 시와 운영 시로 구분하며 운영 시는 장기 영향을 포함하여야 한다.
- 예측방법은 자연환경자산에 미칠 영향과 원인을 파악하고 유사한 사례를 참조해서 정성적 또는 정량적인 방법을 사용하도록 한다.
- 예측결과는 조사항목별로 현황조사 결과와 연계해서 정리하며, 자연환경자산의 보호가 필요한 지역이나 시설물 등일 경우에는 사업시행에 따른 보호지역과 시설물 등에 미치는 영향에 대한 예측결과를 제시한다. 그리고 자연환경자산이 동·식물 등인 경우에는 사업시행에 따른 각각의 생태계특성별 서식지나 생태계 단절 등에 대한 영향의 예측결과를 제시한다.
- 예측평가는 예측결과를 바탕으로 해당 사업시행이 자연환경자산의 가치를 고려한 영향의 정도, 회복가능성 등에 대해서 실시한다.

㉢ 저감방안

저감방안은 자연환경자산에 영향을 미치는 환경영향 요소별로 저감방안을 수립한다.

㉣ 사후 환경영향조사

사후 환경영향조사는 해당 사업시행이 자연환경자산에 미치는 영향과 저감대책의 적정 이행여부를 확인하고, 필요시는 추가적인 대책을 수립할 수 있도록 조사계획을 세운다.

(2) 대기환경분야

용어해설

1. **미세먼지** : 대기 속에 떠다니는 입경 10㎛ 이하를 PM-10, 그리고 입경 2.5㎛ 이하는 초미세먼지(PM-2.5)라고 한다.
2. **현상일수** : 기상현상인 맑음, 흐림, 안개, 결빙 등이 나타났던 일수이다.
3. VOC : 증기압이 높아 대기 속으로 쉽게 증발되는 휘발성 유기화합물이다.
4. **바람장미도** : 풍향(16방향)과 풍속의 발생빈도로 나타낸 그림이다.
5. BD_{20} : 바이오디젤(Bio-Diesel) 혼합유로 경유 80%에 바이오디젤 20%를 혼합시켜 제조된 연료이다.
6. **광화학스모그** : 휘발성 유기화합물과 NO_2가 낮에 자외선에 의해 광화학으로 생성된 O_3, PAN, PB_zN 등에 의해 일어난다.
7. **온실가스** : 지구온난화를 일으키는 CO_2, CH_4, N_2O, HFC, PFC, SF_6, NF_3 등이다.

① 기상

㉠ 현황

현황은 조사항목, 조사범위, 조사방법과 조사결과로 구분해 제시한다.

ⓐ 조사항목은 기온, 풍향, 풍속, 습도, 강수량, 일사량, 적설량, 구름량, 대기안정도, 대기혼합고뿐만 아니라 대상사업의 종류, 규모와 지역의 환경적인 특성 등을 고려해서 기상에 미치는 영향을 적절하게 파악할 수 있도록 설정한다.

ⓑ 조사범위는 공간적 범위와 시간적 범위로 나누어 제시해야 하며, 공간적 범위는 사업지역이 위치한 지역과 사업지역을 포함하고 있는 기상청이나 그 소속기관의 관할지역으로 한다. 그리고 대상사업의 종류, 규모, 지역의 기상특성과 지형적인 특성 등을 고려해서 설정한다. 또한 시간적 범위는 최근 10년 동안으로 한다.

ⓒ 조사방법은 기존자료에 대한 조사를 실시해야 하며, 만일 기존자료가 반영하지 못한 경우에만 현지조사를 병행할 수 있다.

ⓓ 조사결과는 조사항목을 중심으로 계절적인 변동을 파악할 수 있도록 정리해야 하며, 사업부지의 기상현황과 상층기상의 대기혼합고를 측정한 경우에는 기상인자나 시계열(時系列) 분석과 계절별 혼합고(mixing height)를 그림이나 표로 정리해서 서술한다.

㉡ 사업시행에 따른 영향예측

ⓐ 예측항목은 지형적인 변화, 토지이용변화 등의 사업시행에 따른 국지기상과 기상특성의 변화 등으로 설정한다.

ⓑ 예측범위는 사업규모, 지형적인 변화, 토지이용적인 변화 등을 고려해서 설정한다.

ⓒ 예측방법은 문헌조사, 유사사례조사, 이론식, 기상장 모델링 등의 방법을 이용한다.

ⓓ 예측결과는 사업시행에 따른 온도, 습도, 풍향, 풍속 등의 기상변화 정도를 기술한다.

ⓔ 예측평가는 기상변화가 해당사업과 주변지역에 미치는 영향의 정도를 문헌조사나 유사한 사례조사 결과 등을 바탕으로 판단한다.

㉢ 저감방안

저감방안은 평가결과를 토대로 지역의 환경적인 특성을 고려해서 기상변화가 크게 발생될 것이 예상될 때에 저감방안을 수립한다.

㉣ 사후 환경영향조사

사후 환경영향조사는 기상변화에 따른 환경영향이 우려되거나 영향예측의 불확실이 큰 경우에 사업에 따른 기상변화를 조사하고 필요시 추가대책을 수립하도록 계획을 세운다.

② 대기질

㉠ 현황

현황은 조사항목, 조사범위, 조사방법과 조사결과로 구분해 제시한다.

ⓐ 조사항목은 대상사업의 종류, 규모와 지역의 환경적인 특성을 고려해 대기질에 미치는 영향을 적절하게 파악할 수 있도록 영향예상지역의 오염물질

배출시설과 환경적인 배려가 필요한 시설 등의 배출허용기준, 최적 방지시설현황(수도권 대기환경개선에 관한 특별법시행규칙 제22조의2, 별표 1, 4 참조)과 대기환경기준 항목의 농도현황, 대기오염 총량관리현황, 그리고 영향예상지역의 대기개선대책 등 대기질 관련 상위계획의 현황 등을 조사한다. 그 외에 대기환경기준 항목 외에도 사업특성에 따라 기타 오염물질의 농도를 조사할 필요가 있을 경우에는 그 필요한 항목을 선택하여 조사한다.

ⓑ 조사범위는 공간적 범위와 시간적 범위로 구분하며, 공간적 범위일 경우에 대상사업의 시행으로 대기질 농도가 변화될 것으로 예상되는 범위를 포함한 지역으로서 기상, 지형, 기존 발생원, 주택밀집도, 토지이용실태 등을 고려해서 설정한다. 그리고 시간적 범위는 대기질의 계절적인 특성변화를 파악할 수 있도록 해야 한다.

그림 4.3 대기오염과 온실가스 배출

ⓒ 조사방법은 대기질 현황조사일 경우에 기존자료조사와 현지조사로 실시하며, 현지조사를 할 때에 최소한 2계절 이상, 그리고 계절별로 3일 이상 조사하는 것을 원칙으로 하지만 사업의 특성, 규모, 위치 등을 고려해서 조정할 수 있다. 또한 활용가능한 기존자료가 있을 경우에는 기존자료를 활용하고, 현지조사 시 시료채취와 시험방법은 대기오염 공정시험방법에 따른다.

ⓓ 조사결과는 조사지점별로 대기오염물질의 농도현황을 정리하고 환경기준 및 목표기준과의 적합성도 기술한다.

㉡ 사업시행에 따른 영향예측

ⓐ 예측항목은 현황조사 항목과 사업시행에 따른 대기질에 영향을 미칠 것으로 예상되는 물질로 한다.

ⓑ 예측범위는 현황조사범위를 준용하며 특히 시간적 범위는 공사 시와 운영 시로 구분하되 오염물질 발생량이 최고가 되는 시점을 포함하여야 한다.

ⓒ 예측방법은 공사 시와 운영 시에 발생할 수 있는 대기오염물질 발생량을 산정해 사업과 지역특성을 고려해서 적정모델을 활용한 대기확산모델링을 수행하고, 사업지구 주변에 대한 영향예상 시설과 지역 등에 미치는 영향을 정량적으로 산출한다.

ⓓ 예측결과는 현황 농도값을 배경농도로 하고, 대상사업의 실시에 따른 기여도를 가산하는 방법으로 대기오염물질별 최대착지 농도지점, 평가기준인 환경기준과 목표기준 등의 기준시간별 24시간, 8시간, 1시간, 연간의 예측농도를 표(table)로 작성해서 평가기준과 비교해 기술한다.

ⓔ 예측평가는 예측결과를 바탕으로 국가나 지자체의 환경기준과의 비교, 현황 농도대비 증가비율(%) 등을 검토해 사업시행에 따른 대기질의 영향을 평가한다.

㉢ 저감방안

저감방안은 평가결과를 바탕으로 해서 사업에 따른 대기질 영향을 최소화하기 위한 방안을 구체적으로 수립해 제시하고, 저감방안을 수립한 후의 대기질에 미칠 영향을 평가한다.

㉣ 사후 환경영향조사

사후 환경영향조사는 사업시행에 따른 대기질의 영향과 저감대책의 적정 시행 여부를 확인하고 필요시 추가적인 대책을 수립할 수 있도록 조사계획을 수립한다.

③ 악취

㉠ 현황

현황은 조사항목, 조사범위, 조사방법과 조사결과로 구분해 제시한다.

ⓐ 조사항목은 사업지구의 안팎에 위치하고 있는 악취배출시설을 확인하고, 악취배출시설이 있으면 악취발생원, 악취물질, 악취희석배수인 악취강도 등을 조사한다.

ⓑ 조사범위는 공간적인 범위와 시간적인 범위로 구분해야 하며, 공간적인 범위는 대기질 조사범위를 준용하고 시간적인 범위는 악취의 계절적 특성변화를 파악할 수 있도록 설정한다.

ⓒ 조사방법에서 현황조사는 기존자료조사를 위주로 하고, 사업지구의 안팎에 악취배출시설이 존재하거나 계획되어 있는 경우에는 현지조사를 수행한다.

ⓓ 조사결과는 조사지점별로 조사된 악취현황을 기술하고 표 등을 이용해서 정리한다.

㉡ 사업시행에 따른 영향예측

ⓐ 예측항목은 해당사업의 시행에 따라 발생하는 악취물질의 농도와 복합악취 농도 등이며, 기존의 악취배출시설의 악취가 미치는 영향을 포함한다.

ⓑ 예측범위는 공간적 범위와 시간적 범위로 구분하고, 공간적인 범위는 사업지구 안팎지역에서의 지형적 현황 등을 고려해서 악취물질이 확산될 수 있는 범위로 한다. 그리고 시간적인 범위는 운영 시로 하고 악취발생량이 최고가 되는 시점을 포함한다.

ⓒ 예측방법은 대상사업 운영 시에 발생할 수 있는 복합악취 및 악취물질의 종류와 발생량을 산정해서 적정모델을 활용한 확산모델링 등을 수행하고, 사업지구 안팎의 영향예상 시설과 지역 등에 미치는 영향을 정량적으로 산출한다. 또한 기존 유사사례가 있을 경우는 그 결과를 활용한다.

ⓓ 예측결과는 예측된 내용별로 결과값을 알기 쉽게 정리해 기술한다.

ⓔ 예측평가는 예측결과를 바탕으로 배출허용기준과의 비교 등을 검토해 사업시행에 따라 악취영향을 평가한다.

㉢ 저감방안

악취저감방안은 악취의 예측평가결과를 토대로 사업에 따른 악취영향을 최소화하기 위한 대책을 구체적으로 수립해서 제시한다. 그리고 저감방안 수립 후의 악취영향을 평가해야 한다.

㉣ 사후 환경영향조사

사후 환경영향조사는 사업시행에 따른 악취영향과 저감대책의 적정 시행여부를 확인하고, 필요시에 추가대책을 수립할 수 있도록 조사계획도 수립한다.

④ 온실가스

㉠ 현황

현황은 조사항목, 조사범위, 조사방법과 조사결과로 구분해 제시한다.

ⓐ 조사항목은 사업지구 내 온실가스(Green House Gas, GHG)의 배출시설과 에너지 이용시설의 현황, 온실가스 배출원 단위의 현황, 온실가스 저감관련 법령과 관련계획의 현황, 온실가스 저감을 위한 환경보전대책의 현황이다.

ⓑ 조사범위는 공간적 및 시간적 범위로 상기 대기질의 조사범위와 동일하다.

ⓒ 조사방법은 기존자료와 유사사례를 수집해서 분석 후 정리한다.

ⓓ 조사결과는 조사항목별로 표나 그림 등을 이용해서 서술한다.

㉡ 사업시행에 따른 영향예측

ⓐ 예측항목은 온실가스의 배출시설과 에너지이용시설의 도입으로 예상되는 온실가스 발생량이다.

ⓑ 예측범위는 공간적 범위와 시간적 범위로 구분되며, 공간적 범위일 경우에 대상사업지역이나 대상사업에 따른 영향이 미칠 것으로 예상되는 지역이며, 시간적인 범위는 공사 시와 운영 시로 구분해 예측한다.

ⓒ 예측방법은 대상사업의 계획내용, 기존의 연구문헌과 유사사례를 참고한다.

ⓓ 예측결과는 예측된 내용별로 결과값을 알기 쉽게 정리해서 기술한다.

ⓔ 예측평가는 예측결과를 토대로 사업시행에 따른 온실가스의 배출 시 영향을 평가한다. 또한 관계법령과 계획에 따른 지표(index)를 활용하고 구체적인 기준이 없는 경우에는 정성적인 평가를 제시한다.

㉢ 저감방안

저감방안은 평가결과를 토대로 해당사업의 시행에 따른 온실가스 배출량이나 에너지사용량을 저감하기 위한 방안을 구체적으로 수립해서 제시한다. 또한 저감대책 수립 후의 온실가스로 인한 배출영향을 평가한다.

㉣ 사후 환경영향조사

사후 환경영향조사는 해당사업에 따른 온실가스영향 저감대책의 이행여부와 저감효과를 확인하고, 필요 시 추가대책을 수립할 수 있도록 조사계획을 수립한다.

(3) 물환경분야

용어해설

1. **강우강도** : 1시간 동안에 내린 비의 양(mm/hr)이다.
2. **대장균군** : 사람과 동물의 장(腸) 속에 기생하고 있는 세균이다.
3. PCB : 폴리염화비페닐(polychlorinated biphenyl)로서 변압기의 절연유, 열매체, 콘덴서(절연전기용품)로 널리 사용되고 있다.
4. **총질소**(T-N) : 무기성 질소(NH_3-N, NO_2-N)와 유기성 질소(단백질, 아미노산, 요소)를 말하며, 부영양화 물질이다.
5. **물오염 총량관리제도** : 하천의 목표수질을 달성하기 위해서 배출시설 규제를 통해 물오염 허용부하량을 관리하는 제도이다.
6. **용존산소**(DO) : 물속에 녹아있는 산소(O_2)량으로 오염물질의 유입으로 인해 그 농도가 낮아지며, 농도가 낮을수록 어패류가 생존하기 어려워진다. 건강한 생태환경 유지를 위한 지표로 중요하다.
7. **부유고형물질**(SS) : 물속에 떠있는 2mm에서 0.1㎛의 고체성 현탁물질(탁질)로서 햇빛을 차단해 녹색조류의 광합성작용을 방해하여 DO 생성을 억제시키는데, 어패류의 건강성 유지에 중요 영향인자이다.

① 지표수와 지하수를 포함한 수질

㉠ 현황

현황은 조사항목, 조사범위, 조사방법과 조사결과로 구분해 제시한다.

ⓐ 조사항목은 대상사업의 종류, 규모, 지표수와 지하수별 특성이나 환경적인 특성을 고려해 수질에 미치는 영향을 적절하게 파악할 수 있도록 설정해서 수질관련 지구나 지역의 지정현황, 하천・호소・지하수의 수질, 지하수 이용현황, 수문현황, 수자원 이용현황, 물 오염원 및 처리시설 현황, 우수 유로 현황, 물 오염 총량관리 현황 등이 포함된다.

ⓑ 조사범위는 공간적 범위와 시간적 범위로 구분하며, 공간적 범위는 해당사업의 집수구역을 원칙으로 하여 대상사업의 종류, 규모와 수역의 특성을 고려해서 조정할 수 있다. 그리고 시간적 범위는 하천의 물흐름 상태를 고려해 오염도의 변화를 충분히 파악할 수 있는 기간으로 하며, 대상사업의 종류, 규모, 수역의 특성을 고려해서 조정할 수 있다.

ⓒ 조사방법은 수질현황조사일 경우에 기존자료조사와 현지조사를 병행하고

현지조사는 갈수기, 저수기, 평수기 및 풍수기별로 조사하며, 조사지점과 측정방법은 물오염 공정시험방법에 따른다.

ⓓ 조사결과는 조사지점별로 각 조사항목의 내용을 수역별로 환경적 특성과 관련지역 환경기준 등과 함께 정리해 기술한다.

㉡ 사업시행에 따른 영향예측

ⓐ 예측항목은 대상수역에 미치는 물오염도 변화, 유황(流況 : 유량, 유속, 수위 등), 수역이용상황 변화, 지하수환경 변화, 수자원이용상황과 사업지역의 점오염원과 비점오염원 등의 사항과 해당사업의 시행에 따른 영향을 받을 수 있는 사항을 기초로 설정한다.

ⓑ 예측범위는 공간적 범위일 경우에 조사범위 기준으로 하고, 대상사업의 실시에 따라 영향이 미칠 것으로 예상되는 지역을 포함한다. 그리고 시간적 범위는 공사 시와 운영 시로 구분하며, 수질에 미칠 영향이 최고가 되는 시점을 포함한다.

ⓒ 예측방법은 대상사업의 종류, 규모와 유황 등의 수역특성을 고려해 예측모델을 이용한 수치해석, 수리모형시험, 유사사례에 의한 방법 중에서 적절한 방법을 선택해 예측한다.

ⓓ 예측결과는 점오염과 비점오염의 발생량 및 농도, 대상수역의 수질변화, 지하수환경 변화, 수자원이용상황에 대한 영향, 물오염 총량관리계획과의 부합성 등을 포함해 예측항목별로 정리해서 기술한다.

ⓔ 예측평가는 예측결과를 바탕으로 환경기준과의 비교, 현황농도 대비 증가량(%) 등을 검토해서 사업시행에 따라 수질과 수자원이용에 대한 영향을 평가한다.

㉢ 저감방안

저감방안은 평가결과를 바탕으로 환경기준 및 관련수역이나 그 밖의 지역의 환경적인 특성을 고려해 사업규모의 조정, 저감시설의 설치, 저영향개발(Low Impact Development, LID)기법 적용 등 수질에 미치는 영향을 저감할 수 있는 방안을 구체적으로 수립해서 제시한다. 또한 저감방안 수립 후의 수질 및 수자원 이용에 미치는 영향을 평가한다.

㉣ 사후 환경영향조사

사후 환경영향조사는 사업시행으로 환경영향과 저감대책의 적정한 시행여부를 확인하고, 필요시에 추가적인 대책을 수립할 수 있도록 조사계획을 수립한다.

② 수리와 수문

㉠ 현황

현황은 조사항목, 조사범위, 조사방법과 조사결과로 구분해 제시한다.

ⓐ 조사항목은 하천특성, 호소・저수지 특성, 우수유로현황, 수문관측자료, 하천시설물현황 등을 중심으로 조사하며, 대상사업의 종류, 규모와 지역의 환경적인 특성을 고려해서 수리, 수문적인 특성에 미치는 영향을 적절하게 파악할 수 있도록 설정한다.

ⓑ 조사범위는 공간적 범위와 시간적 범위로 구분되며, 공간적 범위일 경우에 사업시행에 따라 직・간접적으로 영향을 받는 수역으로 하고, 시간적 범위는 지역의 지형・지질특성, 유역 현황 등을 고려해 계절적인 변화가 충분하게 나타날 수 있는 범위로 한다.

ⓒ 조사방법은 기존조사자료를 최대한 활용하며, 필요한 경우에는 현지조사도 실시한다.

ⓓ 조사결과는 조사항목별로 정리해서 기술한다.

그림 4.4 댐 건설(수리・수문)

㉡ 사업시행에 따른 영향예측

ⓐ 예측항목은 대상수역의 유황 변화, 개발 전, 개발 중 및 개발 후의 우수유출

량 변화, 홍수량에 따른 홍수위 변화를 포함해서 사업시행에 따라 직·간접적으로 영향을 받을 것으로 예상되는 것으로 설정한다.

ⓑ 예측범위는 공간적 범위일 경우에 현황조사 범위로 하며, 대상사업의 실시로 영향이 미칠 것이 예상되는 지역을 범위에 포함하고, 시간적인 범위는 공사 시와 운영 시로 구분해서 운영 시일 경우에 장기적인 영향변화를 예측할 수 있도록 설정한다.

ⓒ 예측방법은 대상사업의 종류, 규모와 유황(流況) 등을 수역특성을 고려해서 예측모델(simulation model)을 이용한 수치해석, 수리모형시험, 유사사례에 따른 방법 중에서 적절한 방법을 선택해 예측한다.

ⓓ 예측결과는 대상수역의 유황변화, 우수유출량 변화, 홍수위변화 등의 예측결과를 기술하고, 수치와 도면 등으로 제시한다.

ⓔ 예측평가는 예측결과를 바탕으로 해당사업의 시행이 수리와 수문에 미치는 영향을 하천유지유량, 물오염 총량관리계획에 의한 오염할당 부하량 등 수계의 환경용량을 고려해서 결정한다.

㉢ 저감방안

저감방안은 예측평가 결과를 토대로 수리와 수문의 환경변화를 최소화할 수 있도록 우수배제계획, 수로차단대책, 하천이설대책 등을 수립한다. 또한 저감방안 수립 후 사업으로 인한 수리·수문 영향을 평가한다.

㉣ 사후 환경영향조사

사후 환경영향조사는 사업시행에 따른 수리와 수문의 영향이나 적정 시행여부 등을 확인하고, 필요시에 추가적인 대책을 수립할 수 있도록 조사계획을 세운다.

③ 해양환경

㉠ 현황

현황은 조사항목, 조사범위, 조사방법과 조사결과로 구분해 제시한다.

ⓐ 조사항목은 해양의 동·식물상, 수질, 저질, 수자원이용상황, 물리적인 사항을 중심으로 조사하며, 대상사업의 종류, 규모와 지역의 환경적 특성을 고려해서 해양환경에 미치는 영향을 적절하게 파악할 수 있도록 설정한다.

ⓑ 조사범위는 공간적 범위와 시간적 범위로 구분하며, 공간적 범위일 경우에 대상사업의 종류, 규모와 해역특성 등을 고려해 사업에 따른 영향을 받을

것으로 예상되는 해역까지 설정한다. 그리고 조사의 시간적 범위는 해양환경의 계절적인 변화를 충분히 파악할 수 있도록 하고 대상사업의 종류, 규모와 해역특성 등을 고려해 조정할 수 있다.

ⓒ 조사방법은 기초자료조사와 현지조사를 병행하며, 현지조사일 경우는 조사범위를 고려해 각 조사항목별로 해양환경의 변화를 충분히 파악할 수 있도록 하고, 이용 가능한 기존자료를 활용한다. 시료채취와 시험방법은 해양환경 공정시험방법에 따른다.

ⓓ 조사결과는 조사항목별, 조사지점별로 조사내용을 정리해서 기술하고 표와 그림으로 제시한다.

㉡ 사업시행에 따른 영향예측

ⓐ 예측항목으로는 해양동·식물상, 해양물오염, 해양물리, 수자원 이용상황 등을 설정한다.

ⓑ 예측범위는 공간적 범위일 경우에 현황조사범위를 준용하되 필요 시에 공간범위를 조정하며, 시간적인 범위는 공사 시와 운영 시로 구분하여 오염물질 발생량이 최고가 되는 시점을 포함하고 장기적인 변화를 예측할 수 있도록 설정한다.

ⓒ 예측방법은 대상사업의 종류, 규모 및 해역의 특성을 고려하여 유사사례 분석, 수치해석, 수리모형시험 등을 이용해서 영향을 예측한다.

ⓓ 예측결과는 예측항목별, 조사지점별로 분석해서 정리해 기술하고, 표와 그림으로 제시한다.

ⓔ 예측평가는 예측결과를 바탕으로 해당사업의 시행이 수자원이용 등의 해양환경 전반에 미치는 영향을 해양환경기준 등을 고려해서 평가한다.

㉢ 저감방안

평가결과를 평가결과를 바탕으로 해양환경과 수자원이용에 미치는 영향을 최소화할 수 있는 방안을 제시한다.

㉣ 사후 환경영향조사

사업시행에 따른 해양환경 영향과 저감대책의 적정 시행여부를 확인하고, 필요시에 추가적인 대책을 수립할 수 있도록 조사계획을 수립한다.

(4) 토지환경분야

① 토지이용

㉠ 현황

현황은 조사항목, 조사범위, 조사방법과 조사결과로 구분해 제시한다.

ⓐ 조사항목은 사업지구와 주변지역의 토지이용 및 용도지역 현황, 토지이용 규제여부, 사업지구 입주와 개발규모 규제여부, 사업지구와 주변지역의 중장기 개발계획, 사업지구의 안팎지역의 교육시설, 공공시설, 교통체계 등의 현황과 계획을 포함하되, 대상사업의 종류, 규모 및 지역의 환경적·사회적·경제적 특성을 고려해 설정한다.

ⓑ 조사범위는 토지이용변화가 예상되는 지역과 주변지역으로 하되, 대상사업의 종류, 규모 및 지역환경의 특성 등을 고려해서 설정한다.

ⓒ 조사방법은 토지이용현황조사 시 기존자료조사 위주로 하며, 필요 시 현지조사를 실시한다.

ⓓ 조사결과는 조사항목별로 정리해서 기술하고, 표나 그림으로 나타낸다.

그림 4.5 개발을 위한 산림훼손

㉡ 사업시행에 따른 영향예측

ⓐ 예측항목은 상위계획 및 관련계획과의 연계성, 토지이용계획, 시설물 배치계획, 주변지역 토지이용계획, 공원과 녹지 조성계획 등으로 설정하고, 사업특성 등을 고려해서 조정할 수 있다.

ⓑ 예측범위는 조사범위를 기준으로 하고, 필요시 그 범위를 확대한다.

ⓒ 예측방법은 대상사업의 특성, 대상지역의 환경적인 특성 등을 고려해 기존 문헌을 조사하여 분석하고, 유사사례를 참조하거나 지리정보체계 등을 활용한다.

ⓓ 예측결과는 예측항목별로 분석해서 정리해 기술하고, 표와 그림으로 제시한다.

ⓔ 예측평가는 예측결과를 바탕으로 해당사업의 시행이 사업지구와 주변지역의 토지이용에 미치는 영향을 관련계획과의 연계성, 긍정적이거나 부정적인 영향 정도를 고려해서 평가한다.

㉢ 저감방안

저감방안은 상위 및 관련계획에 제시된 내용에 부합하도록 토지이용계획을 변경하거나 토지이용 외의 평가항목에서 예측된 환경영향을 최소화하기 위해서 종합적인 토지이용계획이나 시설물 배치에 대한 방안을 구체적으로 수립하도록 한다.

㉣ 사후 환경영향조사

사후 환경영향조사는 사업시행에 따른 사업지구와 주변지역의 토지이용에 미치는 영향이나 저감대책의 적정한 시행여부를 확인할 필요성이 있는 경우에 조사계획을 수립한다.

② 토양

용어해설

1. **사면** : 절토와 성토의 작업 시 불가피하게 발생되는 비탈면(경사)이다.
2. **표고** : 인천광역시 내에 있는 수준원점 기준으로부터의 높이(m)이다.
3. **녹지자연도** : 격자(1km×1km) 안에 존재하는 현존 식생종류를 환경영향에 따라 0에서 9등급(10단계)으로 나타낸 것이다.
4. **현존량** : 어느 지역에 살고 있는 야생 동・식물량이다.
5. **교목** : 어느 지역에 가지를 갖고 살고 있는 높이 8m 이상의 나무이고, 아교목은 높이 2m에서 8m의 나무이다.
6. **귀화식물** : 인간에 의해 A지역에서 B지역으로 이동해 자력으로 식생하는 토끼풀, 아카시아, 소나무, 잣나무 등의 식물이다.
7. **생태계** : 생물과 환경과의 생태적인 상호작용 관계이다.

㉠ 현황

현황은 조사항목, 조사범위, 조사방법과 조사결과로 구분해 제시한다.

ⓐ 조사항목은 토양오염물질을 고려한 토양오염 개연성, 배경농도, 오염현황 및 토양의 특성과 오염가능물질 등을 고려해서 조정할 수 있다.

ⓑ 조사범위는 사업에 따라 토양오염에 영향을 미치는 범위로 설정한다.

ⓒ 조사방법은 토양오염 개연조사일 경우에 기존자료조사나 현지탐문조사 등으로 실시하고, 토양오염조사는 토양오염 관리대상시설이 설치되어 있거나 있었던 지역과 주변지역, 일반지역으로 구분해 실시한다. 그리고 시료의 채취와 분석은 토양오염 공정시험방법(환경부)에 따라 실시하며, 일반지역의 토양오염도 조사지점은 대상지역의 지형, 토지이용현황, 주변여건을 고려해 대상지역의 토지이용현황별로 토양오염도의 현황이 구체적으로 파악되게 조사위치와 지점의 수 등을 선정한다.

ⓓ 조사결과는 조사항목별로 정리해서 기술하고, 표나 그림으로 제시한다.

㉡ 사업시행에 따른 영향예측

ⓐ 예측항목은 조사대상지역에 대한 토양오염 현황조사의 결과에 의해 오염이 확인된 항목과 해당사업의 시행에 따라 발생되어 사업지구 안팎의 토양환경영향이 미칠 것으로 예상되는 항목으로 하고, 사업특성과 사업지역의 특성 등을 고려해 조정한다.

ⓑ 예측범위는 공간적 범위일 경우에 사업대상지역에 영향이 있을 것으로 예상되는 주변지역을 기준으로 하되 조정할 수 있으며, 시간적 범위는 공사 시와 운영 시로 구분하여 운영 시의 경우는 장기적인 변화를 예측할 수 있도록 설정한다.

ⓒ 예측방법은 사업시행의 전과 후로 나누어 토양오염물질의 종류와 농도, 토양오염원 특성, 토양특성과 지하수 유동특성 등을 고려해 유사평가사례를 참조하거나 지하수 유동과 오염물질 이동확산모델, 실험 등의 가능한 한 정량적인 방법을 사용한다.

ⓓ 예측결과는 각 예측항목별로 현황조사 결과와 연계해서 정리하여 기술하고, 표와 그림 등으로 제시한다.

ⓔ 예측평가는 예측결과를 바탕으로 해당사업 사업지구와 주변지역의 토양환경에 미치는 영향을 토양오염 우려기준 등에 따라 평가하며, 토양오염원이

지표수와 지하수에도 미치는 경우라면 그 영향도 평가한다.

㉢ 저감방안

저감방안은 예측평가 결과를 바탕으로 사업에 따라 발생할 수 있는 토양환경 영향을 최소화하는 방안으로 구체적으로 수립하며, 저감방안 수립 후의 영향을 평가한다.

㉣ 사후 환경영향조사

사후 환경영향조사는 사업시행에 따른 사업지구와 주변지역의 토양, 지하수 등에 미치는 영향이나 저감대책의 적정 시행여부를 확인하고 필요 시 추가대책을 수립할 수 있도록 조사계획을 수립한다.

③ 지형과 지질

㉠ 현황

현황은 조사항목, 조사범위, 조사방법과 조사결과로 구분해 제시한다.

ⓐ 조사항목은 지형형상, 지질과 토양상황, 광물자원과 고생물자원, 지질재해, 동굴과 특이 지형・지질(매립지, 습지, 연안, 해안, 침식지 등), 지형적 장애물을 포함하여 대상사업의 종류, 규모, 지역의 환경적 특성을 고려해서 적절하게 판단할 수 있게 설정한다.

ⓑ 조사범위는 공간적인 범위와 시간적인 범위를 구분하며, 공간적인 범위일 경우에 대상사업지역을 원칙으로 하고 대상사업의 종류, 규모, 지역의 지형적 요소, 지질특성, 지하수, 지반특성 등을 고려해 설정한다. 그리고 시간적 범위는 조사항목의 시간적인 변동을 확인할 수 있는 범위를 원칙으로 하지만 지형과 지질의 특성을 고려해서 조정할 수 있다.

ⓒ 조사방법은 기존자료조사와 현지조사를 함께 실시하며, 현지조사는 조사항목별로 각각의 목적에 적합한 방법을 선정하여 활용한다.

ⓓ 조사결과는 조사항목별로 정리해서 기술하고, 표와 그림으로 나타낸다.

㉡ 사업시행에 따른 영향예측

ⓐ 예측항목은 조사항목을 기준으로 하며, 지형과 지질에 영향을 미칠 것으로 예상되는 항목을 포함할 수 있다.

ⓑ 예측범위는 조사범위를 기준으로 하며, 필요시 그 범위를 조정하고 시간적인 범위는 공사 시와 운영 시로 구분하고 운영 시의 경우 장기적인 영향도

고려한다.

ⓒ 예측방법은 대상사업의 특성과 대상지역의 환경적 특성, 지형·지질의 특성 등을 고려해 유사사례를 참조하는 등의 방법을 적용한다.

ⓓ 예측결과는 예측항목별로 서술하고 표와 그림으로 정리한다.

ⓔ 예측평가는 예측결과를 바탕으로 해당사업의 시행이 지형과 지질에 미치는 영향에 대해 훼손 정도, 현재지형대비 변화 정도 등을 고려하여 실시한다.

㉢ 저감방안

ⓐ 평가결과를 토대로 지역의 환경적인 특성을 고려해 지형훼손, 토양생태계 교란, 보존가치가 있는 지형과 지질의 영향 등 예측된 항목들과 이들을 종합해 저감방안을 수립한다.

ⓑ 환경영향 저감방안을 수립한 후의 사업에 따른 지형과 지질의 영향을 평가한다.

㉣ 사후 환경영향조사

사후 환경영향조사는 사업시행에 따른 사업지구나 주변지역의 지형과 지질에 미치는 영향을 확인하고, 필요시 추가적인 대책을 수립할 수 있도록 조사계획을 수립한다.

그림 4.6 아름다운 자연지형

(5) 생활환경분야

용어해설

1. **자원순환** : 모든 제품은 소비자가 사용 후 폐기물로 버려지는데, 이것을 다시 분해시키거나 용융시켜서 원료로 재활용하는 것이다. 자연환경으로부터 원료채취를 하여 천연자원고갈 방지와 환경영향을 저감하는 것으로 친환경적인 자원순환이라 한다.
2. **지정폐기물** : 사업장 폐기물 중에서 인체에 유독한 유해물질로 폐기물관리법 시행령에 규정되어 있다.
3. **데시벨**(dB) : 인펄스소음계로 충격에너지나 소리에너지를 측정하여 나타낸 것으로 대수척도의 진동도(dB(V))와 소음도(dB(A))가 있다.
4. **등가소음도**(Leq) : 소음변동이 심한 소음평가방법이며, 소리에너지를 시간적으로 측정해 평균하여 대수변수로 변환시켜서 산출한다.
5. **음압도**(SPL) : 인간의 귀로 들을 수 있는 소리에너지인 물리량으로 0dB에서 120dB이며, 주파수는 16Hz에서 40,000Hz이다.
6. **경관자원** : 경관을 통해 얻을 수 있는 심미성, 자연성, 역사성, 향토성, 특이성 등을 갖는 자원대상이다.
7. **스카이라인**(skyline) : 어떤 지형과 건물의 윤곽선이 하늘과 맞닿아서 드러난 선이다.

① 친환경적 자원순환

그림 4.7 엄청난 폐자원

㉠ 현황

현황은 조사항목, 조사범위, 조사방법과 조사결과로 구분해 제시한다.

ⓐ 조사항목은 발생폐기물의 종류와 발생량, 폐기물처리현황, 폐기물처리시설현황과 폐기물처리계획이다.

ⓑ 조사범위는 공간적 범위와 시간적 범위로 구분하며, 공간적 범위일 경우에 대상사업지역과 주변 인접지역을 범위로 하고 사업시행으로 발생하는 폐기물이 지역의 생활환경에 영향을 미칠 것으로 예상되는 지역이다. 그리고 시간적 범위는 폐기물의 발생량과 처리현황 등의 시간적 변동을 파악할 수 있는 기간으로 한다.

ⓒ 조사방법은 기존자료조사를 위주로 하고, 필요시 현지조사도 수행한다.

ⓓ 조사결과는 조사항목별로 표나 그림 등을 이용해 서술한다.

㉡ 사업시행에 따른 영향예측

ⓐ 예측항목은 해당사업의 시행으로 발생하는 폐기물의 종류, 양, 처리방법, 처리에 따른 영향 등으로 한다.

ⓑ 예측범위는 공간적 범위일 경우에 조사범위를 기준으로 하고, 필요 시 그 범위를 조정한다. 시간적 범위는 공사 시와 운영 시로 구분해야 하며, 운영 시의 경우 발생량이 최대가 되는 시점을 포함한다.

ⓒ 예측방법은 대상사업의 특성, 대상지역의 특성, 발생폐기물의 특성 등을 고려해서 적절한 원단위를 적용하거나 유사사례를 참고해 예측한다.

ⓓ 예측결과는 예측항목별로 표나 그림을 이용해서 서술한다.

ⓔ 예측평가는 폐기물의 발생량 감소, 수집・운반・보관 등에 대한 대책이나 재활용과 자원화 등 정부 폐기물처리정책과의 적합성 등을 평가한다.

㉢ 저감방안

저감방안은 평가결과를 바탕으로 적절한 폐기물처리계획을 수립한다.

㉣ 사후 환경영향조사

사후 환경영향조사는 폐기물처리시설의 설치 시 관련규정에 의한 처리기준이나 목표기준을 확인하고, 필요시 추가대책을 수립할 수 있도록 조사계획을 수립한다.

② 소음 · 진동

그림 4.8 헬리콥터 소음과 진동

㉠ 현황

현황은 조사항목, 조사범위, 조사방법과 조사결과로 구분해 제시한다.

ⓐ 조사항목은 대상사업의 종류, 규모와 지역의 환경적인 특성을 고려해 소음과 진동이 환경에 미치는 영향을 적절히 파악할 수 있게 소음 · 진동 발생원의 분포현황, 정온시설 분포현황, 대상지역 주변개발계획현황, 대상지역 소음 · 진동관련 환경목표기준과 소음 · 진동의 현황측정도를 설정한다.

ⓑ 조사범위는 공간적 범위와 시간적 범위로 구분하며, 공간적 범위일 경우에 대상사업의 종류, 규모와 지역의 환경특성을 고려해 발생되는 소음 · 진동이 환경피해를 유발할 수 있는 정온시설이 위치하고 있는 지역까지를 범위로 한다. 그리고 시간적 범위는 소음 · 진동의 시간적 변화를 파악할 수 있는 기간으로 한다.

ⓒ 조사방법은 기존자료 조사와 소음 · 진동 공정시험방법에 의한 현지조사를 함께 한다.

ⓓ 조사결과는 조사지점별, 조사항목별로 표나 그림 등을 이용해 서술한다.

㉡ 사업시행에 따른 영향예측

ⓐ 예측항목은 해당사업과 관련해 유발되는 모든 소음 · 진동이 사업지구 내 · 외지역에 있는 정온시설에 미치는 영향으로 한다.

ⓑ 예측범위는 공간적 범위일 경우에 피해가 예상되는 정온시설이 위치한 지역으로 하며, 시간적 범위는 공사 시와 운영 시로 구분해서 소음과 진동의 발생이 최대가 되는 시점을 포함한다.

ⓒ 예측방법은 사업의 종류, 공사의 종류와 소음 · 진동 발생원의 특성 등을 고려해 적정 예측식, 적정 모델을 사용하거나 유사사례를 참조하는 방법을 이

용한다.

ⓓ 예측결과는 영향예측지점별, 공종별로 분석하여 서술하고, 표나 그림 등을 활용해 정리한다.

ⓔ 예측평가는 예측결과를 바탕으로 소음·진동 공정시험기준 및 환경기준과 비교해 평가하고 예측결과의 적정성 등에 대해서도 검토한다.

㉢ 저감방안

저감방안은 평가결과를 바탕으로 사업에 따른 소음·진동 영향을 최소화하기 위한 방안을 구체적으로 수립해 제시한다. 그리고 저감방안 수립 후의 소음·진동 영향을 평가한다.

㉣ 사후 환경영향조사

사후 환경영향조사는 해당사업의 시행이 각 정온시설에 미치는 소음과 진동의 영향과 저감대책의 적정 이행여부를 확인하고, 필요시 추가적인 대책을 수립할 수 있도록 조사계획을 수립한다.

③ 위락

㉠ 현황

현황은 조사항목, 조사범위, 조사방법과 조사결과로 구분해 제시한다.

ⓐ 조사항목은 사업지구 내·외지역의 위락과 여가에 관련된 사항들로 한다.

ⓑ 조사범위는 공간적 범위만 해당되고, 대상사업에 따른 영향이 예상되는 지역으로 한다.

ⓒ 조사방법은 기존자료 조사를 위주로 하되 필요 시 현지조사를 수행한다.

ⓓ 조사결과는 조사항목별로 표나 그림 등을 이용해 서술한다.

㉡ 사업시행에 따른 영향예측

ⓐ 예측항목은 해당사업의 시행으로 영향을 받을 것으로 예상되는 위락·여가시설 및 사업지역 내 위락·여가시설에 대한 배려 등으로 한다.

ⓑ 예측범위는 공간적 범위일 경우에 조사범위를 준용하며, 시간적 범위는 공사 시와 운영 시로 구분해서 영향이 최대인 시점을 포함한다.

ⓒ 예측방법은 대상사업의 규모, 특성, 대상지역의 특성 등을 고려해서 유사사례를 참고하는 방법으로 한다.

ⓓ 예측결과는 위락·여가시설별로 표나 그림 등을 이용해 서술한다.

ⓔ 예측평가는 예측결과를 바탕으로 해당사업의 시행에 따른 위락·여가시설

의 이용 빈도 등에 미치는 영향 및 사업지역의 위락 · 여가시설 설치에 대한 배려 등을 참고해서 평가한다.

㉢ 저감방안

저감방안은 평가결과를 바탕으로 영향을 최소화할 수 있는 대책을 수립하고, 저감방안 수립 후 사업시행에 따른 영향을 평가한다.

㉣ 사후 환경영향조사

해당사업의 시행이 위락과 여가시설 등에 미치는 영향을 확인하고, 필요 시 추가적인 대책을 수립할 수 있도록 조사계획을 수립한다.

④ 경관

용어해설

1. **경관** : 자연과 인공요소, 주민의 생활상 등으로 이루어진 지역환경적인 특징을 나타내는 것이다.
2. **조망** : 관찰자와 일정한 거리를 두고 한눈에 보이는 대상물과 그 주변환경이다.
3. **조망점** : 조망대상을 바라다 볼 수 있는 지점이다.
4. **조망축** : 조망점에서 경관요소를 바라다 보는 가상적인 축으로서 조망가치가 있는 특정한 경관에 대한 가시권을 보호하기 위해서 설정한 직선형태의 개방공간이다.
5. **경관요소** : 경관을 규정한 산, 하천, 지형, 수목 등의 자연요소, 건축물, 도시기반시설물, 공공기반시설물, 공공시설물 등의 인공요소, 그리고 지역의 역사, 문화 등의 생활요소 중 지역특성을 나타내는 요소이다.

그림 4.9 휘황찬란한 다리 조명

㉠ 현황

현황은 조사항목, 조사범위, 조사방법과 조사결과로 구분해 제시한다.

ⓐ 조사항목은 자연경관자원, 인문경관자원, 조망경관자원을 포함시켜서 사업의 유형, 규모, 그리고 대상지와 주변의 환경특성을 고려해 적절히 파악할 수 있도록 조사한다. 또한 대상지역 적용을 받는 경관계획과 지침, 경관조례, 경관 가이드라인(guideline) 등을 조사한다.

- 자연경관자원은 사업부지 내의 주요 표고 등의 지형, 산림경관자원, 생태경관자원, 수경관자원이다.
- 인문경관자원은 사업부지 내의 문화재와 그 밖의 보존가치가 있는 지역 유적이다.
- 조망경관자원은 해당지역의 고유한 스카이라인(skyline), 사업부지 내에서 외부를 조망할 때 보이는 산지, 구릉지 등의 주요 자원경관자원, 랜드마크(land mark), 주요한 도로 등이다.

ⓑ 조사범위는 대상사업이 입지한 대상지역과 주변환경의 특성을 고려해 경관영향이 미치는 주변지역을 다음의 두 가지 측면에서 현황조사 범위로 설정한다.

- 대상지역 주변에서 부지가 보이는 범위
- 사업부지에서 외부경관자원이 조망되는 범위

ⓒ 조사방법은 문헌조사, 현지조사, 컴퓨터시뮬레이션(computer simulation)을 활용해 조사한다.

ⓓ 조사결과는 조사항목별, 조사지점별로 표나 그림, 사진 등을 이용해 서술한다.

㉡ 사업시행에 따른 영향예측

ⓐ 예측항목은 훼손여부, 시각영향과 해당사업의 시행에 따라 영향을 받을 수 있는 사항을 토대로 설정한다.

- 훼손여부는 산림경관, 물경관, 생태경관 등의 자연경관자원, 역사 · 문화경관, 도시경계경관, 건축경관 등의 인문경관자원, 생태녹지, 하천, 연안 등의 경관축과 자연과 도시 스카이라인, 랜드마크 등의 조망경관자원 등 경관자원의 유형별로 직접 또는 간접적인 훼손과 회복여부이다.
- 시각영향은 해당 개발사업으로 인해 변화하는 경관과 주변경관과의 조화성 여부이다.

ⓑ 예측범위는 대상사업이 입지하는 대상지역과 주변의 환경특성을 고려해 경관영향이 미치는 주변지역을 범위로 하되, 대상지역 주변에서 부지가 보이는 지역과 사업부지에서 외부 경관자원이 조망되는 범위의 두 가지 측면에서 영향예측범위로 설정한다.

ⓒ 예측방법은 대상사업과 주변지역의 경관적인 특성과 경관적인 변화를 잘 파악할 수 있도록 조감도, 사진합성, 와이어프레임(wireframe), 매핑(mapping) 등의 시뮬레이션 기법을 활용한다.

ⓓ 예측결과는 경관자원에 대한 직접적인 훼손여부, 그리고 조망차폐, 시각적인 접근성, 개방성, 압박감 등의 간접적인 훼손여부와 새로운 경관형성에 따른 조화성 여부 등 시각적인 영향예측결과를 기술한다.

ⓔ 예측평가는 영향을 받는 지역특성을 고려하고 〈표 4-3〉에 제시하고 있는 경관항목별 평가 시 고려사항을 참고해 경관변화 여부와 정도에 대하여 시행하며, 정성적 및 정량적인 평가를 동시에 고려해야 한다. 다만, 사전에 경관심의를 거친 경우에는 그 심의의 주요내용과 결과를 참고하여야 한다.

㉢ 저감방안

저감방안으로는 평가결과를 토대로 경관에 따른 영향을 사전에 예방 또는 최소화, 신규로 형성된 경관과 주변 경관과의 조화를 유도하기 위한 조정, 경관 보전대책 등을 수립한다.

㉣ 사후 환경영향조사

사후 환경영향조사는 해당사업의 시행으로 인한 경관변화와 저감대책의 적정 이행여부를 확인하고, 필요 시 추가적인 대책을 수립할 수 있도록 계획을 수립한다.

표 4-3 경관항목별 평가 시 고려사항

구분	해당경관	평가 시 고려사항
스카이라인	산지와 구릉지	주요 조망점에서 7부능선 이상 조망확보
	건축물과 구조물	주변 스카이라인과의 조화
랜드마크	도시적인 대표 상징경관	훼손과 조화
녹지경관	훼손된 녹지경관축	복원과 복구여부와 그 대책
	공원과 녹지	위치와 시설의 적절성
경관축	통경축, 생태경관축, 하천과 연안 경관축, 가로수경관 등	연속적인 조망훼손여부와 회복여부

<table>
<tr><td colspan="2" rowspan="4">물경관 형성</td><td>하천과 해안의 연속성</td><td>연속적인 조망확보</td></tr>
<tr><td>해안도로(보행데크)</td><td>주변경관과의 조화</td></tr>
<tr><td>하천둔치</td><td>위치와 시설의 적절성</td></tr>
<tr><td>습지와 비오톱</td><td>위치와 조성방법의 적절성</td></tr>
<tr><td colspan="2" rowspan="2">인공경관 형성</td><td>건축물, 송전탑 등 시설물</td><td>조망확보, 스카이라인 조화, 차폐도</td></tr>
<tr><td>도시개발사업, 토지구획사업,
택지개발사업, 산업단지</td><td>주변환경과의 조화성</td></tr>
<tr><td rowspan="9">경
관
자
원</td><td rowspan="3">산림녹지경관</td><td>산지와 구릉지</td><td>경관훼손 조화여부, 지형훼손여부</td></tr>
<tr><td>점적경관자원
(암벽, 폭포, 고목 등)</td><td>경관보전가치 판단, 훼손여부 파악, 보전과 저감대책</td></tr>
<tr><td>녹지</td><td>경관보전가치 판단과 보전대책</td></tr>
<tr><td>물(연안)경관</td><td>하천, 호소, 연안(해안, 도서,
호수, 습지, 사구)</td><td>경관보전가치 판단과 보전대책, 주변 토지이용과 개발밀도 적절성</td></tr>
<tr><td>생태경관</td><td>철새도래지, 야생동 · 식물
서식처</td><td>경관보전가치 판단과 보전대책, 훼손여부 파악과 저감대책</td></tr>
<tr><td rowspan="2">역사·문화경관</td><td>농경지, 농촌마을 등</td><td>경관보전가치 판단과 보전대책, 훼손 파악</td></tr>
<tr><td>문화재와 지역유적, 근대건축물</td><td>문화재 등 주변경관의 보전과 조화</td></tr>
<tr><td>도시경계
가로수경관</td><td>도시경계부, 가로수경관</td><td>경관보전가치 판단, 훼손여부 파악 후 대책</td></tr>
</table>

⑤ 위생 · 공중보건

㉠ 현황

현황은 조사항목, 조사범위, 조사방법과 조사결과로 구분해 제시한다.

ⓐ 조사항목은 의료시설현황, 상 · 하수도현황, 법정전염병 발생현황, 사업지구와 주변지역의 인구 · 사망률 · 유병률 · 인구집단분석(인구추이, 연령별 · 성별 인구), 어린이와 노인 등 환경취약계층 분포현황(건강영향평가 대상에만 적용)이다.

ⓑ 조사범위는 사업대상지역이 포함된 행정구역과 영향이 예상되는 행정구역으로 한다.

ⓒ 조사방법은 기존자료를 수집해서 분석, 정리하고 필요 시 현지조사를 실시하는 것이다.

ⓓ 조사결과는 조사항목별로 표나 그림 등을 이용해 서술한다.

그림 4.10 풍력브레이드 설치 시 주변환경과 조화된 경관유지

㉡ 사업시행에 따른 영향예측

ⓐ 예측항목은 조사항목을 준용한다. 단, 건강영향을 추가로 평가해야 하는 사업일 경우에는 해당사업의 시행으로 발생하는 오염물질 중 건강에 영향이 미칠 것으로 예상되는 물질로 한다.

ⓑ 예측범위는 공간적인 범위일 경우에 대상사업지역과 대상사업으로 인해서 영향이 미칠 것으로 예상되는 지역이며, 시간적인 범위는 운영 시로 한다.

ⓒ 예측방법은 대상사업의 계획내용, 기존 연구문헌과 유사사례를 참고한다. 인체건강은 건강결정요인(대기질, 수질, 소음·진동)별로 정량적 또는 정성적 평가방법을 활용한다(건강영향평가 대상일 경우이다).

ⓓ 예측결과는 예측항목별로 표나 그림 등을 이용해 서술한다.

ⓔ 예측평가는 예측결과를 바탕으로 해당사업의 시행이 위생·공중보건에 미치는 영향을 평가한다. 그리고 인체건강에 대해서는 건강결정요인인 대기질, 수질, 소음·진동별로 건강에 미치는 긍정적인 영향과 부정적인 영향을 평가하며, 발암성 물질일 경우는 발암위해도를, 비발암성 물질일 경우는 위해도 지수를 활용한다(단, 건강영향평가 대상에만 해당된다).

㉢ 저감방안

저감방안으로는 해당사업의 시행이 위생과 공중보건에 미치는 영향을 최소화할 수 있도록 대책을 수립하고, 저감대책 수립 후 위생과 공중보건에 미치는 영향을 평가한다.

㉣ 사후 환경영향조사

사후 환경영향조사는 해당사업에 따른 위생과 공중보건에 대한 영향을 확인하고, 필요시 추가적인 대책을 수립할 수 있도록 조사계획을 수립한다.

⑥ 전파장해

㉠ 현황

현황은 조사항목, 조사범위, 조사방법과 조사결과로 구분해 제시한다.

ⓐ 조사의 공간적 범위는 사업의 시행으로 전파장해가 미칠 것으로 예상되는 범위로 하며, 대상사업의 종류, 규모 등을 고려해 설정한다.

ⓑ 조사범위는 공간적 범위일 경우 사업의 시행으로 전파장해가 미칠 것으로 예상되는 범위로 하며, 대상사업의 종류, 규모 등을 고려해 설정한다.

ⓒ 조사방법은 기존 문헌이나 자료 등을 조사하거나 자기장 측정 등의 현지조사를 실시하는 것이다.

ⓓ 조사결과는 TV 등의 수신상황, 고압송전선로 경과지로부터 주거지까지의 이격거리에 따른 자기장의 변화, 전자파에 의한 영향 정도를 정리해 서술한다.

그림 4.11 전파장해(송전탑)

㉡ 사업시행에 따른 영향예측

ⓐ 예측항목은 조사항목에서 제시된 항목을 기준으로 하고, 사업에 따른 전파의 차폐장해와 반사장해, 전자파 자기장에의 노출영향을 항목에 포함시킨다.

ⓑ 예측의 공간적인 범위는 조사범위를 기준으로 하고, 필요시 그 범위를 확대

하며, 시간적인 범위는 공사 시와 운영 시로 구분한다.

ⓒ 예측방법은 이론식, 유사사례와 예측프로그램을 사용하는 방법으로 한다.

ⓓ 예측결과는 예측항목별, 예측지점별로 표나 그림 등을 이용해 서술한다.

ⓔ 예측평가는 예측결과를 바탕으로 해당사업의 시행이 전파장해에 미치는 영향을 강도, 노출 정도 등을 참고해서 평가한다.

㉢ 저감방안

평가결과를 바탕으로 지역환경의 특성을 고려해 수립하고, 저감방안 수립 후 사업에 따른 전파장해에 미치는 영향을 평가한다.

㉣ 사후 환경영향조사

사후 환경영향조사는 해당사업의 시행에 따른 전파장해 영향을 확인하고, 필요시에 추가적인 대책을 수립할 수 있도록 조사계획을 수립한다.

⑦ 일조장해

용어해설

1. **빛공해** : 인공조명의 부적절한 사용으로 과도한 빛과 조명영역 밖으로 누출되는 빛이 국민의 건강과 쾌적한 생활을 방해하거나 환경에 피해를 주는 상태이다.
2. **조명기구** : 공간을 밝히거나 광고, 장식과 공원녹지, 보행자길에 설치된 가로등의 발광기구나 부속장치이다.
3. **인공조명** : 건축물의 연면적이 2,000m^2 이상, 5층이 넘으면 야간에 장식과 안전관리를 위해서 외관에 조명기구를 설치할 수 있다.

그림 4.12 고층건물에 의한 일조장해

㉠ 현황

현황은 조사항목, 조사범위, 조사방법과 조사결과로 구분해 제시한다.

ⓐ 조사항목은 지역의 일반상황(지형과 토지이용상황)과 일영[日影, 그림자] 상황(범위, 시각과 시간수 등)으로 한다.

ⓑ 조사의 공간적 범위는 건설완료 시의 동지(冬至)일의 진태양시에 의한 오전8시부터 오후 4시까지의 8시간 동안에 일영이 발생된다고 예상되는 지역을 기본으로 하고, 주변의 토지이용상황을 감안해서 설정한다.

ⓒ 조사방법으로서 현황조사는 기존자료조사와 현지조사로 한다.

ⓓ 조사결과는 조사항목별로 표나 그림 등을 이용해 서술한다.

㉡ 사업시행에 따른 영향예측

ⓐ 예측항목은 높은 구조물이나 건축시설물 등으로 인한 일조피해 예측을 위한 일영곡선을 대상으로 한다.

ⓑ 예측의 공간적인 범위는 현장조사범위에 따라 토지이용상황, 지형상황 등의 지역특수성을 감안해 일조장해가 미치는 지역으로 한다. 시간적 범위는 철탑, 굴뚝 등 고가구조물의 건설완료 시점으로 한다.

ⓒ 예측방법은 이론식 사용, 일영차트나 모형실험에 따른 방법으로 실시한다.

ⓓ 예측결과는 예측항목별, 예측지점별로 표나 그림 등을 이용해 서술한다.

ⓔ 예측평가는 예측결과를 바탕으로 해당사업의 시행에 따른 일조장해 정도를 건축법 등의 일영에 관한 규제기준 등 환경보전을 위한 법령을 참고해 평가한다.

㉢ 저감방안

저감방안은 해당사업의 시행으로 생긴 일조장해의 정도를 최소화할 수 있도록 대책을 수립하고, 저감대책 수립 후 일조장해 정도를 평가한다.

㉣ 사후 환경영향조사

사후 환경영향조사는 해당사업의 시행으로 생긴 일조장해의 정도를 확인하고, 필요시에 추가적인 저감대책을 수립할 수 있도록 조사계획을 수립해야 한다.

(6) 사회 · 경제환경분야

① 인구

그림 4.13 산업화에 따른 인구증가

㉠ 현황

현황은 조사항목, 조사범위, 조사방법과 조사결과로 구분해 제시한다.

ⓐ 조사항목은 인구현황, 인구구성현황, 인구증감현황을 포함하고, 대상사업의 규모, 종류와 지역환경의 특성을 고려해 설정한다.

ⓑ 조사의 공간적 범위는 대상사업지역과 그 지역에 밀접한 관계를 맺고 있는 지역 등 사업시행에 따른 인구변화가 예상되는 지역을 포함하고, 대상사업의 종류, 규모 등을 고려해 설정한다.

ⓒ 조사방법은 기존자료를 조사해 작성하는 것이고, 필요시 현지조사도 실시한다.

ⓓ 조사결과는 조사항목별로 표나 그림 등을 이용해 서술한다.

㉡ 사업시행에 따른 영향예측

ⓐ 예측항목은 인구변화, 인구구성변화 등을 포함한다.

ⓑ 예측의 공간적 범위는 사업시행으로 인구변화가 예상되는 지역으로 하고, 시간적 범위는 운영 시로 하며, 인구증가가 최대인 때를 포함한다.

ⓒ 예측방법은 대상사업의 특성과 유사사례를 참조해 인구변화를 예측한다.

ⓓ 예측결과는 예측항목별로 예측된 내용을 표나 그림 등으로 정리하고, 이에 대하여 서술한다.

ⓔ 예측평가는 사업시행에 따라 인구변화에 미치는 영향을 지역의 전반적인 환경특성을 고려해 평가한다.

㉢ 저감방안

저감방안은 평가결과를 바탕으로 필요 시 사업규모의 조정 등을 포함하여 수립하며, 저감방안 수립 후 사업에 따른 인구에 미치는 영향을 평가한다.

㉣ 사후 환경영향조사

사후 환경영향조사는 사업시행에 따른 인구변화에 미치는 영향을 확인하고, 필요시에 추가적인 대책을 수립할 수 있도록 조사계획을 수립해야 한다.

② 주거

㉠ 현황

현황은 조사항목, 조사범위, 조사방법과 조사결과로 구분해 제시한다.

ⓐ 조사항목은 가구수, 주택수, 주택보급률, 주택의 형태와 구조, 주거환경, 주택소유현황, 이주민발생현황을 포함하고, 대상사업의 종류, 규모와 지역의 환경적 특성을 고려해 설정한다.

ⓑ 조사의 공간적 범위는 대상사업지역과 밀접한 관계를 맺고 있는 지역을 대상으로 하고, 대상사업의 종류, 규모 등을 고려해 설정한다.

그림 4.14 과밀화된 주거지

ⓒ 조사방법은 기존의 통계자료를 조사하는 것이고, 필요 시 현지조사를 실시한다.

ⓓ 조사결과는 조사항목별로 표나 그림 등을 이용해 서술한다.

㉡ 사업시행에 따른 영향예측

ⓐ 예측항목은 조사항목으로 제시된 항목을 기준으로 하며, 사업에 따라 변화될 주거특성과 이주단지설치 등 이주에 관한 사항도 포함시킨다.

ⓑ 예측의 공간적 범위는 조사범위를 기준으로 하고, 필요 시 외부관련지역을 포함해서 그 범위를 확대시키며, 시간적 범위는 공사 시와 운영 시로 구분해서 인구가 최대인 경우를 포함시킨다.

ⓒ 예측방법은 대상사업의 특성과 대상지역의 환경적 특성 등을 고려해 유사 사례를 참조하는 등의 방법으로 한다.

ⓓ 예측결과는 예측항목 상의 변화, 그 밖의 변화들을 종합해 적절한 방법으로 결과를 서술한다.

ⓔ 예측평가는 사업시행에 따라 대상지역과 관련 있는 주변지역 및 이주단지 등에서의 영향 등을 포함해 주거환경에 미치는 영향을 평가한다.

㉢ 저감방안

평가결과를 바탕으로 지역의 다양한 환경적 특성을 고려해 주거환경 영향의 저감방안을 수립하며, 저감방안 수립 후 사업에 따른 주거에 미치는 영향을 평가한다.

㉣ 사후 환경영향조사

사업시행에 따른 주거환경에 미치는 영향을 확인하고, 필요시 추가적인 대책을 수립할 수 있도록 조사계획을 수립한다.

③ 산업

㉠ 현황

현황은 조사항목, 조사범위, 조사방법과 조사결과로 구분해 제시한다.

ⓐ 조사항목은 산업구조, 주변 관련산업, 산업진흥계획, 산업별 생산물 특성을 포함해서 산업별 활동현황을 알 수 있는 항목들로 하고, 대상사업의 종류, 규모와 지역의 환경특성을 고려해 산업에 미치는 영향을 적절하게 파악할 수 있도록 설정한다.

ⓑ 조사의 공간적인 범위는 대상사업지역과 그 지역에 밀접한 관계를 맺고 있는 지역을 대상으로 하고, 대상사업의 종류, 규모 등을 고려해 설정한다.

ⓒ 조사방법은 기존자료를 조사하고, 필요시 현지조사를 실시한다.

ⓓ 조사결과는 조사항목별로 표나 그림 등을 이용해 서술한다.

㉡ 사업시행에 따른 영향예측

ⓐ 예측항목은 조사항목을 기준으로 하며, 사업에 따른 변화될 주변환경을 고려해 필요시 항목을 추가한다.

ⓑ 예측범위에서 공간적 범위는 조사범위를 기준으로 하며, 사회적인 여건 등을 고려해 변화가 예상되는 지역을 대상으로 하고, 필요 시에 그 범위를 확대시킨다. 그리고 시간적 범위는 공사 시와 운영 시로 구분한다.

ⓒ 예측방법은 대상사업의 특성과 대상지역의 환경적인 특성 등을 고려해 유사사례의 인용, 해석 등의 방법으로 한다.

ⓓ 예측결과는 산업별 구조변화, 소득변화 등을 포함해 적정한 방법으로 정리해 기술한다.

ⓔ 예측평가는 지역의 환경특성을 고려해 사업시행에 따른 산업에 미치는 영향을 평가한다.

㉢ 저감방안

저감방안은 평가결과를 바탕으로 필요 시 사업규모의 조정 등을 포함하여 수립하며, 저감방안 수립 후 사업시행에 따라 산업에 미치는 영향을 평가한다.

㉣ 사후 환경영향조사

사업시행으로 인해 산업에 미치는 영향을 확인하고, 필요 시 추가적인 대책을 수립할 수 있도록 조사계획을 수립한다.

그림 4.15 열병합 발전설비

4.2 환경영향평가(EIA) 항목별 작성요령

1. 환경영향평가 항목별 작성요령

(1) 자연생태환경분야(2개 항목 : 동 · 식물상, 자연환경자산)

① 동 · 식물상

동 · 식물상의 예측항목은 대상사업지역과 인접지역의 동물, 식물과 생태계 변화를 미칠 것으로 예상되는 항목이며, 육상동물상은 포유류, 조류(새), 육상곤충류와 양서 · 파충류이고, 식물상은 관속식물, 대상지역의 식물구계와 식물군계, 식생분포현황이다. 그리고 육수생물상은 어류(물고기), 저서성 대형무척추동물, 플랑크톤(plankton)과 부착조류이며, 생태자연도와 생태계현황은 광역생태계현황, 생물다양성, 생물서식처 현황과 특성, 서식지다양성, 식생패치(patch) 분포, 서식지별 연결성이며, 이 밖에도 생물다양성의 확보와 자연환경의 체계적인 보전을 위하여 필요한 항목이다.

예측(simulation)방법은 영향과 변화의 원인을 파악하고 유사사례를 참조해서 해석이 가능한 정량적 또는 정성적인 방법을 사용하며, 예측결과를 바탕으로 해당사업의 시행이 동 · 식물상과 생태계에 미치는 영향특성과 중요한 가치를 고려해 영향이 심각한 정도나 사후 회복가능성 등을 추가한다.

표 4-4 | 자연환경법상 생태 · 자연도 등급수정

대상지역	도엽	당초	수정	비고
충남 태안군 고남면 장곡리 20-1번지 일원	장고 366101	1등급	2등급	지형
강원도 양양군 서면 오색리 6/1~6/5번지와 가라피리 산38번지 일원	양양 388153	1등급	1, 2등급	식생
경기도 남양주시 별내동 산787-1번지 일원	의정부 377051	1등급	3등급	식생
경기도 남양주시 별내동 산들소리수목원 일원	의정부 377051	1등급	3등급	식생
강원도 삼척시 노곡면 우발리 산101번지 일원	하마 37904	1등급	2, 3등급	식생, 포유류
경기도 용인시 처인구 양지면 평창리 산117-1번지 일원	좌향 377141	1등급	2등급	식생

※ 자료 : 환경부고시 제2014-180호(2014. 10. 6.)

② 자연환경자산

자연환경자산의 예측항목은 대상사업지역과 인접지역의 자연환경자산에 영향을 미칠 것으로 예상되는 항목이며, 조사항목은 멸종위기 야생동・식물, 습지보호지역, 산림유전자보호림, 백두대간 보호지역, 천연기념물 등 보호지역, UNESCO 등의 지정・보호지역과 '동・식물상'에서 제시된 것을 기준으로 한다.

예측방법은 자연환경자산에 미치는 영향과 원인을 파악하고 유사사례를 참조해서 정성적 또는 정량적인 방법을 사용하며, 예측결과를 바탕으로 해당사업의 시행이 미치는 영향에 대하여 자연환경자산의 중요한 가치를 고려하여 그 정도와 회복가능성 등을 기준으로 평가한다.

(2) 대기환경분야(4개 평가항목 : 대기질, 기상, 악취, 온실가스)

① 기상

기상 평가항목은 지형변화와 토지이용변화 등의 사업시행에 따른 국지기상 및 기상변화 등으로 설정한다. 기상은 기온・풍향・풍속・습도, 강수량・일사량・적설량・운량, 대기안정도・대기혼합고 등에 대하여 그 변화가 해당사업과 주변지역에 미치는 영향 정도를 기술한다. 또한 지역의 환경특성을 고려해서 기상변화가 크게 발생될 것이 예상되면 저감방안을 수립한다.

② 대기질

대기질 평가항목은 예측항목이 현황조사와 사업시행 시 대기질에 영향을 미칠 것으로 예상되는 물질이고, 공사 시와 운영 시에 발생할 수 있는 대기오염물질의 발생량을 산정해 사업과 지역특성을 고려해서 적정한 모델을 활용한 대기확산 모델링을 수행하며, 사업지구의 내・외 영향예상시설과 지역 등에 미치는 영향을 정량적으로 산출한다.

예측결과는 대기농도 현황값을 자동차 배출가스 등의 배경농도로 하고 대상사업의 실시에 따른 기여도를 가산하는 방법을 사용하며, 대기오염물질별로 최대착지 지점과 농도를 평가기준(환경기준과 목표기준)의 기준시간을 연간・24시간・8시간・1시간으로 예측하여 표(table)로 작성(plot), 평가기준과 비교해서 기술한다. 또한 예측결과를 바탕으로 국가와 지역의 환경기준과도 비교하고, 현황농도대비 증가비율(%) 등을 검토해 사업시행 시의 대기질 영향을 평가한다. 특히 대기오염물질의 배출량과 농도를 연속적으로 확인할 수 있는 TMS(Telemetering Monitoring System) 설치계획도 수립한다.

표 4-5 자동차 종류별 대기오염 배출량 (단위 : ton/년)

구분	CO	NO_x	PM-10	VOC
승용차	39,942	5,933	4	5,123
택시	11,375	2,375	0	494
승합차	748	1,136	83	135
버스	3,057	4,134	7	2,865
화물차	5,981	20,780	677	1,213
특수차	22	73	2	6
이륜차	41,666	741	0	4,223
RV	6,536	4,261	417	592
합계	109,328	39,431	1,191	14,650

※ 자료 : 환경부, 대기오염물질 배출량(2009)

③ 악취

사업지구나 평가항목은 사업지구나 주변지역에 소하천이 인접해 있으면 심한 악취가 발생하므로 저감이나 제거하는 대책을 강구해야 한다. 이러한 경우가 아니라면 공장가동 시에 발생되기 때문에 저감대책 수립 시 악취오염물질 성상별 풍향, 풍속을 고려해 공장배치와 악취방지시설의 설치를 계획한다.

그리고 사업장 안에 매립장, 소각장, 하수종말처리장을 설치할 경우에는 기상상황을 고려한 악취확산 모델링으로 복합악취를 예측해서 탈취설비, 완충녹지대, 복토계획과 LFG(Land Fill Gas)를 밀폐시켜 포집해 재활용하는 계획 등을 수립한다.

④ 온실가스

온실가스(Green House Gas, GHG)는 지구온난화를 유발, 기후를 변화시킴으로써 생태계에 영향을 미치는 것으로서 CO_2, CH_4, N_2O, HFC, PFC, SF_6, NF_3 등이다. 주로 화석연료(fossil fuel)를 사용하는 발전소, 산업시설, 자동차, 보일러 등이 온실가스 중 CO_2의 주요 배출시설이고, 냉매사용시설은 HFC와 PFC, 반도체제조시설은 N_2O, SF_6, 그리고 축산시설과 매립시설은 CH_4, NF_3의 배출시설이므로 이들의 온실가스 발생량을 예측해 저감대책을 수립해야 한다. 이에 따라 화석연료를 대체할 수 있는 청정에너지로 신재생에너지 설치계획과 토지이용계획안, 에너지절약방안 등을 수립한다. 우리나라의 온실가스 배출량 목표치는 2020년에 89,900만 톤인데, 현재의 발생량은 81,300만 톤으로 약 10% 정도밖에 여유가 없다.

표 4-6 주요 업종별 온실가스 배출할당량(2015~2017년)

구분	산업부문		그 밖의 부문	
할당량	석유화학	1억 3,752만 4,897톤	발전, 에너지	7억 438만 5,517톤
	정유	5,744만 2,324톤	폐기물	2,573만 4,523톤
	철강	3억 1만 4,789톤	건물	1,040만 1,759톤
	자동차	1,235만 5,816톤	항공	372만 1,550톤
	시멘트	1억 2,570만 톤	통신	800만 톤

그림 4.16 탄소배출권 공청회

(3) 물환경분야(3개 평가항목 : 수질, 수리 · 수문, 해양환경)

① 수질

수질 평가항목은 지표수와 지하수의 수질도 포함하면서 공사 시, 이용 시와 운영 시에 물오염물질과 영양염류에 의한 수질변화에 대한 저감대책을 수립한다. 영양염류(Nutrients)는 동물번식과 식물성장에 필수적인 원소들로 탄소(C), 질소(N), 인(P)이다. 탄소는 유기물의 부패로 생긴 부산물이어서 천연유기물(Natural Organic Matter, NOM)이라고 하며, 질소는 단백질(protein), 클로로필(chlorophyll) 등의 구성원소여서 유기질소를 분해하는 독립영양 박테리아에 의해 동·식물의 사체가 중 단백질이 자연계에서 암모니아성질소(NH_4^+)로 변했다가 산소와 산화반응으로 아질산성질소(NO_2^-)와 질산성질소(NO_3^-)로 되어 토양과 물속에 존재한다. 그리고 인은 물속에서 인산성인(PO_4^{3-})으로 존재하며, 일반적으로 p-PO_4와 m-PO_4, poly-PO_4 등의 축합 인산성인으로 존재한다. 특히 질소와 인은 수중식물의 성장에 중요한 제한영양분이 된다. 그래서 공사 시에 건설현장 인부들에 의해 발생하는 오수는 임시 오수정화시설에서 처리하고 이용 시나 운영 시는 하수종말처리장에서 유입처리 및 방류수의 재이용을 계획한다. 그리고 강우 시 발생되는 탁질물질과 토사유출 방지를 위해 가배수로와 침사저류시설을 설치해 하천유입이 없도록 해야 한다.

운영 시에 하수유입을 위한 차집관리는 누수가 없도록 설치하고 물오염 총량관리계획도 검토하며, 비점오염원에서 발생되는 초기우수처리계획과 매립지의 침출수 처리방안도 수립한다. 하수처리장은 정부의 저탄소 녹색성장에 따라 하수처리과정에서의 소화가스, 소수력발전, 하수열 이용 등과 같은 재활용계획을 수립하고, 입지특성에 따라서는 태양광발전, 매립가스발전, 바이오가스발전 등으로 최대한 에너지를 자립화하는 계획을 수립한다.

표 4-7 한국의 하수처리장 지역별 태양발전량

구분	연평균 일사량(MJ/m^2)	일평균 일사량(MJ/m^2)	전력량(kWh/m^2)
수원	4,904	13.44	3.72
진주	5,124	14.04	3.89
춘천	4,840	13.26	3.68

상수도 블록시스템 DB(Data Base) 구축을 위해서 환경부는 전국적으로 2001년부터 상수도관의 유수율 제고를 위한 블록 분할기준을 다음과 같이 대블록, 중블록, 소블록, 관리블록으로 구분해서 발표하였다.

㉠ 대블록
- ⓐ 정수장의 송수계통의 급수구역
- ⓑ 광역상수도와 지방상수도 공급체계로 분리
- ⓒ 폭 25m 이상의 도로, 하천, 복개천, 철도 등의 경계와 행정구역

㉡ 중블록
- ⓐ 가압장과 배수지의 급수구역
- ⓑ 균등급수를 위하여 최대 표고차 25m에서 30m 이내
- ⓒ 폭 10m에서 25m의 도로, 철도, 하천, 복개천, 하수본관, 행정구역 경계

㉢ 소블록

ⓐ 균등급수를 위하여 최대 표고차 25m에서 30m 이내

ⓑ 폭 10m 이하의 도로, 철도, 하천, 복개천, 하수본관, 행정구역

ⓒ 학교 등의 공공시설과 공원, 공단, 대단위 아파트단지 등

ⓓ 급수전 수가 500전에서 1,500전으로 1일 공급량이 700m^3에서 3,500m^3

ⓔ 행정구역 경계와 지형여건 고려

㉣ 관리블록

ⓐ 기존 택지개발지구축 블록 중 규모가 작은 소블록

ⓑ 급수계통상 소블록 구축이 어렵고 인접블록과의 고립화가 복잡한 지역

ⓒ 소블록기준에 크게 미달된 소규모 취락지역

② 수리 · 수문

수리와 수문의 평가항목은 농업용수, 공업용수, 정수용 등의 생활용수의 이수목적과 이들 공급원의 계절별 수자원량에 대한 취수수급계획에 대한 검토이고, 하수방류량이 주변 소하천에 미치는 대책을 수립한다. 우리나라는 일반적으로 저수지(댐 등)의 유량을 풍수기에 연중 95일 동안 유지해야 하고, 평수기에는 185일, 저수기에는 275일, 갈수기에는 365일의 유량을 확보해야 한다. 이와 같이 대상지역의 하천에 대한 유황(流況)상태를 월별, 갈수기(12~4월), 평수기와 풍수기별로 파악하고, 계절별로 주변이용량과 수급량도 검토해서 하수를 처리하여 방류할 때 하천에 영향이 없도록 한다. 또한 전세계적으로는 지구온난화에 따른 기온상승으로 기후변화가 나타나 물증발량이 증가함으로써 사막화와 생태계교란으로 지구환경적 문제가 되고 있다.

표 4-8 세계의 수자원분포 (단위 : $10^{12}m^3$)

구분	바다	대기	담수호	염수호	하천	지하수	빙하	토양	합계
용량	1,320,000	13	125	104	1.25	8,250	29,200	67	1,360,000
분포(%)	97.2	0.001	0.009	0.008	0.0001	0.61	2.14	0.005	100

※ 참고 : 육지는 57,200×$10^{12}m^3$로 2.8%를 차지함.

③ 해양환경

해양환경 평가항목으로는 태양광발전, 매립건설, 간척사업, 해안채광, 해양준설

등의 건설공사 시에 토사유출로 발생할 물오염 상황을 방지할 대책을 수립한다. 풍력발전소를 해안에 설치할 때에는 가배수로를 설비하여 침사저류시설과 물막공설치계획을 수립해서 준설 시 탁질물질의 확산을 예측하고, 호안매립계획 시 Filter mat, Silt protector 설치도 등의 작성을 계획한다.

표 4-9 | 풍력등급에 따른 풍력에너지 밀도

등급	10m 풍속 (m/sec)	풍력에너지 밀도 (kW/m^2)	50m 풍속 (m/sec)	풍력에너지 밀도 (kW/m^2)
1	4.4	0.10	5.6	0.2
2	5.1	0.15	6.4	0.3
3	5.6	0.20	7.0	0.4
4	6.0	0.25	7.5	0.5
5	6.4	0.30	8.0	0.6
6	7.0	0.40	8.8	0.8
7	9.4	1.00	11.9	2.0

(4) 토지환경분야(3개 평가항목 : 토지이용, 토양, 지형 · 지질)

① 토지이용

토지이용 평가항목은 주거지역, 산업단지, 공항건설, 환경기초시설, 토석채취, 매립지 등을 활용 시 주민생활환경, 항공기음향영향도(Weighted Equivalent Continuous Perceived Noise Level, WECPNL), 소음영향, 대기오염 등의 환경영향 측면에서 검토 후 저감방안계획을 수립한다.

주거건축물계획 시는 자연경관이나 지형의 변화를 최소화할 수 있도록 배치하고 소음피해가 비교적 적은 업무용과 상업용 시설을 대로변에, 병원 · 유치원 · 경로당 · 독서실 · 학교 등의 정온시설은 조용한 곳에 배치한다. 그리고 산업단지는 주풍향을 고려해 주거와 지원시설에 지장 없게 하고, 완충녹지는 상업지구의 외곽경계부와 용도지역 및 경계부에 적합한 수림대를 조성해야 한다. 또한 공항건설이나 주거지역 산업단지의 지역 조성 시 항공기소음영향을 고려해서 토지이용계획을 수립한다.

표 4-10 | 지역별 항공기소음영향도(WECPNL)

등급	적용 대상지역	WECPNL
가	주거지역, 학교, 병원, 자연환경보전지역, 관광휴양지역	70 미만
나	주거, 병원, 학교 등의 일부 건물방음이 필요한 지역	70~75
다	상업지역, 준 공업지역, 반드시 방음이 필요한 지역(병원, 학교, 주거)	75~80
라	공업지역, 주차장, 창고, 농장 등의 소음이 무관한 지역	80~90
마	공항전용지역, 공항정비센터 등의 관련시설물	90 이상

② 토양

토양 평가항목은 토양오염도의 현황실태조사분석, 오염토양처리와 지하수오염의 저감대책의 수립뿐만 아니라 비옥한 토양보전가치지역의 변화에 따른 보전대책의 수립이다. 토양환경보전대책은 환경부의 토양오염지역 조사와 오염토양정화사업 추진에 대한 자료를 참고해 사업지구와 주변지역의 토양오염 예방을 위한 사전대책과 오염토양을 복원하는 사후 관리계획을 수립한다. 현재 환경부와 시・도는 전국적으로나 관할구역 안에 토양측정망을 설치해 연 1회씩 토양오염도를 조사하고, 그 자료를 공개하고 있다.

토양의 특정 유해물질인 TCE(Tri Chloro Ethylene), PCE(Per Chloro Ethylene 또는 Tetra Chloro Ethylene), Dioxin, PCB(Poly Chlorinated Biphenyl) 등을 집중관리하며, 토양오염 우려지역은 폐기물매립지, 폐광산지 등이다.

③ 지형・지질

지형・지질 평가항목은 학술적, 문화적, 자연환경보전적인 경제가치가 있는 습지, 해안선 등의 경관에 영향을 주는 절토와 성토에 대하여 사면처리대책을 수립한다. 만일 급경사의 사면에서 암반이 노출되면 조경계획이 어렵지만 주변지역과 조화 있게 복구작업을 계획한다.

발전소 건설, 송전선로 건설, 변전소 건설과 매립장 건설 시는 자연환경 파괴, 전파장해, 경관훼손, 자연녹지와 산림의 변화가 없도록 방지대책을 수립한다.

표 4-11 녹지자연도 등급

등급	지역	세부내용
1	시가지	녹지식생이 거의 없는 해안, 해안모래사장, 암석지역
2	농경지	논과 밭의 경작지
3	과수원	경작지나 과수원, 묘목장처럼 녹지식생지역
4	잔디초원	목장, 인공잔디공원처럼 키가 작은 식생군락지역
5	갈대초원	갈대, 억새, 조릿대가 군락을 이룬 지역
6	조림지	활엽수, 침엽수, 낙엽송이 군락을 이룬 지역
7	유령2차림	자연식생군락이 20년 동안 관리되어 온 지역
8	장령2차림	원시림, 자연식생이 벌채 후 다시 싹이 나서 20~50년간 형성된 지역
9	자연림	전나무, 가문비나무 등이 50년 이상 식생을 이룬 지역
10	고산초원	한라산, 백두산의 자연식생지역

※ 참고 : 녹지자연도는 녹지 정도를 나타낸 지도여서 0등급은 저수지와 하천유역임.

(5) 생활환경분야 (6개 평가항목 : 친환경적 자원순환, 소음 · 진동, 위락 · 경관, 위생 · 공중보건, 전파, 일조)

① 친환경적 자원순환

도시화와 산업화가 고도로 진행되면서 에너지와 자원의 고갈속도 역시 빨라지고 있다. 따라서 에너지가 부족하고 자원낭비가 많은 현대의 소비국가들은 발생되는 폐기물을 에너지화시켜서 자원을 순환하여 사용할 수 있을 것이다. 우리나라도 자연에서 채취한 에너지와 자원을 한 번 쓰고 버리는 사회구조에서 벗어나 미처리 폐기물의 매립금지를 제도화하고 적극적으로 재활용하도록 하여 천연자원과 천연에너지가 가능한 한 오랫동안 경제활동의 생산적 순환시스템에서 순환되도록 하는 친환경적 자원순환 사회로 전환시키기 위한 정책을 추진해야 한다.

공사 시에 발생된 폐건축자재 등의 건설폐기물은 수거해서 재활용계획을 하고, 생활폐기물과 사업장폐기물의 발생량도 예측해 처리대책을 수립한다. 운영 시는 1일 50톤 이상의 자연성폐기물을 배출하는 사업장은 소각시설의 설치를 계획하고, 개발지역의 조성면적이 300만m^2 이상이면 자체 최종처리대상 폐기물을 10년 이상 매립하기 위한 매립시설설치계획을 해야 한다. 그리고 폐목재, 건축자재, 벌목 등에 대해서는 RDF(Refuse Drived Fuel) 생산계획을 수립하고, 매립지에 대해서는 LFG, 소각로에 대해서는 폐열을 이용하게 하는 등의 에너지화계획을 수립한다.

표 4-12 에너지화 대상 폐자원물량(2013년 기준)

폐자원		계	수도권 매립지	에너지타운	개발시설
가연성 (만 ton/년)	RDF화	163.6(100%)	36.0(22%)	103.6(63.3%)	24.1(14.7%)
	연료화	13.0(100%)	13.0(100%)	-	-
유기성 (만 ton/년)	바이오산화	104.5(100%)	26.4(25.3%)	40.9(39.1%)	37.2(35.6%)
	Pluff화	83.1(100%)	69.0(83.6%)	11.7(14.1%)	2.4(2.9%)
매립가스 (만m^3/년)	발전	6,842.9(100%)	-	712.8(10.4%)	6,130.1(89.6%)
	정제	2,376.0(100%)	1,425.6(60%)	-	950.4(40%)
소각여열(만 Gcal/년)		41.1(100%)	-	-	41.1(100%)

※ 참고 : 환경부, 환경백서(2013)

② 소음 · 진동

평가항목은 해당사업과 관련하여 유발되는 모든 소음 · 진동이 미치는 영향으로 하며, 정온지역인 종합병원, 학교, 공공도서관, 노인복지요양원 등에 미치는 영향을 예측하고 저감대책을 수립한다.

공사 시 건설장비에 의한 소음과 화약충전을 이용한 발파 시 소음과 진동에 대한 저감방안으로 가설판넬의 설치나 발파예고제의 실시 등을 수립한다. 그리고 운영 시는 주거지역의 공동주택 층간소음기준의 준수, 방음언덕의 설치, 도로변측으로 방음벽의 설치, 완충녹지공원의 설치와 우회도로 건설 등의 계획을 수립한다.

공동주택의 층간소음은 입주자나 사용자의 활동에 따라 발생되는 소음으로 정신적, 심리적, 안정적으로 피해를 준다. 여기서 화장실, 욕실, 다용도실 등에서 급수와 배수로 발생되는 소음은 제외한다. 그리고 층간소음은 직접충격소음과 공기전달소음이 있으며, 직접충격소음은 뛰거나 걷는 동작 등으로 발생되고, 공기전달소음은 텔레비전, 음향기기 등에 의해서 발생된다. 또한 1분 동안 L_{eq}(등가소음도)와 5분 동안 L_{eq}는 가장 높게 측정된 값이며, 최고소음도(L_{max})는 1시간에 3회 이상 초과할 경우에 L_{max} 기준값을 초과한 것으로 본다.

표 4-13 층간소음기준(L_{eq}dB(A))

층간소음 구분		주간(06:00~22:00)	야간(22:00~06:00)
직접 충격소음	1분 동안 등가소음도	43	38
	최고소음도(L_{max})	57	52
공기전달소음	5분 동안 등가소음도	45	40

※ 참고 : 공동주택의 직접충격소음 기준은 상기 값보다 +5dB(A) 높게 적용함.

지진이 발생하면 교량은 일부만 파손되어도 엄청난 인명과 재산의 피해를 일으키므로 그 예방을 위해 내진구조계획이 필요하다. 일반적으로 내진설계 시 구조계획은 구조물의 기하학적인 형상, 구조형식, 사용재료 특성과 부재별 연결상태 등을 종합적으로 고려해야 한다.

㉠ 내진 Ⅰ등급 교량 : 평균 재현주기 1,000년

ⓐ 고속도로, 자동차전용도로, 특별시도와 일반국도상의 교량

ⓑ 지방도, 시도와 군도 중 지역의 방제계획상 필요한 도로에 건설된 교량, 해당도로의 1일 계획 교통량을 기준으로 판단했을 때 중요한 교량

ⓒ 내진 Ⅰ등급 교가 건설되는 도로 위를 넘어가는 고가교량

㉡ 내진 Ⅱ등급 교량 : 평균 재현주기 500년

ⓐ 내진 Ⅰ등급 교에 속하지 않는 교량

㉢ 탄성지진 응답계수(m번째 진동모드)

ⓐ T_m 이 4초 이하일 경우

탄성지진 응답계수(C_m)$=\dfrac{1.2AS}{T_m^{2/3}} \leqq 2.5A$

ⓑ T_m 이 4초 이상일 경우

탄성지진 응답계수(C_m)$=\dfrac{3AS}{T_m^{4/3}} \leqq 2.5A$

여기서, A : 지진가속도계수

S : 지반특성(무차원계수)

T : 고유치 해석이나 교량주기

③ 위락 · 경관

위락과 경관의 평가항목은 공사 시에 자연경관보호, 시민의 건강, 휴양과 정서생활 향상에 기여하는 계획을 수립한다. 경관은 자연경관과 문화경관 등이 있는데, 자연경관은 자연보호상태가 양호해서 훼손이나 오염이 적어 야생동물이 서식하면서 희귀식물이 식생하고 있거나 지형의 경관미가 아름다운 녹지이며, 문화경관은 문화재나 역사성 있는 유물이 있으면서 자연공간과 조화되어 보존가치가 있는 녹지이다.

자연경관은 인간의 눈에 보이는 자연풍경과 인공풍경을 말하며, 녹지, 야생 동·

식물, 생태적인 가치, 문화재 등이 있는 풍경이면 으뜸이다. 따라서 경관은 색채, 형상, 하늘경계선(sky line), 질감, 관찰위치, 계절성 등에 지배된다. 경관은 거시경관과 미시경관이 있는데, 거시경관은 지형경관(일출, 일몰, 지형 등), 전체경관(바다, 내장산, 하늘공원, 초원, 녹차밭, 유채꽃밭, 메밀밭, 청보리밭 등)이며, 미시경관에는 터널경관(삼림, 숲, 중국 자금성 내의 관목, 미국 나이아가라폭포 등), 세부경관(나뭇잎, 열매, 나무모양 등)과 일시경관(일식, 월식, 무지개, 용오름 등) 등이 있다. 그리고 녹지는 완충녹지와 경관녹지가 있는데, 완충녹지는 그린벨트 등의 공해방지를 위해서 녹지면적에 80% 이상이어야 하고 경관녹지는 주민의 생활환경의 증진을 위해 쾌적해야 한다. 항만재개발과 마리나항만의 경관가이드라인은 다음과 같다.

㉠ 궁극적인 목적

국가, 지방자치단체, 민간투자자(이하 '사업시행자'라고 한다)가 항만재개발과 마리나 항만에 대한 사업계획이나 실시계획을 수립할 때에는 경관형성에 필요한 사항을 규정해서 아름답고 쾌적한 개발사업구역의 경관을 조성해야 한다.

㉡ 경관기본방향 조성

ⓐ 공공시설을 이용자가 공유하고 접근하기에 쉽게 조성한다.

ⓑ 지역주민 등의 다양한 주체의 참여를 이끌어내고 서로 협의해서 그 협의결과를 사업계획에 반영한다.

ⓒ 외관적으로 아름답게 구현해서 이용자들이 건축구조물과 시설물 자체의 아름다움에 감성적인 교감을 갖도록 디자인한다.

ⓓ 거주자, 이용자, 관광객, 항만종사자 등이 편안함과 친밀감을 느낄 수 있도록 디자인한다.

ⓔ 지역특성과 주변경관에 조화로운 경관을 조성하기 위하여 주변환경 요소나 여건을 서로 연계시켜서 설치한다.

ⓕ 사회적으로나 시대적인 요구에 유연하게 대응할 수 있도록 다양성과 융통성을 확보해 장소특성에 맞게 이용할 수 있도록 디자인한다.

ⓖ 이용자가 관광자원의 외적인 아름다움, 쾌적함, 생동감, 편리함, 안전함, 정온함 등을 복합적으로 느낄 수 있도록 조성한다.

㉢ 경관자원의 조성

ⓐ 경관조사내용(지도에 표시)

- 생태경관자원은 수변생식, 수변 동 · 식물의 종류와 분포, 서식처 등이다.
- 지형경관자원은 해안의 형상, 절벽, 단층, 모래사장 등이다.
- 지역경관자원은 지역의 토지이용, 건축물, 문화재 등의 역사와 문화적 가치가 있는 시설 등이다.

ⓑ 기본계획단계 검토사항(계획단계)

- 기본계획수립은 경관자원조사의 결과를 바탕으로 해당지역 경관을 계획한다.
- 시공단계에서 사업계획이나 실시계획의 설계를 변경해야 할 때는 최소화되도록 한다.

ⓒ 디자인 원칙(경관요소 활용)

- 지역의 고유한 자연, 역사, 문화적 자원과 연계시켜서 지역의 매력도를 증진할 수 있도록 경관이미지를 형성할 뿐만 아니라, 개발구역에 조성되는 건축물 등이 스카이라인이나 주변지역의 경관과 조화를 이루는 색채 형상, 재료 등을 고려한다.
- 친수공간 등의 공간은 지역과 주변에 편이함(amenity)을 향상시킬 수 있도록 디자인하면서 개발지역의 경관과 조화를 이루는 야간조명 등을 계획한다.
- 해양경관, 주변자연과 인공경관을 보전 또는 활용해서 경관특색을 최대화한다.
- 생태계파괴는 최소화하면서 태풍, 해일, 풍랑 등의 자연재해를 고려한다.
- 우수한 자연경관을 조망체험할 수 있도록 조망점을 선정하고, 조망경관의 보호를 위해 조망점으로부터 조망축 보호와 경관 저해요소를 제거한다.
- 방파제, 교량, 호안 등의 시설물에 설치하는 조망시설은 주변경관과 조화되는 색채, 형상과 재료로 디자인한다.

㉣ 시설물 디자인의 고려사항

ⓐ 항만시설물 경관

- 방파제는 자연조건, 주변지형 등에 맞게 그 형태와 기능을 디자인하면서 바다를 직접 체험하고 주변경관도 조망할 수 있도록 친수형으로 조성한다.
- 호안은 자연환경이나 구조물의 연계성을 고려해 형태, 재료, 색채 등을 디자인하면서 바다와 육지의 연속성이나 친수성을 높이도록 조성한다.

• 안벽 등은 항만이용자의 안전성을 고려해 디자인하면서 부두 내의 조망탑, 조명탑 등을 랜드마크(landmark)로 조성한다.

ⓑ 개발지구 건축물 경관

• 사업계획의 수립 시 건축물들의 조화성과 주변환경과의 연속성 등을 유지하도록 조성한다.

• 건축물의 용도에 따라 형상과 지붕형태, 건축입면 등의 통일성이나 다양성을 갖추도록 조성한다.

• 녹지축과 해안축에 위치하는 건축물은 공원, 하천, 해안, 어린이놀이터 등의 조망을 확보할 수 있도록 높이, 배치를 설정한다.

• 구릉지의 능선과 봉우리가 차폐되지 않도록 주변과의 조화를 이루면서 스카이라인을 형성한다.

• 조망점에서 주변대상이 가시화되도록 건축물의 높이를 설정한다.

ⓒ 가로(街路) 경관

• 도시구조와 주변지역의 특성, 가로위계 등을 종합적으로 검토해서 가로의 기능별 특성이 나타나도록 디자인한다.

• 가로를 조성할 때에 보도와 인접한 공개공간(open space)과 건축한계선으로부터 확보된 공간을 함께 고려해서 일체감 있도록 디자인한다.

• 경관축별로 해안가로, 생활가로와 상징가로 등으로 성격을 부여해서 디자인한다.

• 주요 가로공간은 공원, 광장, 친수시설 등과 연계시켜서 쾌적감을 느낄 수 있도록 디자인한다.

ⓓ 옥외광고물

• 건축입면(立面)을 고려해 형상, 색채, 재료, 개수 등을 설정해서 디자인한다.

• 활기찬 가로경관의 형성을 유도하고 야간 해양생태계에 영향이 없도록 빛공해가 최소화되게 차분하면서 부드러운 주조색으로 디자인한다.

• 야간조명은 색, 온도, 휘도, 조도, 조명방식 등을 설정해 디자인한다.

④ 위생 · 공중보건

위생과 공중보건에 대해서는 운영 시 사업지구와 주변지역의 방역활동과 살수차

운행에 의한 미세먼지 제거, 그리고 환경기초시설(매립장, 소각장, 하수처리장 등)의 악취대책 등 주변 지역주민의 위생이나 공중보건에 미치는 환경피해 저감대책을 수립한다.

위생・공중보건(Public Health)은 개발지구와 주변지역의 국민건강을 적극적으로 증진시키고 보건위생을 향상시키기 위해서 생활환경을 개선하여 질병예방과 건강한 삶을 향상시킬 수 있도록 계획을 수립한다.

용어해설 **환경보전을 위한 국가선언문**

전문(前文)

자연은 인간존재의 모체이며 삶의 터전이다. 인간은 공기와 물과 흙과 같은 환경의 은혜 없이는 하루도 살 수 없다. 환경에 대한 인간의 의존성을 똑바로 인식하고 환경용량의 범위 내에서 자제하는 것은 오늘을 사는 우리의 윤리규범이다.

이를 어기는 사람의 행위와 무관심이 우리의 환경을 파괴하고, 인류와 지구의 존속마저 위협하고 있다. 이 위협을 극복하기 위한 노력이 무엇보다도 절실하다.

'60년대 이래 급속히 진전되어 온 산업화와 도시화로 우리의 자연환경과 생활환경은 이제 더 이상 방치할 수 없을 정도로 악화되었다.

지금 적절히 대처하지 아니하면 우리의 환경은 더욱 오염되어 품위 있고 건강한 삶의 유지는 물론, 지속적인 국가발전도 어렵게 될 것임이 분명하다.

환경오염이 몰고 올 재앙을 막기 위하여 우리의 모든 슬기를 총집결하고 국민 한 사람 한 사람이 환경보전을 행동으로 옮겨야 할 때가 왔다.

쾌적한 환경에서 건강한 삶을 누릴 권리와 환경을 보전해야 할 의무가 우리에게 있음을 확인하고 오늘의 세대와 미래의 후손들까지 복된 삶을 누릴 수 있도록 하기 위하여 국가의 환경 기본원칙을 겨레의 의지로 선언한다.

⑤ 전파장해

전파장해는 전기나 자기의 흐름에 따라 발생된 전자에너지에 의한 장해를 말하며, 주거지역과 사업지구로의 고압송전선로 통과 및 변전소 설치로 발생되는 영향여부를 검토해서 피해저감계획을 수립한다.

운영 시는 송전선로의 지하매설을 계획하고 항공기 통과 시의 전파장해는 TV공동수신장치를 설치하는 등의 피해저감대책을 수립한다.

⑥ 일조장해

운영 시 사업지구의 건축물에 의해 일조장해가 발생되지 않도록 구조물의 설치계획과 분포현황을 파악해서 구조물의 이격거리 확보나 높이제한 등의 대책을 수립한다. 인공조명에 의한 빛공해방지법의 내용은 다음과 같다.

㉠ 궁극적인 목적

인공조명에서 발생되는 과도한 빛의 방사로 인한 국민의 건강이나 환경에 위해(危害)를 방지하고 인공조명을 친화적으로 관리해서 모든 국민이 건강하고 쾌적한 환경에서 생활할 수 있도록 하는 데 있다.

그림 4.17 빛공해(에펠탑)

㉡ 빛공해방지계획의 수립(환경부장관)

ⓐ 빛공해방지를 위한 분야별, 단계별 대책을 수립하고, 관련기술개발 추진대책계획을 수립한다.

ⓑ 빛공해에 따른 영향평가 관련사항의 계획을 수립한다.

ⓒ 빛공해방지사업 추진에 대한 소요비용의 산정과 재원조달방안의 계획을 수립한다.

㉢ 조명환경관리구역의 지정(시 · 도지사)

ⓐ 제1종 조명환경관리구역은 과도한 인공조명이 자연환경에 부정적인 영향을 미치거나 미칠 우려가 있는 구역이다.

ⓑ 제2종 조명환경관리구역은 과도한 인공조명이 농림수산물의 동·식물 생장에 영향을 미치거나 미칠 우려가 있는 구역이다.

ⓒ 제3종 조명환경관리구역은 국민의 안전과 편의를 위해서 인공조명이 필요한 구역으로서, 과도한 조명이 국민의 주거생활에 영향을 미치거나 미칠 우려가 있는 구역이다.

ⓓ 제4종 조명환경관리구역은 상업활동을 위한 일정한 수준 이상의 인공조명이 국민의 쾌적하고 건강한 생활에 영향을 미치거나 미칠 우려가 있는 구역이다.

㉣ 빛공해 환경영향평가(시·도지사)

ⓐ 관할지역의 빛환경이 주변환경에 미치는 환경상 영향을 3년마다 1회 이상 평가해서 환경부장관에게 보고한다.

ⓑ 빛공해 환경영향평가항목

- 지역환경현황은 자연환경 및 생활환경 현황, 토지이용현황과 지역개발현황, 조명기구 설치관리와 빛공해 영향분석 등이다.
- 빛공해 영향분석은 인공조명이 동·식물, 경관 등의 자연환경에 미치는 영향, 주민의 주거·안전·건강 등의 생활환경에 미치는 영향과 농림수산업이나 천체관측에 미치는 영향에 대하여 실시한다.

표 4-14 ∥ 빛 방사허용기준(빛공해방지법 시행규칙 제6조 제1항)

구분(lx:1m/m^2)	적용시간	제1종	제2종	제3종	제4종
주거지 연직면 조명기구 조도	해진 후 60분~해뜨기 전 60분	10	10	10	25
주거지 연직면 전광광고물 휘도	해진 후 60분~해뜨기 전 60분	10	10	10	25

(6) 사회·경제환경분야(3개 평가항목 : 인구, 주거, 산업)

① 인구와 주거

인구와 주거에 대해서는 사업지구와 주변지역의 인구, 주거의 분포상황(가구수, 인구수)과 이주대책(이주장소, 생계대책)의 수립을 계획한다. 그리고 주민의견을 수렴해서 이주단지의 오폐수처리, 공공하수처리장 연계 등의 설치계획을 수립한다.

② 산업

공사 전에 어업권, 양식장, 농작물 등의 피해예측과 저감대책을 수립하고, 공업용수관로 공사 시에는 농경지, 농로, 도로, 수로 등의 피해보상을 조사, 예측하여 설치계획을 수립한다. 운영 시는 입주업체의 왕성한 생산활동으로 지역경제의 활성화와 취업근로자 증대 등에 대하여 평가분석하며, 사후 환경관리에 최선을 다해 쾌적하고 건강한 생활환경을 창출하도록 한다.

그림 4.18 친환경 Zero House

2. 환경영향평가 대상사업별 주요 환경영향평가항목

(1) 도시개발사업

① 대기환경분야 평가항목 : 대기질, 악취, 온실가스, 기상

② 물환경분야 평가항목 : 수질, 수리 · 수문

③ 토지환경분야 평가항목 : 토지이용, 토양, 지형 · 지질

④ 자연생태환경분야 평가항목 : 동 · 식물상, 자연환경자산

⑤ 생활환경분야 평가항목 : 친환경적 자원순환, 소음 · 진동, 위락 · 경관, 일조장해, 전파장해

⑥ 사회 · 경제환경분야 평가항목 : 인구, 주거, 산업, 기타(교통, 교육, 문화재, 공공시설)

(2) 산업입지와 산업단지 조성

① 대기환경분야 평가항목 : 대기질, 악취, 온실가스, 기상

② 물환경분야 평가항목 : 수질, 수리 · 수문

③ 토지환경분야 평가항목 : 토지이용, 토양, 지형 · 지질
④ 자연생태환경분야 평가항목 : 동 · 식물상, 자연환경자산
⑤ 생활환경분야 평가항목 : 친환경적 자원순환, 소음 · 진동, 위락 · 경관, 위생 · 공중보건, 전파장해, 일조장해
⑥ 사회 · 경제환경분야 평가항목 : 주거, 인구, 산업, 기타(교통, 문화재)

(3) 에너지사업

① 대기환경분야 평가항목 : 대기질, 기상, 온실가스
② 물환경분야 평가항목 : 수질, 수리 · 수문, 해양환경
③ 토지환경분야 평가항목 : 토지이용, 토양, 지형 · 지질
④ 자연생태환경분야 평가항목 : 동 · 식물상, 자연환경자산
⑤ 생활환경분야 평가항목 : 친환경적 자원순환, 소음 · 진동, 위락 · 경관
⑥ 사회 · 경제환경분야 평가항목 : 인구, 주거, 산업, 기타(교통, 문화재)

(4) 항만건설사업

① 대기환경분야 평가항목 : 대기질, 기상, 온실가스
② 물환경분야 평가항목 : 수질, 수리 · 수문, 해양환경
③ 토지환경분야 평가항목 : 토지이용, 토양, 지형 · 지질
④ 자연생태환경분야 평가항목 : 동 · 식물상
⑤ 생활환경분야 평가항목 : 친환경적 자원순환, 소음 · 진동, 위락 · 경관
⑥ 사회 · 경제환경분야 평가항목 : 산업, 기타(교통, 문화재)

(5) 도로건설사업

① 대기환경분야 평가항목 : 대기질, 기상, 온실가스
② 물환경분야 평가항목 : 수질, 수리 · 수문
③ 토지환경분야 평가항목 : 토지이용, 지형 · 지질, 토양
④ 자연생태환경분야 평가항목 : 동 · 식물상, 자연환경자산
⑤ 생활환경분야 평가항목 : 친환경적 자원순환, 소음 · 진동, 위락 · 경관, 일조장해
⑥ 사회 · 경제환경분야 평가항목 : 주거, 인구, 기타(교통, 문화재)

(6) 수자원개발사업

① 대기환경분야 평가항목 : 기상, 대기질, 온실가스
② 물환경분야 평가항목 : 수질, 수리・수문
③ 토지환경분야 평가항목 : 토지이용, 지형・지질, 토양
④ 자연생태환경분야 평가항목 : 동・식물상, 자연환경자산
⑤ 생활환경분야 평가항목 : 친환경적 자원순환, 소음・진동, 위락・경관
⑥ 사회・경제환경분야 평가항목 : 주거, 기타(교통, 문화재)

(7) 철도건설사업

① 대기환경분야 평가항목 : 기상, 대기질, 온실가스
② 물환경분야 평가항목 : 수질, 수리・수문
③ 토지환경분야 평가항목 : 토지이용, 토양, 지형・지질
④ 자연생태환경분야 평가항목 : 동・식물상, 자연환경자산
⑤ 생활환경분야 평가항목 : 친환경적 자원순환, 소음・진동, 위락・경관, 전파장해
⑥ 사회・경제환경분야 평가항목 : 주거, 기타(교통, 문화재)

(8) 공항건설사업

① 대기환경분야 평가항목 : 대기질, 기상, 온실가스
② 물환경분야 평가항목 : 수질, 수리・수문
③ 토지환경분야 평가항목 : 지형・지질, 토지이용, 토양
④ 자연생태환경분야 평가항목 : 동・식물상, 자연환경자산
⑤ 생활환경분야 평가항목 : 친환경적 자원순환, 소음・진동, 위락・경관, 전파장해
⑥ 사회・경제환경분야 평가항목 : 인구, 주거, 산업, 기타(교통, 문화재)

(9) 하천의 이용과 개발사업

① 대기환경분야 평가항목 : 대기질, 기상, 온실가스, 악취
② 물환경분야 평가항목 : 수질, 수리・수문
③ 토지환경분야 평가항목 : 토지이용, 토양, 지형・지질
④ 자연생태환경분야 평가항목 : 동・식물상, 자연환경자산
⑤ 생활환경분야 평가항목 : 친환경적 자원순환, 소음・진동, 위락・경관

⑥ 사회 · 경제환경분야 평가항목 : 인구, 기타(교통, 문화재)

⑽ 매립과 개간사업

① 대기환경분야 평가항목 : 대기질, 기상, 온실가스, 악취
② 물환경분야 평가항목 : 수질, 수리 · 수문, 해양환경
③ 토지환경분야 평가항목 : 토지이용, 토양, 지형 · 지질
④ 자연생태환경분야 평가항목 : 동 · 식물상
⑤ 생활환경분야 평가항목 : 친환경적 자원순환, 소음 · 진동, 위락 · 경관
⑥ 사회 · 경제환경분야 평가항목 : 산업, 기타(교통, 문화재)

⑾ 관광단지개발사업

① 대기환경분야 평가항목 : 대기질, 기상, 온실가스
② 물환경분야 평가항목 : 수질, 수리 · 수문
③ 토지환경분야 평가항목 : 토지이용, 지형 · 지질, 토양
④ 자연생태환경분야 평가항목 : 동 · 식물상, 자연환경자산
⑤ 생활환경분야 평가항목 : 친환경적 자원순환, 소음 · 진동, 위락 · 경관
⑥ 사회 · 경제환경분야 평가항목 : 인구, 주거, 산업, 기타(교통, 문화재, 공공시설)

⑿ 산지개발사업

① 대기환경분야 평가항목 : 대기질, 기상, 온실가스
② 물환경분야 평가항목 : 수질, 수리 · 수문
③ 토지환경분야 평가항목 : 토지이용, 토양, 지형 · 지질
④ 자연생태환경분야 평가항목 : 동 · 식물상, 자연환경자산
⑤ 생활환경분야 평가항목 : 친환경적 자원순환, 소음 · 진동, 위락 · 경관
⑥ 사회 · 경제환경분야 평가항목 : 인구, 주거, 기타(교통, 문화재)

⒀ 특정지역개발사업

① 대기환경분야 평가항목 : 대기질, 기상, 온실가스
② 물환경분야 평가항목 : 수질, 수리 · 수문
③ 토지환경분야 평가항목 : 토지이용, 토양, 지형 · 지질

④ 자연생태환경분야 평가항목 : 동・식물상, 자연환경자산

⑤ 생활환경분야 평가항목 : 친환경적 자원순환, 소음・진동, 위락・경관, 위생・공중보건

⑥ 사회・경제환경분야 평가항목 : 인구, 산업, 기타(교통, 문화재)

⒁ 체육시설의 설치사업

① 대기환경분야 평가항목 : 대기질, 온실가스

② 물환경분야 평가항목 : 수질, 수리・수문

③ 토지환경분야 평가항목 : 토지이용, 토양, 지형・지질

④ 자연생태환경분야 평가항목 : 동・식물상, 자연환경자산

⑤ 생활환경분야 평가항목 : 친환경적 자원순환, 소음・진동, 위락・경관

⑥ 사회・경제환경분야 평가항목 : 인구, 기타(교통, 문화재)

⒂ 폐기물처리시설과 분뇨처리시설의 설치사업

① 대기환경분야 평가항목 : 대기질, 기상, 온실가스, 악취

② 물환경분야 평가항목 : 수질, 수리・수문

③ 토지환경분야 평가항목 : 토지이용, 토양, 지형・지질

④ 자연생태환경분야 평가항목 : 동・식물상

⑤ 생활환경분야 평가항목 : 친환경적 자원순환, 소음・진동, 위락・경관, 위생・공중보건

⑥ 사회・경제환경분야 평가항목 : 인구, 기타(교통, 문화재)

⒃ 국방과 군사시설의 설치사업

① 대기환경분야 평가항목 : 대기질, 기상, 온실가스

② 물환경분야 평가항목 : 수질, 수리・수문

③ 토지환경분야 평가항목 : 토지이용, 토양, 지형・지질

그림 4.19 멸종위기 야생조류

④ 자연생태환경분야 평가항목 : 동 · 식물상, 자연환경자산
⑤ 생활환경분야 평가항목 : 친환경적 자원순환, 소음 · 진동, 위락 · 경관, 위생 · 공중보건
⑥ 사회 · 경제환경분야 평가항목 : 인구, 기타(교통, 문화재)

(17) 토석, 모래, 자갈과 광물 등의 채취사업

① 대기환경분야 평가항목 : 대기질, 기상
② 물환경분야 평가항목 : 수질, 수리 · 수문, 해양환경
③ 토지환경분야 평가항목 : 토지이용, 지형 · 지질, 토양
④ 자연생태환경분야 평가항목 : 동 · 식물상, 자연환경자산
⑤ 생활환경분야 평가항목 : 친환경적 자원순환, 소음 · 진동, 위락 · 경관
⑥ 사회 · 경제환경분야 평가항목 : 산업, 기타(교통, 문화재)

그림 4.20 도시 경관

CHAPTER 05

환경영향종합평가

CHAPTER

05 환경영향종합평가

5.1 환경영향저감 총괄방안

1. 영향저감방안

환경영향은 대규모 개발사업이나 중앙행정기관의 중요한 시책을 추진하는 과정에서 발생하므로, 최대한 환경영향이 적은 방안으로 계획을 수립해야 한다. 환경적으로 건전하고 지속가능한 개발(Environmentally Sound and Sustainable Development, ESSD)을 유도하면서 환경영향의 예측과 분석을 통해 최소화를 위한 6개 환경분야별 22개의 평가항목에 따른 환경영향 저감방안계획을 수립해야 한다.

(1) 자연생태환경분야

① 동 · 식물상 항목

㉠ 주요영향

ⓐ 공사 시는 수목훼손, 서식지 교란

ⓑ 운영 시는 야생 동 · 식물의 개체수 감소, 육수생태계 변화

㉡ 저감방안

ⓐ 공사 시 훼손수목은 이식이나 식재하고, 폐목은 고형연료(RDF 등)로 이용

ⓑ 운영 시 야생 동 · 식물에 대한 지속적 모니터링(monitoring) 실시

(2) 대기환경분야

① 대기질항목

㉠ 주요영향

ⓐ 공사 시는 미세먼지에 의한 주변 주거지역 피해

ⓑ 운영 시는 악취발생으로 생활환경 피해

㉡ 저감방안

ⓐ 공사차량 운행구간에 주기적으로 살수, 공사차량관리(방진덮개), 세륜・세차시설 설치

ⓑ 운영 시는 대기오염방지시설 설치, 특정 대기유해물질 관리, 공원・녹지 조성

② 악취항목

주요영향과 저감방안 : 운영 시에만 발생되며, 악취발생 공정의 밀폐로 탈취시설 설치

③ 온실가스항목

저감방안 : 공사 시 투입건설장비 공회전(idling) 억제와 운영 시 신재생에너지 및 바이오디젤(BD_{20}) 사용

(3) 물환경분야

① 수질항목

㉠ 주요영향

ⓐ 공사 시는 절토와 성토에 의한 사면으로부터 강우 시 토사유출에 따른 탁질물질 피해

ⓑ 운영 시는 오・폐수 발생과 비점오염원에서 농약, 화학비료 등 발생

㉡ 저감방안

그림 5.1 하수처리장

ⓐ 공사 시는 임시 침사저류시설, 세륜 · 세차시설과 간이 오수시설의 설치

ⓑ 운영 시는 하수종말처리시설과 비점오염물질의 장치형 처리시설 설치

② 수리 · 수문항목

㉠ 주요영향

ⓐ 공사 시는 우수유출량에 의한 영향

ⓑ 운영 시는 하수방류수량에 의한 영향

㉡ 저감방안

ⓐ 공사 시는 가배수로와 임시 침사저류시설 설치

ⓑ 운영 시는 영구 저류시설 설치 및 하수방류관로 매설

(4) 토지환경분야

① 토양항목

㉠ 주요영향

ⓐ 공사 시는 건설장비로부터 누출되는 폐유에 의한 토양 및 지하수 오염

ⓑ 운영 시는 특정 유해물질에 의한 토양오염 우려

㉡ 저감방안

ⓐ 공사 시는 지정폐기물인 폐유를 별도로 보관 후 전문업체에 위탁처리

ⓑ 운영 시는 특정 토양오염 관리대상시설로 신고 및 관리

② 토지이용항목

㉠ 주요영향

ⓐ 공사 시는 기존 건축물, 축사 등의 철거지장물 발생

ⓑ 운영 시는 편입용지 발생

㉡ 저감방안

ⓐ 공사 시는 당해 사유지에 대해 적정한 보상

ⓑ 운영 시는 편입용지에 공원 등의 완충지대 유지

③ 지형 · 지질항목

㉠ 주요영향 : 공사 시만 절토와 성토 시 사면발생 및 비옥토 유실

㉡ 저감방안 : 공사 시만 사면복원 시에는 표준구배를 적용해 처리하고, 비옥토는 공원 식생 시 재활용

(5) 생활환경분야

① 친환경적 자원순환항목

㉠ 주요영향

ⓐ 공사 시는 폐유, 생활폐기물, 건설폐기물, 임목폐기물, 가축분뇨, 오수 등 발생

ⓑ 운영 시는 음식폐기물, 생활과 사업장의 폐기물 발생

㉡ 저감방안

ⓐ 공사 시에 생활·건설·음식물류 폐기물 등은 적정하게 처리하고, 지정폐기물은 전문업체에 위탁 처리

ⓑ 운영 시는 자체 매립 또는 소각시설에서 처리

② 소음·진동항목

㉠ 주요영향

ⓐ 공사 시는 건설장비와 폭약발파에 의한 소음과 진동 발생

ⓑ 운영 시는 교통소음과 공장소음 발생

㉡ 저감방안

ⓐ 공사 시는 주간작업, 저소음장비 및 저진동공법 적용, 가설방음판넬(높이 4m, 길이 600m) 설치

ⓑ 운영 시는 과속방지턱 설치, 방음벽 설치, 완충녹지 조성, 고효율 흡음자재로 건축

③ 위락·경관항목

㉠ 주요영향

공사 시만 산림경관 변화와 절토, 성토에 따른 경관훼손

㉡ 저감방안

ⓐ 친환경적인 공법으로 주변경관과 조화 있게 식재계획, 건축물계획, 색채계획과 경관계획

ⓑ 자연자원을 이용하여 스카이라인을 고려한 공원 및 완충녹지 조성

④ 위생·공중보건항목

㉠ 주요영향

ⓐ 공사 시는 생활폐기물, 분뇨, 폐석면 발생

ⓑ 운영 시는 자체 하수종말처리장, 매립장, 소각장에서 주변지역 피해

㉡ 저감방안

ⓐ 유해곤충의 박멸을 위한 방역실시, 악취처리를 위한 탈취시설 설치

ⓑ 폐석면 위탁처리

(6) 사회 · 경제환경분야

① 인구와 주거항목

㉠ 주요영향

그림 5.2 세계적인 문화재

ⓐ 공사 시에만 인구와 주거에 변화 발생

ⓑ 공사 시 공사장 토사운반차량에 의한 미세먼지와 소음 · 진동이 발생되어 주거환경에 영향 발생

㉡ 저감방안

ⓐ 공사 시는 살수차 운행, 저소음과 저진동의 장비 투입

2. 사후 환경영향조사계획 수립방법(환경영향평가서 등 작성 등에 관한 규정)

(1) 일반사항

① 사후 환경영향조사

해당사업에 따른 환경변화를 모니터링하고 환경영향평가(EIA) 예측결과와 공사 시

나 운영 시에 나타난 환경에 미치는 영향을 비교, 평가함으로써 평가할 때에 예상하지 못했던 주변지역의 환경피해를 사전에 예방할 수 있도록 계획을 수립해야 한다.

② 환경영향평가 협의내용 이행

환경영향평가의 협의내용을 성실하게 이행 관리함으로써 사업시행으로 인한 환경보전대책이 적절한 시기에 이행되면서 예측하지 못했던 환경피해가 발생되거나 발생할 우려가 있으면 이에 대한 신속한 조치가 이루어지도록 계획해야 한다.

(2) 환경영향조사계획의 작성내용

① 조사기간

사후 환경영향조사의 대상사업과 조사기간에 따라 환경영향 예측에 의한 환경영향과 불확실성의 정도, 주변지역의 환경여건 등을 종합적으로 고려해서 조사기간, 주기와 시점 등을 조정해 가야 한다.

② 조사항목과 조사내용

㉠ 조사항목은 평가항목별로 설정하고, 환경변화 감시, 환경영향평가 예측결과의 공사 시나 운영 시 환경영향을 주기적으로 측정하여 비교, 평가할 수 있게 평가항목별로 평가내용을 반영해서 환경기준, 악취, 환경보전가치가 있는 지형・지질과 동・식물 서식현황 등을 모니터링 및 현지조사해야 한다.

㉡ 사업시행에 따른 환경영향이 없거나 경미한 조사항목은 제외한다.

③ 조사지역과 조사지점

㉠ 조사지역은 환경영향평가서에 기재된 환경영향 예측지역으로 하며, 예측지역이 아닐지라도 사후에 환경피해가 확실하거나 환경영향이 우려되는 지역을 포함한다.

㉡ 조사지점은 환경영향을 예측할 때 설정한 지점과 주요 환경오염인자의 배출원에 따른 환경피해를 정확하게 파악할 수 있는 지점으로 한다.

④ 조사주기와 조사방법

㉠ 조사주기는 해당사업 시에 공사 시와 운영 시로 구분해 실시하며, 환경변화와 환경영향을 적절하게 파악할 수 있도록 월별, 분기별, 반기별과 연별로 한다.

㉡ 조사방법은 환경영향평가를 할 때 사용된 환경오염 공정시험방법이나 이와 동

등한 결과를 얻을 수 있는 방법으로 한다. 하지만 부득이하게 다른 방법을 선택한 경우에는 그 사유를 기재한다. 또한 조사항목별 현지조사를 원칙으로 하되 공인기관의 자료를 준용할 수 있다.

⑤ 그 밖의 작성방법

공사 시와 운영 시로 나누어 평가항목별로 조사항목, 조사지역과 조사지점, 조사주기, 조사방법 등을 총괄 도표와 도면을 활용해서 기재한다.

(3) 환경관리계획의 작성내용

① 협의내용 관리

㉠ 해당사업의 공사 시와 운영 시 협의내용 관리와 이행을 위하여 필요한 조직과 관리계획 등을 수립한다.

㉡ 시기적으로 구체적인 조직계획과 관리계획의 수립이 곤란하면 해당사업의 사후환경관리계획 수립주체와 구체적인 환경관리계획의 수립일정(착공 전 등) 등을 제시한다.

② 사후 환경영향조사결과의 확인과 조치

사업자는 사후 환경영향조사 등 협의내용 관리과정에서 법정 보호 동·식물의 발견, 협의기준이나 환경목표기준 초과 등으로 환경피해 등이 우려되거나 발생될 경우의 조치계획을 수립해야 한다.

표 5-1 | 조사항목별 조사기준

구분		조사항목	조사지역	조사지점	조사방법	조사주기
대기질	공사 시	• 환경기준	주변피해지역	조사예측지점	공정시험방법	분기 1회 이상
	운영 시	• 환경기준 • 배출허용기준	주변피해지역	상동	상동	반기 1회 이상
악취	공사 시		평가서 대상지역	상동	상동	반기 1회 이상
	운영 시	• 배출허용기준	평가서 대상지역	상동	상동	연 1회 이상
수질	공사 시	• 환경기준	영향지역	상동	상동	분기 1회 이상
	운영 시	• 환경기준 • 배출허용기준	영향지역	상동	상동	반기 1회 이상

소음	공사 시	• 환경기준	영향지역	상동	상동	분기 1회 이상
	운영 시	• 환경기준 • 배출허용기준	영향지역	상동	상동	반기 1회 이상
지형·지질	공사 시	• 환경보전지역지정 • 지형과 지질변화	평가 시 대상지역	상동	현지조사 상동	반기 1회 이상
	운영 시	• 환경보전지역지정 • 지형과 지질변화	평가 시 대상지역	상동	상동	연 1회 이상
동·식물상	공사 시	• 환경보전지역지정 • 야생 동 · 식물 서식변화	평가 시 대상지역	상동	상동	반기 1회 이상
	운영 시	• 환경보전지역지정 • 야생 동 · 식물 서식변화	평가 시 대상지역	상동	상동	연 1회 이상

3. 사후 환경영향조사결과의 주변환경 피해방지

(1) 주변환경 피해범위

① 공간적 범위

대상지역은 환경영향평가지역이지만 해당사업에 따른 환경영향평가 대상지역의 범위를 벗어나서 환경피해가 발생되거나 발생우려가 있다고 객관적으로 인정되는 경우에는 그 지역을 대상지역에 포함한다.

② 시간적 범위

해당사업은 착공 시부터 사후 환경영향조사기간의 종료시점까지로 한다. 하지만 문제발생으로 공사가 중지된 경우는 포함된다.

(2) 주변환경 피해방지를 위해 조치가 필요한 경우

① 환경영향평가서(EIS)에 제시되지 않은 법정 보호 동 · 식물이 발견되거나 EIS에 제시되지 않은 지역에서 추가로 확인된 경우이다.

② 물고기폐사, 기름유출 등의 해당사업에 따른 환경오염사고로 발생한 경우나 환경오염사고의 발생우려가 높다는 사실이 객관적으로 인정된 경우이다.

③ 대기, 물, 소음 · 진동, 악취 등이 국가배출허용기준이나 협의기준 초과한 경우이다. 다만, 굴뚝자동측정장치(TMS) 등 원격자동측정장치에 따라 연속적으로 측정된 경우에는 관련지침에서 정하는 유사 통보기준을 적용한다.

④ 환경영향평가협의회의 협의내용 통보에 따른 환경피해방지를 위하여 즉시 통보하도록 하는 사항이 발생한 경우이다.

(3) 사업자의 조치사항

① 통보시기와 통보내용

㉠ 통보시기는 해당사업에 따라 오염사고와 보호종 훼손 등의 환경피해가 발생한 경우에 지체없이 신속하게, 그리고 특별한 사정이 있는 경우 최재 24시간 이내에 통보하여야 하며, 환경피해의 발생우려가 있는 경우(보호종의 발견 등)에는 3일 이내에 통보한다.

㉡ 통보내용은 조치계획서에 따라 승인기관장이나 협의기관장에게 통보하되, 현장에서 즉시 조치가 가능하고 환경피해를 시급히 처리하여야 하는 경우에는 사업자가 우선 필요한 조치를 하고 지체없이 그 조치내용과 결과를 통보한다.

② 통보방법으로는 모사전송(FAX) 또는 정보통신망 등을 이용한다.

③ 그 밖의 내용

㉠ 해당사업의 시행으로 직접적인 환경피해가 발생한 경우는 승인기관장 등과 조치방안을 협의한다.

㉡ 환경피해방지의 조치방법은 자연생태환경, 대기질, 수질 등 유형에 따라 세부 조치계획을 수립해서 시행한다.

㉢ 세부 조치계획에 대해 전문적인 자문과 검토가 필요하면 전문가에게 자문을 얻거나 승인기관장에게 검토를 요청한다.

표 5-2 환경피해방지 조치계획서(서류 양식)

① 사업명			
② 사업장 소재지			
③ 사업자		④ 연락처	
⑤ 협의기관		⑥ 승인기관	
⑦ 환경피해 발생과 우려내용			
⑧ 환경피해방지 조치내용			
⑨ 향후 조치계획			

(4) 보존대상 기초자료의 종류별 범위

① 환경현황분야

㉠ 환경분야 시험과 검사 등에 관한 법률 시행규칙 제17조에 따른 측정기록부

㉡ 분석(측정)기기에서 생성된 파일과 출력물의 원본

㉢ 환경오염 공정시험기준으로 규정한 절차 중에서 생산된 각종 단계별 분석결과에 대한 전체 기록물

㉣ 계산식이 포함된 분석일지와 검량선(calibration curve)

㉤ 조사지점명과 조사시기, 조사장소 등을 확인할 수 있는 조사경로와 사진첩

㉥ 조사당시의 특이사항에 대한 기록물

㉦ 현지 확인 조사자, 조사일자 등을 증명할 수 있는 출장신청서, 차량운행일지, 고속도로통행영수증 등의 자료

② 생태계분야

㉠ 조사기관(조사자 인적사항 등 포함)의 인증도장이 찍힌 조사결과서

㉡ 현지조사 시의 기록표 등 EIS에 제시된 결과표의 중간과정 기록물을 포함한 현지조사표

㉢ 현지조사 시 주민 등을 대상으로 실시한 청문조사표(청문대상자의 인적사항 포함)

㉣ 조사지점, 조사시기와 조사장소 등을 확인할 수 있는 조사경로와 사진첩

㉤ 조사당시의 특이사항에 대한 기록물

㉥ 현지 확인 조사자, 조사일자 등을 증명할 수 있는 출장신청서, 차량운행일지, 고속도로통행영수증 등의 자료

5.2 사후 환경영향조사 총괄계획

1. 사후 환경영향조사계획

(1) 사후 환경영향조사

① 주체 : 사업자가 지정한 EIA 대행기관

② 대상사업 : 산업단지 입주업체

③ 조사기간 : 사업착공 시를 시작으로 공장입주율이 70%에 도달한 다음 해부터 3년 동안(다만, 사업준공 후 7년이 되는 날까지 입주율이 70%가 되지 않으면 7년 되는 해에만 사후 환경영향조사를 실시함)

(2) 사후 환경영향조사계획

① 조사항목

본 사업조성에 의한 환경영향 예측과 평가결과를 기준해 주변지역의 환경에 미치는 영향인자를 조사항목으로 선정한다.

② 조사지역

본 사업시행에 따른 환경영향이 예상되는 사업지구와 주변지역을 대상 조사지역으로 선정한다.

③ 조사내용

㉠ 대기질항목

ⓐ 공사 시는 PM-10, PM-2.5, NO_2를 분기 1회씩 3일 이상 4개 지점에서 1개 지점당 12hr 이상 측정한다.

ⓑ 운영 시도 PM-10, PM-2.5, NO_2를 분기 1회씩 3일 이상 4개 지점에서 1개 지점당 12hr 이상 측정한다. 그리고 수목식재현황은 연 1회 현장조사한다.

㉡ 악취항목

ⓐ 운영 시만 해당되고, 조사항목은 복합악취이며 6개소에서 조사하고 분기 1회씩 측정한다.

㉢ 수질항목

ⓐ 공사 시 조사항목은 BOD, COD, DO, SS, T-N, T-P이며, 오수는 공사기간일 경우 월 1회이고, 강우 시 비점오염원우수일 경우 SS와 하천지표수질

은 BOD, SS를 월 1회 측정한다.

ⓑ 운영 시도 BOD, COD, SS, T-N, T-P로서 월 1회(초기)이며, 그 이후는 분기 1회이고, 비점오염시설은 SS를 분기 1회 측정한다.

㉣ 토양항목

ⓐ 공사 시 조사항목은 폐유(수시 조사), 벤젠, 톨루엔, 크실렌, 에틸벤젠과 TPH이며(분기 1회 조사), 분뇨와 특정 토양오염 관리대상시설 발견 시 처리현황이다.

ⓑ 운영 시는 토양오염도 조사를 반기 1회 분석하고, 토양오염지역에서는 3개 지점에서 조사한다.

㉤ 지형 · 지질항목

ⓐ 공사 시 조사항목은 보존가치가 있는 지형, 화석, 단층의 존재여부조사와 절토 및 성토 시 사면녹화, 비옥토처리, 임시 침사저류시설 설치여부(분기 1회)이다.

ⓑ 운영 시는 사면녹화 상태를 반기 1회 조사한다.

그림 5.3 경사면에 설치된 호텔

㉥ 동 · 식물상 항목

ⓐ 공사 시 조사항목은 야생식물상, 포유류, 양서류, 파충류, 조류, 곤충류, 법정보호종과 육수생태계현황(분기 1회)이다.

ⓑ 운영 시는 야생 동 · 식물 변화, 법정보호종 출현조사, 저서성 대형무척추동물, 사면식생 복원현황을 반기 1회 조사한다.

㉦ 친환경적 자원순환항목

ⓐ 공사 시 조사항목은 생활폐기물과 사업장폐기물의 자원화, 오수와 폐유처리현황(분기 1회)이다.

ⓑ 운영 시는 폐기물 분리수거 후 매립, 소각, 연료화, 사료화, 퇴비화 등을 반기 1회 조사한다.

㉧ 소음 · 진동항목

ⓐ 공사 시 조사항목은 주간과 야간의 소음도와 진동도현황(분기 1회)과 저감이행의 현장조사이다.

ⓑ 운영 시는 정온시설 등의 7개 지점에서 소음도와 진동도를 분기 1회 조사한다.

2. 불가피한 환경영향

(1) 영향예측 못한 환경요소피해

지역경제기반의 활성화와 고용증대의 지속적인 성장촉진을 위하여 사업을 시행함에 따라 불가피하게 발생된 환경영향을 최소화해야 하는데, 이러한 피해를 환경분야별로 나타내면 다음과 같다.

① 대기환경분야

㉠ 대기질항목

ⓐ 건설장비 가동에 따른 미세먼지, 이산화질소(NO_2)와 소음, 진동 발생

ⓑ 입주공장 가동으로 대기오염도, 폐기물, 오폐수 발생

㉡ 악취항목

입주공장 가동에 따른 악취 발생

㉢ 온실가스항목

건설장비 가동과 입주공장 가동으로 CO_2, CH_4, HFC 발생

② 물환경분야

㉠ 수질항목

토공사로 강우 시 토사유출에 따른 탁질증가와 오폐수, 침출수의 발생

㉡ 수리 · 수문항목

홍수유출량과 하수방류량의 변화

③ 토지환경분야

㉠ 토지이용항목

토지이용도 변화

㉡ 지형 · 지질항목

부지조성에 따른 지형 변화와 절토, 성토에 따른 사면 발생

그림 5.4 희귀종이 된 제비

④ 자연생태환경분야

㉠ 동 · 식물상 항목

ⓐ 야생 동 · 식물의 서식처 변화

⑤ 생활환경분야

㉠ 친환경적 자원순환항목

ⓐ 임목폐기물, 건축폐기물, 인부의 분뇨 발생

ⓑ 생활폐기물과 지정폐기물 발생

㉡ 소음 · 진동항목

ⓐ 건설장비 사용으로 발파 등에 따른 소음과 진동 발생

ⓑ 공장소음과 교통소음 발생

㉢ 경관항목

건축물에 의한 녹지경관 변화

(2) 주민의 생활환경과 재산피해대책

본 개발사업에 따른 공사로 미세먼지, 소음, 진동, 지정폐기물, 악취, 오 · 폐수가 발생하고 비점오염물질이 증가되는 등 주변지역에 영향을 미치게 된다. 환경오염물질에 의해 방지시설을 운영해도 생활환경과 재산상의 피해는 발생하므로 대책을 수립해야 한다.

① 대기질항목

㉠ 환경오염피해

ⓐ 건설장비 소음, 화약발파 소음과 토량이동으로 미세먼지 발생

ⓑ 공장가동 시 대기오염물질 발생

㉡ 저감방안

ⓐ 건설장비의 동시 투입대수 조절과 방음시설 설치, 저속운행

ⓑ 운영 시 BD_{20}(20% Bio-Diesel), LNG 사용, 완충녹지 조성

② 악취항목

㉠ 환경오염피해

ⓐ 운영 시 생산공정과 매립지, 하폐수처리장에서 악취 발생

㉡ 저감방안

ⓐ 운영 시 악취방지시설 설치

③ 수질항목

㉠ 환경오염피해

ⓐ 공사 시 토사유출로 탁질 증가

ⓐ 운영 시 오폐수 발생과 침출수 발생

㉡ 저감방안

ⓐ 가배수로와 침사저류시설 설치

ⓐ 하수처리시설 설치

④ 토지이용항목

㉠ 환경오염피해

ⓐ 공사 시 주변지역의 임야와 경작지 훼손

㉡ 저감방안

ⓐ 적정보상 이행과 친환경적 토지이용계획 수립

⑤ 소음 · 진동항목

㉠ 환경오염피해

ⓐ 공사 시 건설장비와 발파 시 소음과 진동 발생

ⓐ 운영 시 자동차소음 발생

㉡ 저감방안

ⓐ 공사 시 부지 경계부에 완충녹지대계획 수립

ⓑ 운영 시 흡음재료를 이용한 방음설비계획 수립

5.3 환경영향평가 평가항목별 결론도출

본 개발사업은 조성 시 영향예측을 검토할 때 현장조사와 자료조사를 바탕으로 6개 환경분야별 평가항목에 따른 환경영향인자를 평가분석하여 그 결과에 따라 자연환경과 생활환경에 미치는 영향을 최소화하고 사회·경제환경은 증대시키며, 합리적으로 사후 환경영향조사계획을 수립, 시행해서 쾌적한 환경 속에서 지속가능한 발전을 모색하는 계획이다.

1. 대기환경분야

(1) 기상항목

① 환경현황

㉠ 연평균 자료분석 결과는 기온(℃), 상대습도(%), 강수량(mm), 일조시간(hr), 풍속(m/sec)이다.

㉡ 인접 기상대 관측자료를 통해 기상의 상관성을 비교, 분석한다.

(2) 대기질항목

① 환경현황

㉠ 주변지역의 6개 지점에서 현황조사 결과치에 대한 대기환경 기준치 만족여부를 분석한다.

② 영향예측

㉠ 공사 전후의 대기환경 기준치를 예측지점에서 실측치와 비교한다.

㉡ 운영 시는 NO_2, PM-2.5, 특정 대기유해물질 배출량을 조사한다.

③ 저감방안

㉠ 공사 시는 살수차량 운행, 차량속도 제한(20km/hr), 방음벽과 방진벽을 설치한다.

㉡ 운영 시는 비산먼지 발생사업 신고와 완충공원녹지를 조성한다.

(3) 악취항목

① 환경현황

주거지역에 있는 주변지역 6개 지점에서 현황조사 결과가 악취방지법에 따른 배출허용기준(희석배수 20이하) 이내인지를 조사한다.

② 영향예측

운영 시에 복합악취가 1시간 평균 예측결과 희석배수 20배 이하로 만족여부를 나타낸다.

③ 저감방안

운영 시 악취 배출시설 공간을 밀폐화하고 탈취시설로 방지계획을 수립한다.

(4) 온실가스항목

① 환경현황

연료사용에 따라 CO_2와 매립지 등에서 CH_4가 발생한다.

② 영향예측

㉠ 공사 시 건설장비와 차량에서 발생(2ton-CO_2/년)된다.

㉡ 운영 시 LNG, 전력, 휘발유 등의 사용으로 온실가스가 연간 50ton-CO_2가 발생된다.

③ 저감방안

㉠ 공사 시는 공회전을 억제한다.

㉡ 운영 시는 신재생에너지(태양광, BD_{20}, 지열 등) 사용을 계획한다.

2. 물환경분야

(1) 수질항목

① 환경현황

㉠ 상수원보호구역과 수변구역의 지정, 취수와 정수시설의 현황, 1인당 1일 급수량(LPCD), 하수도보급률(%), 환경기초시설현황, 지표수 수질조사, 수질과 연안의 오염총량관리현황 등이다.

② 영향예측

㉠ 공사 시는 홍수유출량(m^3/sec), 토사유출량(m^3/storm)과 공사인부 오수발생

량(m^3/d)이다.

㉡ 운영 시는 생활용수량(m^3/d), 공업용수량(m^3/d), 오폐수발생량(m^3/d), 비점오염물질발생량(kg/d)이다.

③ 저감방안

㉠ 공사 시는 가배수로를 만들어 토사를 침사저류조에서 처리하며, 오수는 이동식 간이처리시설로 처리한다.

㉡ 운영 시는 오폐수를 하수종말처리하고, 비점오염물질은 장치형 처리시설의 설치와 공업용수, 상수도관망계획도 나타낸다.

(2) 수리 · 수문항목

① 환경현황

㉠ 하천변화와 저수지현황을 조사한다.

② 영향예측

㉠ 공사 시는 홍수유출량(m^3/sec)을 30년 빈도로 예측하고, 토사유출량(m^3/storm)도 조사한다.

㉡ 운영 시는 홍수유출량(m^3/sec)을 30년과 50년의 빈도와 오폐수량(m^3/d)을 제시한다.

③ 저감방안

㉠ 공사 시는 침사저류조를 설치한다.

㉡ 운영 시는 하수종말처리시설과 장치형 처리시설을 설치한다.

3. 토양환경분야

(1) 토지이용항목

① 환경현황

㉠ 지목별과 소유자별로 토지이용현황, 용도지역(농업지역, 보전관리지역, 계획지역 등) 현황을 조사한다.

② 영향예측

㉠ 토지이용계획은 산업과 자원의 시설용지를 계획한다.

㉡ 공원지역의 면적(m^2)과 비율(%)로, 환경부의 산업입지개발 통합지침에 따라

녹지비율이 5%에서 7.5%로 계획한다.

③ 저감방안

㉠ 편입토지는 토지와 손실을 보상하고, 주변지역주민의 민원발생과 재산상 피해를 최소화하기 위한 계획을 수립한다.

(2) 토양항목

그림 5.5 오염토양의 해바라기

① 환경현황

㉠ 토양현황은 토양오염 우려기준항목 20개의 분석결과를 기준치와 비교한다.

㉡ 특정 토양오염 관리대상시설현황을 문헌조사한다.

② 영향예측

㉠ 공사 시는 폐유, 인부분뇨, 가축분뇨, 지장물철거 시 방치농약 등이 우려된다.

㉡ 운영 시는 오폐수, 지정폐기물 등에 의해 토양이 오염된다.

③ 저감방안

㉠ 공사 시는 폐유, 지정폐기물은 전문업소에 위탁처리하고, 오폐수는 이동식 간이오수처리시설을 설치한다.

㉡ 운영 시는 하수종말처리, 소각과 매립시설, 지정폐기물을 전량 위탁처리한다.

(3) 지형 · 지질항목

① 환경현황

㉠ 지형은 사업지구의 위치, 표고(m) 범위, 경사와 능선이고, 지질은 백악기 풍화

암계통으로 토질은 지표지질조사로 나타낸다.

② 영향예측

㉠ 부지정지계획은 절토량, 성토량, 진입도로공사로 구분하고, 지반변화지수, 사면안정성 검토, 비옥토 발생량(m^3)으로 나타낸다.

㉡ 사업지구와 주변지역이 구릉성 산지이면 산사태위험도를 조사한다.

③ 저감방안

㉠ 공사 시에 지형변화를 최소화하고, 사면에는 경관과 안정성을 확보한다.

㉡ 우기에는 절성토공사를 중단하고, 토사유출이 없게 나대지에 최대한 비닐덮개를 하며, 비옥토는 공원녹지 시 재사용한다.

4. 자연생태환경분야

(1) 동 · 식물상 항목

① 환경현황

육상식물상, 귀화식물과 귀화율(%), 식생(면적과 구성비), 육상동물상(포유류, 양서 · 파충류, 조류, 곤충류)과 육수생물상을 문헌과 현지조사한다.

② 영향예측

㉠ 녹지자연도 변화를 사업시행 전후로 면적, 식물현존량(ton)과 연간 순생산량(ton/년)으로 문헌과 현지조사한다.

㉡ 훼손수목량(주), 육상동물상(개체수와 종 변화)과 육수생물상(서식지 교란으로 종과 개체 손실)을 조사한다.

③ 저감방안

㉠ 훼손수목을 선별해 공원에 이식하거나 재식재하고, 폐목은 RDF로 재활용한다.

㉡ 지속적인 모니터링을 통해 서식지 이동과 개체수 변화를 조사한다.

(2) 자연환경자산항목

① 환경현황

멸종위기 야생 동 · 식물 보호구역과 자연공원의 지정을 문헌조사한다.

② 영향예측

㉠ 멸종위기 야생 동 · 식물 보호구역과 본 사업관련성을 분석한다.

㉡ 현지조사로 멸종위기 동 · 식물을 관찰한다.

그림 5.6 희귀식물(비선나무)

③ 저감방안

공원녹지공간(Bio-Top)을 만들어 야생 동 · 식물이 휴식, 서식하도록 한다.

5. 생활환경분야

(1) 친환경적 자원순환항목

① 환경현황

생활폐기물, 건축폐기물과 지정폐기물의 발생량(ton/d)과 폐기물 매립과 소각시설을 조사한다.

② 영향예측

㉠ 공사 시는 생활폐기물, 건설폐기물(임목, 방치, 지장물 등), 폐유, 분뇨, 가축분뇨 등이 발생된다.

㉡ 운영 시는 생활폐기물, 사업장폐기물, 지정폐기물, 슬러지케이크 등이 발생된다.

③ 저감방안

㉠ 공사 시는 생활폐기물, 폐유, 분뇨, 건설폐기물을 위탁처리한다.

㉡ 운영 시는 생활폐기물과 사업장 일반폐기물을 분리수거하여 위탁처리해 재활용하고, 음식물류 폐기물은 바이오가스화하도록 한다.

(2) 소음 · 진동항목

① 환경현황

소음과 진동의 발생원, EIS의 초안과 본안에서 낮과 밤의 소음도(dB(A))와 진동도(dB(V))를 자료조사해 기록한다.

② 영향예측

㉠ 공사 시는 건설장비와 화약발파 시에 소음과 진동의 영향이 발생된다.

㉡ 운영 시는 입주사업장에서 발생되는 합성 소음도를 예측한다.

③ 저감방안

공사 시는 특정공사 사전신고를 준수하고, 발파 시 정온시설 방향에 가설방음판넬(높이 6m×길이 300m)을 설치한다.

(3) 위락 · 경관항목

그림 5.7 아름다운 자연환경자원

① 환경현황

㉠ 위락시설(공원, 문화공간, 체육시설) 현황, 관광자원(폭포, 일출, 낙조 등)을 조사한다.

㉡ 경관자원(땅굴, 동굴, 폭포, 단풍산지 등) 현황, 자연경관관련 지정현황을 조사한다.

② 영향예측

㉠ 위락은 도로변 미세먼지의 영향은 있으나 직접적인 연관성은 미흡하다.

㉡ 경관은 예비조망점(30지점)에서 가시권을 분석한 후 최종조망점(7지점)을 선정하고 경관 시뮬레이션을 통해 경관변화를 예측한다.

③ 저감방안

㉠ 공원(구성비 1% 이상)과 녹지(구성비 15% 이상)의 조성을 계획하며, 사업지구의 경계선에서 폭 10m에서 25m의 녹지대인 순환형 녹지축을 형성한다.

㉡ 식재는 기존 훼손수목을 이식하고, 완충녹지대의 조경수목은 향토수종을 심어 경관변화가 최소화되게 계획한다.

㉢ 건축물은 주변 자연경관을 고려해 스카이라인, 지역색채, 조망과 조화를 이루도록 배치한다.

(4) 위생 · 공중보건항목

① 환경현황

㉠ 의료기관(병원인력, 보건소인력)과 상하수도의 현황을 조사한다.

㉡ 법정전염병 발생현황(발생건수와 사망자수)을 조사한다.

② 영향예측

㉠ 공사 시는 인부분뇨, 건설폐기물(철거), 생활폐기물이 발생한다.

㉡ 운영 시는 공업용수, 오폐수, 침출수, 정수, 폐기물 발생을 예측한다.

③ 저감방안

㉠ 공사 시는 전문업소에 위탁처리를 계획한다.

㉡ 운영 시는 상수도공급, 오폐수의 하수처리, 폐기물 소각과 매립처리의 계획을 수립한다.

(5) 전파장해항목

① 환경현황

변전소 설치현황(고압전선로)과 전파장해 유발시설현황을 조사한다.

② 영향예측

기존 변전소와 고압전선로의 설치계획이다.

③ 저감방안

전파장해 시 중계안테나를 설비한다.

(6) 일조장해항목

① 환경현황

일조현황은 일조시간(최고 4월에 217.6hr, 최저 9월에 142.1hr)과 일조율(최고 12월에 64.4%, 최저 7월에 34.6%)을 조사한다.

② 영향예측

일조장해는 높이 12m 이상의 건축물이다.

③ 저감방안

주변 건축물과의 일조장해가 없도록 설계 시 반영한다.

6. 사회 · 경제환경분야

(1) 인구와 주거 항목

① 환경현황

인구분포(총인구, 세대당 인구) 현황을 조사한다.

② 영향예측

㉠ 공사 시는 투입인부(명)로 인해 인구가 증가한다.

㉡ 운영 시는 입주사업장 인구(명)가 증가한다.

③ 저감방안

인구 증가와 주거지역 증대에 따른 사회환경영향은 최소화하고, 지역경제환경은 최대화되도록 지속적인 발전을 촉진한다.

(2) 산업항목

① 환경현황

입주하는 사업체의 수와 업종의 현황, 주변의 산업현황을 문헌조사한다.

② 영향예측

본 사업에 의해 1차산업이 2차산업과 3차산업으로 전환 예상되어 고용 증대에 따른 소득 증대와 지방재정자립도 향상의 효과가 있다.

③ 저감방안

산업이 활성화되도록 인허가 등을 적극 지원한다.

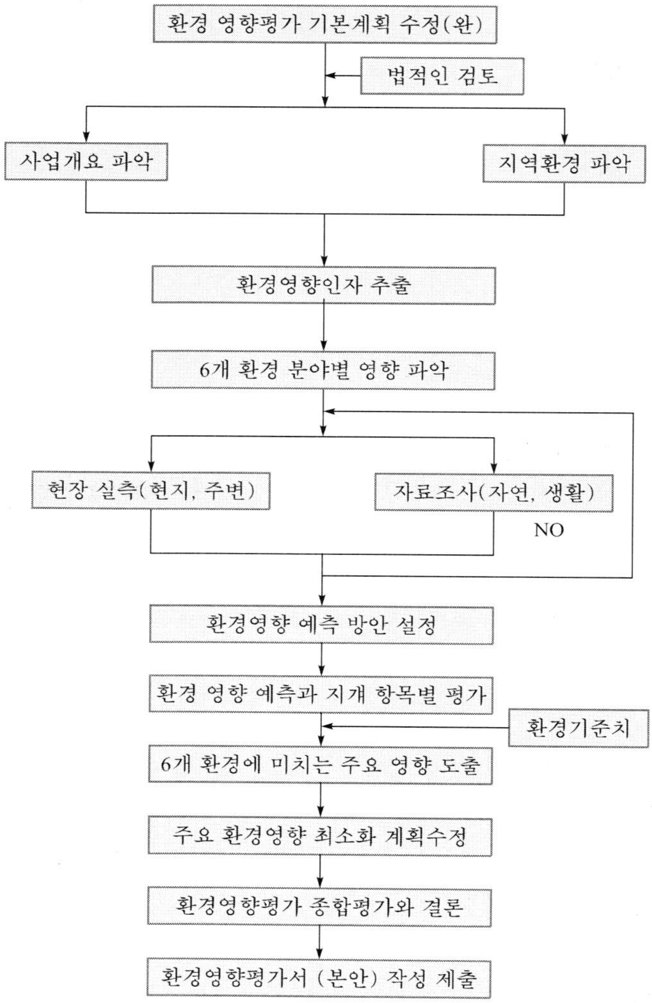

그림 5.8 환경영향평가서 작성순서

CHAPTER 06

산업단지개발사업 환경영향평가서 작성

CHAPTER 06

산업단지개발사업 환경영향평가서 작성

6.1 요약문

요약문은 환경영향평가서(Environmental Impact Statement, EIS)의 전반적인 사업내용을 요약한 것으로서 사업내용, 환경에 미칠 주요영향, 환경영향 저감방안, 사후 환경영향조사계획, 대안, 결론이 수록되어야 한다.

1. 사업내용

사업내용은 사업명, 위치, 면적(m^2), 행정구역, 시간적 범위(착공연도, 공사완료연도, 사업비, 사업시행자, 사업승인기관), 사업필요성과 토지이용계획별 산업시설용지, 주거용지, 지원시설용지, 물류유통시설, 공공시설용지에 대하여 면적(m^2)과 구성비(%)를 표로 나타낸다.

표 6-1 | 토지이용계획

구분	면적(m^2)	구성비(%)	비고
계	4,000,000	100.0	
산업시설용지	2,520,000	63.0	
주거용지	120,000	3.0	
지원시설용지	60,000	1.5	
물류유통시설	100,000	2.5	
공공시설용지	1,200,000	30.0	

2. 환경에 미칠 주요영향

대기환경, 물환경, 토지환경, 자연생태환경, 생활환경과 사회·경제환경으로 구분해서 영향을 제시해야 한다.

① 대기환경은 대기질과 악취를 공사 시와 운영 시로 나누어서 사업지구 공사현장과 주변지역 영향예측결과를 제시한다.

② 물환경은 수질과 수리·수문의 토목공사, 비점오염원, 물오염 총량제 최종배출 부하량과 홍수량 증가에 따른 영향을 제시한다.

③ 토지환경은 토지이용과 토양, 지형·지질로 나누어서 토양오염, 지형변화, 지장물현황과 생태자연등급 분포현황을 제시한다.

④ 자연생태환경은 동·식물상과 자연환경자산으로 나누어서 야생 동·식물의 직접적인 영향, 생태경관보전지역, 야생생물보호구역과 천연기념물 등에 대하여 사업지구와의 이격거리(km)에 따른 영향을 제시한다.

⑤ 생활환경은 친환경적인 자원순환, 소음·진동, 경관, 위생·공중보건, 전파장해와 일조장해로 나누어서 공사 시와 운영 시로 나누어 생활폐기물과 지정폐기물의 발생량, 소음·진동의 발생량, 경관(산림녹지경관, 물경관, 농촌경관 등) 변화, 악취·매립·하폐수처리 등에 의한 유해곤충 증가, 고압송전선로 영향과 산업시설 등의 입지 시 고층건물에 따른 햇빛영향 등을 제시한다.

⑥ 사회·경제환경은 인구, 주거와 산업으로 나누어서 공사 시 일시적 작업인부는 상주와 비상주로 예상하고, 공사완료 후 인구변화를 예측하며 지역경제 증대도 제시한다.

3. 환경영향 저감방안

(1) 대기환경(2개 항목)

① 대기질은 공사 시에 주기적인 살수로 PM-10(미세먼지)을 50% 저감시키고, 차량의 운행속도를 20km/hr 이하로 제한하며, 방진망을 설치하여 저감한다. 그리고 운영 시에는 방지시설을 설치해 배출허용기준을 준수하고 녹지공간을 마련해 대기오염 정화수종을 식재한다.

② 악취는 운영 시에만 발생되며, 악취발생의 최소화를 위해 친환경 원료를 사용하고 악취방지시설을 설치(90% 제거)한다.

(2) 물환경(2개 항목)

① 수질은 공사 시에 빗물에 의한 토사유실의 방지를 위해 임시 침사지와 저류지를 4개소 설치하고 공사인부 발생에 따른 오수처리시설을 설치하며, 운영 시는 용수와 상수 공급설비, 오폐수관로를 설비해 종말처리장으로 유입처리한 후 하천으로 방류시킨다. 또한 비점오염물질의 처리를 위해 장치형 저감시설을 4개소 설치한다.

② 수리와 수문은 우기 시와 비우기 시 모두 불편이 없도록 유지관리계획을 수립하고, 운영 시에 영구저류시설을 4개소 설치한다.

(3) 토지환경(3개 항목)

① 토지이용은 상위계획 및 관련계획을 검토해서 계획을 수립하고, 편입용지와 지장물은 보상하며, 주변주민들의 재산피해를 최소화하는 저감대책을 수립해서 시행한다.

② 토양은 지장물철거 시 폐유, 축분과 분뇨에 의한 토양오염이 없도록 적법하게 처리하고, 공사 시에 유류저장시설을 설치해 주변 토양오염과 지하수오염의 방지대책을 수립한다.

③ 지형과 지질은 합리적인 절토와 성토 계획을 수립하고, 발생 사면은 표준구배 적용과 비탈면 보호공법의 시행 및 배수로 설치로 지형변화가 적은 토공사계획을 수립한다.

(4) 자연생태환경(1개 항목)

동・식물상은 훼손 수목을 이식하고 세륜・세차시설을 설치해 대기오염물질의 발생을 최소화하며, 동물의 주요 번식기를 피하도록 공사계획을 수립한다.

(5) 생활환경(6개 항목)

① 친환경적 자원순환은 공사 시와 운영 시로 구분하여 폐유, 건설폐기물, 오수, 임목폐기물 등의 처리와 재활용계획을 수립한다.

② 소음과 진동은 건설장비를 분산투입해 공사하면서 야간이나 공휴일에는 작업을 지양하고 3m 높이의 방음벽을 설치하며, 방음언덕(높이 20m×길이 200m)을 설치해 낮에 63.6dB(A)[기준 65], 밤에 51.3dB(A)[기준 55]의 소음수준을 유지한다.

③ 경관은 환경친화적인 녹색생태산업단지 조성을 위한 생태망을 구축하고 경관축

확보와 공공녹지를 확대하며, 건축물 높이를 규제해 스카이라인을 확보하고 절성 토사면의 녹화복원으로 경관영향을 최소화하는 계획을 수립한다.

④ 위생과 공중보건은 악취방지시설을 설치하고, 주기적인 방역과 소독으로 유해곤충・동물 발생억제계획을 수립한다.

⑤ 전파장해는 사업에 따른 인근지역 주민의 라디오 수신장해나 텔레비전 잡음발생, 화면장해 등에 대비해 공동수신안테나 설치계획을 수립한다.

⑥ 일조장해는 고층건축물에 의한 햇빛공해 민원이 없도록 건물배치계획을 수립한다.

(6) 사회・경제환경(3개 항목)

① 인구는 산업단지 내의 상주인구와 이동인구의 원활한 유입을 위하여 편익도모시설 및 관리기능을 갖추어 정문 진입부에 배치 계획한다.

② 주거시설이 있는 주거용지 내에 관리사무소, 교회, 약국, 병원, 은행, 학원, 유치원 등의 편의시설을 배치해서 생활서비스 증진계획을 수립한다.

4. 사후 환경영향조사계획

(1) 조사주체와 기간

① 사후 환경영향조사의 주체는 사업시행자이다.

② 조사기간은 사업착공 시부터 사업준공 시와 사업준공 후 입주율이 70%에 도달한 다음 해부터 3년까지로 계획한다.

(2) 조사계획

① 환경변화가 예상되는 환경영향요소(aspect)일 경우에 조사는 사업시행의 전과 후에 대한 비교, 평가할 수 있도록 계획하면서 현장조사 및 측정 또는 현황측정도 함께 계획한다.

② 조사기간에 환경기준치를 초과하거나 예상하지 못한 환경영향인자가 발견되면 즉시 저감조치나 구간별로 제거하도록 적절하게 조치할 수 있는 계획을 수립한다.

③ 조사주기는 환경부 고시의 사후 환경영향조사계획 작성방법에 따라 계획한다.

④ 조사방법은 현지조사를 원칙으로 하며, 측정방법은 환경부 고시의 환경오염 공정시험방법에 따라 시료채취와 분석을 실시하도록 계획한다.

⑤ 조사결과의 통보는 매 연도별로 작성해서 다음 해 1월 31일까지 해당지역 유역환경청장과 국토교통부장관에게 통보하도록 계획한다.

5. 대안

(1) 3개 대안 제시

① 대안별 특징을 장점과 단점으로 구분해 검토한다.

② 환경적인 측면도 종합적으로 검토해 평가 후 적정한 대안을 선정한다.

(2) 사업지구 주변지역 검토

① 주변의 취락지역과 산업시설과의 연계성을 검토한다.

② 산업단지 조성 시 경제성이나 환경성 분석결과에 따라 최적안을 선정한다.

표 6-2 | 대안별 특징(서류 양식)

구분	대안 1	대안 2	대안 3
면적(m^2)			
장점			
단점			
선정			
선정사유			

6. 결론

(1) 사업의 배경과 목적의 내용 기술

① 제조업기반을 확충해 지역경쟁력 강화

② 산업입지수요 발생에 대비해 공급용지 확보

③ 미래 범세계적 개방형 경제교류 확대에 대처한 경제기반 전환

(2) 사업시행에 따른 전반적인 EIA 실시내용 기술

① 환경분야별로 영향의 저감대책 수립

② 친환경 산업단지 건설로 환경피해의 최소화

그림 6.1 보물(영월암)

6.2 사업개요

사업개요는 사업배경, EIA 실시근거, 사업추진경위, 사업내용, 입지타당성과 계획의 적정성, 사업지구 주변현황으로 나타낸다.

① 사업배경
 ㉠ 산업단지 개발사업
  ⓐ 산업입지수요 발생에 따른 제조사업화 추진
  ⓑ 개방형 경제교류에 대비한 산업입지 공급

② EIA 실시근거
 ㉠ 환경영향평가법 제4조와 같은 법 시행령 제3조 제2항 별표 1 규정
  ⓐ 산업입지와 산업단지의 조성사업범위는 15만m^2 이상의 사업

③ 사업추진경위
 ㉠ 국가산업단지 조성의 지자체가 국토교통부에 건의시기부터 사업타당성의 용역시행과 용역준공, 조사설계용역의 발주, 착수와 산업단지의 개발계획이나 실시계획의 승인신청 추진에 대하여 기술

④ 사업내용

㉠ 사업명, 위치, 면적, 시간적 범위(기준, 목표연도), 사업비(억 원), 사업시행자, 사업승인기관(국토교통부) 기재

표 6-3 | 토지이용 세부계획

구분	면적		구성비	비고
계		4,000,000	100.0	
산업시설용지	소계	2,520,000	63.0	
	산업시설	2,400,000	60.0	
	연구시설	120,000	3.0	
주거용지	소계	120,000	3.0	
	단독	80,000	2.0	
	근린생활	40,000	1.0	
지원시설용지	소계	60,000	1.5	
물류유통시설	소계	100,000	2.5	
공공시설용지	소계	1,200,000	30.0	
	공원녹지	400,000	10.0	
	도로	600,000	15.0	
	주차장	20,000	0.5	
	사회복지시설	4,000	0.1	
	종교시설	4,000	0.1	
	주유소	4,000	0.1	
	폐수처리시설	40,000	1.0	
	소각시설	4,000	0.1	
	매립시설	8,000	0.2	
	에너지공급시설	40,000	1.0	
	변전소	4,000	0.1	
	저류지	60,000	1.5	
	하천	20,000	0.5	
	배수지	60,000	-	사업구역 외

⑤ 입지타당성과 계획의 적정성

㉠ 일반적인 검토사항

ⓐ 사업지구와 주변지역의 환경질 측정자료와 환경정책기본법상의 환경기준

(대기, 물, 소음·진동) 만족여부 및 환경관련 특별대책지역 규제내용과의 저촉여부를 판단한다.

ⓑ 환경정책기본법의 영향 최소화, 자연환경보전법의 산림과 하천의 보전, 수목 이식, 녹지 조성, 야생 동·식물 보호구역과의 이격거리에 따른 영향 등을 판단한다.

ⓒ 토양환경보전법의 토양오염 우려기준의 만족, 4대강 수계 물관리와 주민지원 등에 관한 법률의 오염총량관리에 따른 배출부하량 승인반영, 폐기물관리법의 재활용 적정처리 등을 판단한다.

ⓓ 수로법의 공업용수 공급이나 지하수 이용과 하수도법의 하수처리구역 해당여부 등을 판단한다.

㉡ 계획적정성 검토사항

ⓐ 국제환경동향, 협약 등과 생물다양성 보전, 세계문화유산 보호의 부합성을 판단한다.

ⓑ 국가와 지역의 환경기준이나 환경조례, 정책계획과의 부합성 등을 판단한다.

ⓒ 사업지구의 주변지역 환경조사로 생태축 단절, 환경 조화성 등을 검토한다.

ⓓ 국토종합수정계획(2006~2020년), 지방종합계획(2008~2020년) 등의 상위나 관련계획을 검토한다.

㉢ 입지타당성 검토사항

ⓐ 환경현황조사를 실시해서 영향예측을 하여 환경기준 가능성을 판단한 후 입지여부를 검토한다.

ⓑ 개발법령, 고시, 지침 등을 고려해서 제한규정 검토 후 입지여부를 결정한다.

ⓒ 야생생물 조사 후 생태계 영향을 평가해서 토지이용계획을 검토한다.

ⓓ 운영 시 발생되는 대기오염물질, 물오염물질, 악취물질, 비점오염물질, 소음·진동으로부터 주거시설 등과 정온시설에 미치는 영향을 최소화하기 위해서 완충녹지, 영구저류시설 등의 방지대책 수립을 검토한다.

ⓔ 경관예측을 통해 영향을 평가하고 인공구조물의 자연경관과의 조화성을 검토한다.

⑥ 사업지구 주변현황

㉠ 국토이용현황

ⓐ 사업지구의 분포를 논, 밭, 임야, 공장, 대지, 도로, 그 밖의 용지로 분석한다.

ⓑ 사업지구 면적은 계획관리지역과 농림지역 등으로 분석, 제시한다.

㉡ 교통과 동선현황

ⓐ 국도와 지역간선도로의 역할이나 고속도로, 공항, 철도 등의 사업지구 접근체계의 현황을 제시한다.

ⓑ 사업지구로부터 도시계획도로의 입지를 기술한다.

㉢ 주변시설물 현황

ⓐ 기존 공장과 사업지구 내 공장입소의 현황을 제시한다.

ⓑ 사업지구로부터 반지름(또는 반경) 7km 이내의 공공행정시설, 치안・방재시설, 교육시설, 병원 등 보건의료시설, 복지시설 등을 나타낸 도면을 제시한다.

6.3 환경영향평가 대상지역 설정

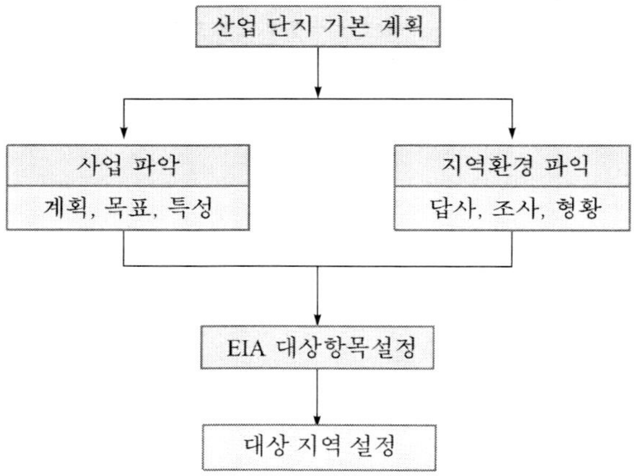

그림 6.2 평가대상지역 설정 흐름도

EIA는 대상지역 설정과 예측, 분석기법이 매우 중요하다. 그리고 환경영향분석을 위한 평가항목, 평가방법과 내용도 필요하다. 따라서 산업단지개발사업은 사업특성의 파악과 지역환경특성의 파악이 중요한 기본계획을 통해 평가항목을 설정하여 대상지역을 정한다.

1. 평가대상지역 설정

① EIA 대상지역의 설정에서는 사업시행에 따른 대기환경, 물환경, 토지환경, 자연생태환경, 생활환경과 사회·경제환경별로 예상되는 영향지역의 범위를 사업특성과 지역환경특성을 통해 파악한 후 직접적 또는 간접적 영향, 그리고 단기 및 장기적인 영향을 고려한다.

② 환경분야별 평가항목의 평가시기(공사 시와 운영 시), 설정사유와 설정지역으로 나타낸다.

㉠ 평가시기가 공사 시에만 필요한 평가항목(3개)은 다음과 같다.

ⓐ 토지환경의 지형·지질과 토양(사업지구 내)이다.

ⓑ 대기환경의 기상(10년 자료)이다.

㉡ 평가시기가 운영 시에만 필요한 평가항목(7개[제시된 항목은 6개)은 다음과 같다.

ⓐ 대기환경의 악취(예측범위는 10km×10km)이다.

ⓑ 토지환경의 토지이용(사업지구)이다.

ⓒ 생활환경의 경관(사업지구와 주변지역)과 일조장해(사업지구와 주변지역)이다.

ⓓ 사회·경제환경의 주거와 산업(변화)이다.

㉢ 평가시기가 공사 시와 운영 시에 필요한 평가항목(9개)은 다음과 같다.

ⓐ 대기환경의 대기질(사업지구 경계로부터 0.5km 이내와 예측범위는 10km× 10km)이다.

ⓑ 물환경의 수질(사업지구 내)이다.

ⓒ 자연생태환경의 동·식물상과 자연환경자산(사업지구와 주변지역)이다.

ⓓ 생활환경의 친환경적 자원순환(사업지구 내), 소음·진동(사업지구 경계로부터 200m 이내 정온시설), 위생·공중보건(사업지구와 주변지역), 전파장해(사업지구와 주변지역)이다.

ⓔ 사회·경제환경의 인구(인구이동)이다.

2. 환경영향의 예측과 분석기법

(1) 영향예측기법

사업시행에 따른 환경분야별 예측기법은 EIA 시 주요항목이며, 관련된 자료조사, 보고서, 기상연보, 통계연보와 수치모델 등을 근거로 한다.

(2) 환경분야별 평가항목 예측 · 분석기법

① 대기환경분야

㉠ 기상항목은 사업지구 인근 기상대의 최근 10년간 기상연보를 이용해 통계, 분석한다.

㉡ 대기질은 사업시행의 전후현황을 측정하고, 공사장비별 미세먼지(PM-10 등)를 정량적으로 예측분석(대기질 확산모델 : AERMOD)한다.

㉢ 악취는 발생원별 악취발생량을 정량적으로 예측(AERMOD Model)한다.

② 물환경분야

㉠ 수질은 강우강도식에 의한 토사유출량을 예측하고, 건설표준품셈을 기준으로 현장인부의 오수량을 산정한다.

㉡ 수리 · 수문은 우수유출량을 정량적으로 예측한다.

③ 토지환경분야

㉠ 토지이용은 현장조사로 토지이용 변화를 예측한다.

㉡ 토양은 건설장비로 발생된 폐유발생량을 예측한다.

㉢ 지형 · 지질은 절토와 성토로 생긴 지형변화를 예측하고, 토공작업 시 발생토량을 예측한다.

④ 자연생태환경분야

㉠ 동 · 식물상은 현장조사와 생태자연도를 통해 야생 동 · 식물의 변화와 서식지 변화를 예측한다.

㉡ 자연환경자산은 기존 생태자연도와 현지조사자료를 통해 예측한다.

⑤ 생활환경분야

㉠ 친환경적 자원순환은 전국폐기물통계조사와 공사 시 폐기물이나 폐유, 분뇨의 발생량 등을 예측한다.

㉡ 소음 · 진동은 건설기계로 인한 소음특성과 현장투입 건설장비 가동 시 점음원 거리감쇠를 이용해 소음도와 진동도를 예측한다.

㉢ 경관은 Arc-View 3.3의 경관예측과 GIS 분석을 통해 조망권을 분석한다.

㉣ 위생 · 공중보건은 통계연보와 현장조사를 통해 분석한다.

㉤ 전파장해는 문헌조사를 통해 현황을 분석한다.

㉥ 일조장해는 문헌조사를 통해 현황을 분석한다.

⑥ 경제 · 사회환경분야

㉠ 인구는 통계연보와 토지편입, 산업활동에 따른 인구이동을 예측한다.

㉡ 주거는 통계연보와 인구이동에 따른 주거환경의 변화를 예측한다.

㉢ 산업은 통계연보를 통해 산업구조 변화를 예측한다.

6.4 지역개황

사업시행에 따른 토지이용, 환경관련 지역현황, 환경기준, 녹지 · 생태자연도, 보호대상시설물현황, 환경피해유발시설물현황과 환경기초시설물현황을 파악한다. 지리적인 사업지구의 위치는 동쪽, 서쪽, 남쪽과 북쪽에 대해 간략하게 설명하면서 하천, 철도, 도로, 습지, 산맥, 문화재, 평야 등의 통계연보를 통해 특징을 기술한다.

표 6-4 A 산업단지 행정구역 위치

구분	경도와 위도의 극점			연장거리
	단	지명	극점	
A 시	동	○군 ○동	동경 ○도○분, 북위 ○도○분	동서간 ○km
	서	○군 ○동	동경 ○도○분, 북위 ○도○분	
	남	○군 ○동	동경 ○도○분, 북위 ○도○분	남북간 ○km
	북	○군 ○동	동경 ○도○분, 북위 ○도○분	

※ 자료 : 통계연보

① 토지이용현황

㉠ 지목별 토지이용현황

사업지구 위치에 있는 지목별 면적(km^2) 중 임야, 밭, 논 등의 면적(km^2)과 구성비(%)를 현지조사해 나타낸다.

표 6-5 지목별 토지이용현황(서류 양식)

구분	계	밭	논	임야	도로	대지	하천	기타
면적(km^2)								
구성비(%)								

㉡ 용도별 토지이용현황

사업지구가 위치하고 있는 지역의 도시계획 면적(km^2)을 도시지역과 비도시지역으로 나누어 통계연보와 개발계획서를 통해 조사한다. 그리고 세부 용도지역은 녹지지역, 주거지역, 관리지역, 자연환경보전지역으로 나타낸다.

표 6-6 용도별 토지이용현황(서류 양식)

구분		계	도시지역					비도시지역			
			소계	주거	공업	상업	녹지	소계	관리	농림	자연 환경보전
A 시	면적 (km^2)										
	구성비 (%)										

② 환경관련 지구와 지역지정현황

㉠ 야생 동 · 식물보호구역

사업지구가 있는 지역 내에 야생 동 · 식물보호구역으로 지정된 곳이 몇 개소가 위치하고 있으며, 주변지역은 이격거리(km) 위치에 몇 개소가 있는지 조사한다.

표 6-7 야생 동 · 식물보호구역 현황(서류 양식)

구분	고시번호	소재지	면적 (km^2)	일반야생 동물	멸종위기	이격거리 (km)
A 시	만경읍 제2002-38호					

㉡ 상수원보호구역

사업지구와 주변지역에 있는 상수원보호구역 지정현황을 조사해 나타낸다.

표 6-8 상수원보호구역 현황(서류 양식)

구분	면적 (km^2)	지정일자	취수장	취수능력 (m^3/d)	행정구역	수계	이격거리 (km)
A 시							

㉢ 자연공원지역

사업지구와 주변지역에 자연공원지역으로 지정된 곳이 있으면 도립과 군립으로 구분하여 나타낸다.

표 6-9 | 자연공원지역 현황(서류 양식)

공원명	위치	면적(km²)	지정일자	이격거리(km)
B				

③ 환경기준

㉠ 대기질

사업지구와 주변지역의 국가환경기준(환경정책기본법)과 지방환경기준(환경기본조례)을 나타낸다.

표 6-10 | 대기환경기준

항목	평균값	국가환경기준	지방환경기준	측정방법
SO_2 (ppm)	연간	0.02 이하	0.01 이하	자외선형광법 (UV형광)
	24시간	0.05 이하	0.04 이하	
	1시간	0.15 이하	0.12 이하	
NO_2 (ppm)	연간	0.03 이하	0.04 이하	화학발광법 (Chemical)
	24시간	0.06 이하	0.02 이하	
	1시간	0.1 이하	0.14 이하	
CO (ppm)	8시간	9 이하	5 이하	비분산적외선법 (NDIR)
	1시간	25 이하	15 이하	
O_3 (ppm)	8시간	0.06 이하	0.06 이하	자외선광도 (UV광도)
	1시간	0.1 이하	0.1 이하	
PM-10 ($\mu g/m^3$)	연간	50 이하	60 이하	베타선흡수법 (β-ray)
	24시간	100 이하	120 이하	
Pb ($\mu g/m^3$)	연간	0.5 이하	0.3 이하	AAS법
C_6H_6 ($\mu g/m^3$)	연간	5 이하	-	GC법

※ 참고 : PM-2.5 국가기준(2015년부터 적용)은 연간 25㎍/m^3와 24시간 50㎍/m^3 이하

㉡ 수질

사업지구와 주변지역 호소(湖沼)수질의 사람건강보호기준과 하천수질에 대한 생활환경기준은 및 사람건강보호기준을 나타낸다.

표 6-11 호소수질 환경기준(사람의 건강보호기준) (단위 : mg/L)

등급	pH	TOC	SS	DO	T-N	T-P	Chlorophyl-a (mg/m^3)	총대장균군 (군수/100㎖)	분원성 대장균군 (군수/100㎖)
Ⅰa(매우좋음)	6.5~8.5	2이하	1이하	7.5이상	0.2이하	0.01이하	5이하	50이하	10이하
Ⅰb(좋음)	6.5~8.5	3이하	5이하	5이상	0.3이하	0.02이하	9이하	500이하	100이하
Ⅱ(약간좋음)	6.5~8.5	4이하	5이하	5이상	0.4이하	0.03이하	14이하	1,000이하	200이하
Ⅲ(보통)	6.5~8.5	5이하	15이하	5이상	0.6이하	0.05이하	20이하	5,000이하	1,000이하
Ⅳ(약간나쁨)	6.5~8.5	6이하	15이하	2이상	1이하	0.10이하	35이하	-	-
Ⅴ(나쁨)	6.5~8.5	8이하	쓰레기 없음	2이상	1.5이하	0.15이하	70이하	-	-
Ⅵ(매우나쁨)	6.5~8.5	8초과	-	2미만	1.5초과	0.15초과	70초과	-	-

표 6-12 하천수질 환경기준(생활환경기준) (단위 : mg/L)

등급	pH	BOD	SS	TOC	DO	T-P	총대장균군 (군수/100㎖)	분원성대장균군 (군수/100㎖)
Ⅰa(매우좋음)	6.5~8.5	1이하	25이하	2이하	7.5이상	0.02이하	50이하	10이하
Ⅰb(좋음)	6.5~8.5	2이하	25이하	3이하	5.0이상	0.04이하	500이하	100이하
Ⅱ(약간좋음)	6.5~8.5	3이하	25이하	4이하	5.0이상	0.1이하	1,000이하	200이하
Ⅲ(보통)	6.5~8.5	5이하	25이하	5이하	5.0이상	0.2이하	5,000이하	1,000이하
Ⅳ(약간나쁨)	6.0~8.5	8이하	100이하	6이하	2.0이상	0.3이하	-	-
Ⅴ(나쁨)	6.0~8.5	10이하	쓰레기없음	8이하	2.0이상	0.5이하	-	-
Ⅵ(매우나쁨)	-	10초과	-	8초과	2.0미만	0.5초과	-	-

표 6-13 하천수질 환경기준(사람의 건강보호기준)

항목	Cd	As	Hg	Sb	Pb	Cr^{6+}	R-P (유기인)	CN	PCB	ABS
농도 (mg/L)	0.005 이하	0.05 이하	불검출	0.02 이하	0.05 이하	0.05 이하	불검출	불검출	불검출	0.5 이하
항목	CCL_4	$CHCL_3$	1,2-Dichloro Ethane	1,4-Dioxane	Dichloro Methane	PCE	C_6H_6	HCB	DEHP	HCHO
농도	0.004 이하	0.08 이하	0.03 이하	0.05 이하	0.02 이하	0.04 이하	0.05 이하	0.00004	0.008 이하	0.5 이하

㉢ 소음과 진동

소음기준은 일반지역과 도로변지역으로 구분한 소음환경기준, 생활소음 및 생활진동의 규제기준이 있다.

표 6-14 소음환경기준(철도, 항공기, 건설작업 소음 제외)

<table>
<tr><th>구분</th><th>적용대상지역</th><th>낮
(06:00~22:00)</th><th>밤(22:00~
다음 날 06:00)</th></tr>
<tr><td rowspan="4">일반지역
(L_{eq}dBA))</td><td>• 보전관리지역, 자연환경보전지역
• 녹지지역, 전용주거지역
• 종합병원, 학교, 공공도서관, 노인요양시설 등</td><td>50이하</td><td>40이하</td></tr>
<tr><td>• 생산관리지역
• 일반주거지역, 준주거지역</td><td>55이하</td><td>45이하</td></tr>
<tr><td>• 상업지역, 계획관리지역
• 준공업지역</td><td>65이하</td><td>55이하</td></tr>
<tr><td>• 일반공업지역, 전용공업지역</td><td>70이하</td><td>65이하</td></tr>
<tr><td rowspan="3">도로변지역
(L_{eq}dB(A))</td><td>• 자연환경보전지역, 일반 · 준 · 전용주거지역
• 정온시설
• 생산관리지역</td><td>65이하</td><td>55이하</td></tr>
<tr><td>• 상업지역, 계획관리지역
• 준공업지역</td><td>70이하</td><td>60이하</td></tr>
<tr><td>• 일반 · 준공업지역</td><td>75이하</td><td>70이하</td></tr>
</table>

표 6-15 생활소음 규제기준 (단위 : dB(A))

<table>
<tr><th>대상지역</th><th colspan="2">소음원</th><th>아침(05~07)
저녁(18~22)</th><th>주간(07~18)</th><th>야간(22~05)</th></tr>
<tr><td rowspan="6">• 주거지역, 녹지지역
• 취락지구, 관광 · 휴양개발 진흥지구
• 자연환경보전지역
• 정온시설(학교, 종합병원, 공공도서관)
• 그 밖의 지역(괄호 안 숫자)</td><td rowspan="2">확성기</td><td>옥외설치</td><td>70(70)이하</td><td>80(80)이하</td><td>60(60)이하</td></tr>
<tr><td>옥내서
옥외배출</td><td>50(60)이하</td><td>55(65)이하</td><td>45(55)이하</td></tr>
<tr><td colspan="2">공장</td><td>50(60)이하</td><td>55(65)이하</td><td>45(55)이하</td></tr>
<tr><td rowspan="2">사업장</td><td>동일건물</td><td>45(60)이하</td><td>50(65)이하</td><td>40(55)이하</td></tr>
<tr><td>기타</td><td>50(65)이하</td><td>55(65)이하</td><td>45(55)이하</td></tr>
<tr><td colspan="2">공사장</td><td>60(65)이하</td><td>65(70)이하</td><td>50(50)이하</td></tr>
</table>

표 6-16 | 생활진동 규제기준 (단위 : dB(V))

대상지역	주간(06:00~22:00)	심야(22:00~다음 날 06:00)
• 주거지역, 녹지지역 • 취락지구, 관광・휴양개발진흥지구 • 자연환경보전지역 • 정온지역	65이하	60이하
• 그 밖의 지역	70이하	65이하

㉣ 수질과 수생태계

표 6-17 | 수질과 수생태계 상태별 생물학적 지표종 기준

생물등급	저서생물	어류	서식지와 생물
매우좋음~좋음	옆새우, 가재, 뿔하루살이, 민하루살이, 강도래, 물날도래 등	산천어, 금강모치, 열목어, 버들치 등	• 물이 매우 맑으며 유속 빠름 • 부착 조류 적음
좋음~보통	다슬기, 넓적거머리, 강하루살이, 물삿갓벌레, 큰줄날도래	쉬리, 은어, 쏘가리, 갈겨니 등	• 주로 바닥이 자갈, 모래로 구성 • 부착 조류 약간 있음
보통~약간나쁨	물달팽이, 물벌레, 밀잠자리, 턱거머리 등	피라미, 모래무지, 참붕어 등	• 물 혼탁하고 유속 약간 느림 • 녹색 부착 조류 존재함 • 바닥이 잔자갈, 모래로 구성
약간나쁨~매우나쁨	실지렁이, 나방파리, 꽃등에, 붉은깔따구, 왼돌이물달팽이	잉어, 붕어, 메기, 미꾸라지 등	• 물이 검은색으로 혼탁하고 유속 느림 • 부착 조류가 갈색화됨

㉤ 해역

표 6-18 | 생활환경기준

구분	pH	총대장균군(군수/100ml)	용매추출유분(mg/L)
농도	6.5~8.5	1,000이하	0.01이하

표 6-19 | 생태기반 해수수질기준(Water Quality Index, WQI)

구분	I 등급	II 등급	III등급	IV등급	V 등급
WQI	23이하	24~33	34~46	47~59	60이상
판정	매우좋음	좋음	보통	나쁨	매우나쁨

표 6-20 | 해양생태계 보호기준 (단위 : ㎍/L)

구분	Cu	Pb	Zn	As	Cd	Cr^{6+}
1회 기준	3.0이하	7.6이하	34이하	9.4이하	19이하	200이하
연간기준	1.2이하	1.6이하	11이하	3.4이하	2.2이하	2.8이하

표 6-21 | 모든 해수역의 사람건강보호기준 (단위 : mg/L)

항목	Cu	Pb	Zn	As	Cd	Cr^{6+}	Hg	CN	C_6H_6	Phenol
농도	0.02	0.05	0.1	0.05	0.01	0.05	0.0005	0.01	0.01	0.005
항목	PCB	1,1,1-TCE	PCE	TCE	DCM	ABS	다이아지논	파라티온	말라티온	
농도	0.0005	0.1	0.01	0.03	0.02	0.5	0.02	0.06	0.25	

㉥ 토양

표 6-22 | 토양오염 우려기준과 대책기준 (단위 : mg/kg)

구분	지역	항목								
오염 우려	논, 밭, 과수원, 목장, 임야, 학교용지, 하천, 수도용지, 유원지, 종교용지, 사적지, 체육용지 등	Cd	Cu	As	Hg	Pb	Cr^{6+}	Zn	Ni	F
		1.5	50	6	4	100	4	300	40	400
		PCB	CN	C_6H_5OH	oil	BTEX	TPH	TCE	PCE	R-P
		-	2	120	-	-	500	8	4	10
	공장용지, 철도용지, 잡종지 등	Cd	Cu	As	Hg	Pb	Cr^{6+}	Zn	Ni	F
		-	125	151	10	100	10	300	40	400
		PCB	CN	C_6H_5OH	oil	BTEX	TPH	TCE	PCE	R-P
		-	120	20	-	80	2,000	40	24	10
구분	지역	항목								
오염 대책	논, 밭, 과수원, 목장, 임야, 학교용지, 하천, 수도용지, 유원지, 종교용지, 사적지, 체육용지 등	Cd	Cu	As	Hg	Pb	Cr^{6+}	Zn	Ni	F
		4	125	15	10	300	10	700	100	800
		PCB	CN	C_6H_5OH	oil	BTEX	TPH	TCE	PCE	R-P
		-	5	10	-	-	1,200	20	10	-
	공장용지, 철도용지, 잡종지 등	Cd	Cu	As	Hg	Pb	Cr^{6+}	Zn	Ni	F
		30	500	50	40	1,000	30	2,000	400	2,000
		PCB	CN	C_6H_5OH	oil	BTEX	TPH	TCE	PCE	R-P
		30	300	50	-	200	5,000	100	60	-

④ 녹지자연도와 생태자연도

㉠ 녹지자연도

사업지구와 조사 주변지역의 녹지자연도 0에서 8등급별 분포(면적과 구성비)를 확인한다.

표 6-23 사업지구와 조사지역의 녹지자연도 등급별 면적 분포현황(서류 양식)

등급	사업지구 면적(구성비, %)	주변 조사지역 면적(구성비, %)
0	20,000(0.50)	500,000(2.00)
1		
2		
3		
4		
5		
6		
7		
8		
합계	4,000,000(100.00)	27,000,000(100.00)

㉡ 생태자연도

사업지구의 생태자연도 등급지역 구성은 2등급지역 62만km^2(13%)와 3등급지역 338만km^2(87%)이며, 자연경관 1등급지역 위치나 별도관리지역을 나타낸다.

⑤ 주요 보호대상시설물

㉠ 취수장과 정수장 현황

사업지구와 주변지역에 위치한 공업용수와 정수용 취수용수의 상수도 통계자료 조사현황을 나타낸다.

ⓐ 취수장현황(서류 양식)

취수장	위치	용량(m^3/d)	취수원 정보	1일 취수량	공급 정수장
A					
B					

ⓑ 정수장현황(서류 양식)

정수장	위치	용량(m^3/d)	정수방식	1일 생산량	관련 취수장
A					
B					

㉡ 문화재현황

사업지구와 주변지역의 문화재현황에 대해 통계연보를 조사해서 국가지정과 지방지정의 문화재 분포 현황을 제시한다.

ⓐ 지정문화재 분포현황(서류 양식)

구분	합계	국가						지방				
		계	국보	보물	사적지	민속자료	천연기념물	계	유형문화재	기념물	민속자료	문화재자료
A 시												

⑥ 환경피해유발시설물현황

㉠ 환경오염물질의 배출시설

사업지구에 속한 A시의 대기분야, 물분야, 소음・진동분야 등의 배출시설 설치업체의 업종현황을 통계연보와 환경백서의 자료를 통해 조사, 제시한다.

(서류 양식)

구분	총계	대기	1종	2종	3종	4종	5종	물	1종	2종	3종	4종	5종	소음·진동
A시	개소	계						계						

ⓐ 도로현황

사업지구와 주변지역의 도로 연장길이현황을 통계연보를 통해 조사, 제시한다.

(서류 양식)

구분	합계	고속도로	일반국도	광역시·도	구도
연장(m)					
포장(m)					
포장률(%)					
미포장(m)					
미개통(m)					

㉡ 산업과 농공단지현황

사업지구와 주변지역의 국가공단과 농공단지현황을 통계연보를 통해 조사, 제시한다.

(서류 양식)

구분	명칭	면적(m^2)	업체수(개소)	가동률(%)	종업원수(명)	비고
A 시						

⑦ 환경기초시설현황

㉠ 하수처리시설현황

사업지구와 주변지역에서 운영 중인 하수처리시설에 대하여 시설용량(m^3/d)과 처리량(m^3/d)을 환경부의 하수도통계를 조사하여 제시한다.

(서류 양식)

구분	명칭	소재지	시설용량	처리량	처리공법	방류수역
A 시						

㉡ 폐기물처리시설현황

사업지구와 주변지역에서 운영 중인 매립시설, 소각시설 등을 환경부의 환경통계를 조사하여 매립면적(m^2), 시설용량(kg/hr) 등으로 나타낸다.

ⓐ 매립시설(서류 양식)

구분	소재지	매립면적(m^2)	총매립량(m^3)	잔여매립량(m^3)	사용기간(년)
A 시					

ⓑ 소각시설(서류 양식)

구분	소재지	시설용량(kg/hr)	소각방식	운영방식	처리량(ton)
A 시					

6.5 평가항목 설정

EIA의 평가항목 설정은 먼저, 환경영향조사와 예측을 실시해서 사업의 계획을 통해 사업특성이나 사업지구와 주변지역의 특성을 파악한 후 6개 환경분야별(대기, 물, 토지, 생활, 자연생태, 사회 · 경제)로 영향이 미칠 것으로 예상되는 환경영향인자를 공사 시 및 운영 시로 구분해 추출해야 한다.

① 환경영향인자 추출

사업지구와 주변지역에 대해 환경부 고시에 따른 EIA 작성 등에 관한 규정을 통해서 환경영향인자를 공사 및 운영단계로 구분해 Matrix를 작성한다.

표 6-24 | 환경영향인자 추출 Matrix

구분	공사단계	운영단계
환경영향인자	1. 지형변화 2. 산림훼손 3. 절토와 성토 사면발생 4. 건설장비 가동 5. 토지점용, 발파 6. 공사인부 투입 7. 토공 기초작업	1. 연료사용 2. 용수공급 3. 배출가스 발생 4. 건설소음 발생 5. 오 · 폐수 발생 6. 주거환경 변화 7. 생태계 교란

② 평가항목의 설정

대상사업의 환경영향인자로 추출된 항목과 환경부고시에 따른 규정의 항목을 비교검토해서 EIA 중점평가항목을 제시한다.

표 6-25 | 중점평가항목

환경분야	중점평가항목	평가항목수
대기	대기질, 악취	2개
물	수질, 수리 · 수문	2개
토지	토지이용, 토양, 지형 · 지질	3개
자연생태	동 · 식물상, 자연환경자산	2개
생활	친환경적 자원순환, 소음 · 진동, 경관	3개
사회 · 경제	인구, 주거, 산업	3개

표 6-26 | 중점평가항목의 설정사유와 평가사항

평가항목	설정사유	평가사항
1. 대기질	• 공사 시 장비투입과 가동, 토사발생, 미세먼지 발생 • 운영 시 연소가스 발생	• 투입장비와 토공 시 PM-10, PM-2.5 영향예측과 대책수립 • 연소가스 영향예측과 대책수립
2. 악취	• 운영 시 공장악취, 환경기초시설 악취 발생	• 정량분석, 평가 후 대책수립
3. 수질	• 공사 시 토사에 의한 물오염 발생 • 운영 시 하폐수 발생	• 물오염총량제 검토 • 비점, 초기강우, 하폐수 대책수립
4. 수리 · 수문	• 자료 통해 수질 예측 • 인근 수계 수리 · 수문 변화	• 유량변화 파악 • 방류수계영향 대책수립
5. 토지이용	• 운영 시 토지변화	• 상위와 관련계획 연계성 파악

6. 토양	• 토양오염도 조사 • 투입건설장비 토양오염우려 파악	• 토양오염도 예측평가 • 지장물철거 시 토양오염 대책수립
7. 지형 · 지질	• 절토와 성토에 따른 지형변화 • 옥토이동 발생	• 사면안정성 파악 • 지형변화 예측 후 대책수립
8. 동 · 식물상	• 야생동물과 식물종의 변화	• 서식환경영향 검토와 복원
9. 자연환경자산	• 자산영향 판단	• 현장조사로 영향파악 대책강구
10. 친환경적 자원순환	• 바이오매스, 폐유, 폐기물 발생	• 정량적 예측 후 재활용 강구
11. 소음 · 진동	• 투입건설장비 파악 • 발포 · 교통 소음과 진동 발생	• 저소음 · 진동장비 투입 • 폭약신고와 교통소음방음벽 설치
12. 경관	• 경관과 지형변화	• 조망점에서의 훼손복원
13. 인구	• 인구유입 발생	• 인구변화예측 대책수립
14. 주거	• 주거변화	• 주거변화예측 대책강구
15. 산업	• 산업구조 변화	• 지역경제영향 파악

표 6-27 | 현황조사항목과 제외항목

구분		사유	평가항목
현황조사	1. 기상	기초자료 활용	기상청 10년 자료 이용
	2. 위생 · 공중보건	영향예상	법정전염병 발생현황
	3. 전파장해	영향예상	사업시행에 따른 영향예측
	4. 일조장해	일조권변화 발생	건축물 제한규정 검토
제외항목	1. 위락	영향발생 적음	-
	2. 해양환경	영향발생 미약	-

③ 환경영향인자의 평가항목별 행렬식 대조표

사업지구와 주변지역의 공사 시와 운영 시의 환경영향인자와 환경부고시에 따른 평가항목을 대비해서 행렬식 대조표를 작성한다.

표 6-28 환경영향인자의 평가항목별 Matrix

구분			기상	대기질	악취	수질	수리·수문	토지이용	토양	지형·지질	동·식물상	자산	자원순환	소음·진동	경관	위생·공중보건	전파	일조	인구	주거	산업
공사시	1. 자연형질변경	지형변경	△				□			○	□	□	□		□						
		산림벌채								□	○	△	△		□	□					
		사면발생		○		□				□	□				□						
		토지점용					△	□				△	△	○							
	2. 토공기초시설물공사	장비가동		○					△		□			□		□			□	□	
		토사이동		○						□	□			△							
		기초작업		□		△				□	△			○							
		발파		○						□	□	△	△								
		인부투입				□										□			△	△	△
운영시	1. 시설물이용	연료사용		□																	
		폐기물			□											□					
		용수					□														
		소음														□					
		오폐수			□	□					□		□	□		□					
	2. 도로이용	배출가스		○																	
		소음도로												○							
	3. 지역개발촉진	주거변화						□			△				△		△	△	○	○	□
		지역경제						○											△	△	□
비고			○ : 큰 영향, □ : 약간 영향, △ : 영향 미흡																		

6.6 환경영향분야별 현황조사, 예측평가, 저감방안

환경분야는 대기환경, 물환경, 토지환경, 자연생태환경, 생활환경과 사회・경제환경의 6개이다.

1. 대기환경분야

대기환경분야 평가항목은 기상, 대기질, 악취이다.

(1) 기상항목

측정기간 중 기상조사는 기온, 습도, 풍향, 풍속, 기압, 일기

① 현황은 조사항목, 조사범위, 조사방법과 조사결과이다.

② 조사항목은 사업지구의 기상특성을 파악하기 위한 기온, 강수량, 상대습도, 일조시간, 풍속, 풍향, 현상일수 등이다.

㉠ 기온(℃)은 연평균, 월별 평균기온, 최고기온, 최저기온 등으로 제시한다.

㉡ 강수량(mm)은 연평균과 월별 평균으로 나타낸다.

㉢ 강수일수(일)는 0.1mm 이상의 강수일수로 한다.

㉣ 상대습도(%)는 연평균과 월별 평균 상대습도이다.

㉤ 일조시간(hr)은 연평균과 월별의 평균 일조시간이다.

㉥ 풍속(m/sec)과 풍향(16방향)은 연평균과 월별 평균풍속으로 풍향별 풍속의 풍향 백분율(%)이다.

㉦ 현상일수는 맑음, 흐림, 안개, 서리, 결빙, 적설과 뇌전(번개)으로 구분한다.

③ 조사범위와 방법은 사업지구와 주변지역에 있는 기상대의 최근 10년간 기상자료를 이용해서 조사항목별 특징을 통계적인 방법에 따라 분석해 정리한다. 특히 기상관측지점은 기상연보에 기록된 자료를 기록하되 북위(N), 동경(E)과 해발높이(m), 그리고 풍속계, 우량계와 지상높이(m)를 제시한다.

④ 조사결과는 최근 10년의 연도별, 12개월의 월별과 4계절별로 평균, 최고, 최저로 기온, 강수량, 풍속, 상대습도, 일조시간, 구름양으로 나타낸다. 그리고 월별 기상변화는 바람장미(wind rose)나 그림으로 나타내어야 한다.

(2) 대기질항목

SO_2, NO_2, CO, O_3, PM-10, PM-2.5, Pb, C_6H_6

① 현황은 조사항목, 조사범위, 측정 당시 기상현황, 그리고 조사와 분석방법 및 조사결과이다.

② 조사항목은 사업지구와 주변지역의 환경정책기본법에 따른 대기환경기준 설정항목의 SO_2, NO_2, CO, O_3, PM-10, PM-2.5, Pb, C_6H_6으로 한다.

③ 조사범위는 대기질 영향을 대표할 수 있는 조사지점을 15개 이상으로 선정하고 기간은 1차와 2차로 나누어 각 4일 동안 현장측정을 실시한다.

④ 현장측정 당시의 기상현황은 기온(평균, 최고, 최저), 풍속(평균, 최고, 최저), 풍향(WSW : 서남서풍 등), 기압(hPa), 습도(%) 등으로 나타낸다.

⑤ 조사와 분석방법은 대기오염 공정시험방법에 의해 시료채취(sampling)와 분석을 실시한다.

표 6-29 | 대기질 측정과 분석방법

항목	분석기기명	측정방법	측정시간	분석법
SO_2	Handy Air Sampler	Pulse UV Fluorescence	24hr	자외선형광법
NO_2	Handy Air Sampler	Chemiluminescent	24hr	화학발광법
CO	Auto Sampler	Non-Dispersive Infrared	1hr	비분산 적외선법
O_3	Handy Air Sampler	UV Photometry	8hr	자외선광도법
PM-10	Portable Sampler	Low Volume Air Sampler	24hr	β-ray법
PM-2.5	Portable Sampler	Low Volume Air Sampler	24hr	중량농도법
Pb	Atomic Absorption	SPECTRAA	24hr	원자흡광도법
C_6H_6	Gas Chromatography	GC-MS	24hr	가스크로마토그래피법

표 6-30 | 수도권 PM-2.5 구성성분 분포 (단위 : %)

구분	OC	SO_4^{2-}	금속산화물	NO_3^-	EC
서울 전농동	23.6	20.9	13.6	8.1	9.5
인천 용현동	21.3	21.3	9.3	11.2	11.2

PM-2.5는 대기 속에 있는 초미세 입자상 물질로서 성분이 입자상태와 가스상태로 배출된 유기탄소(Organic Carbon, OC)와 연소과정에서 생성된 원소탄소(Elemental Carbon, EC), 그리고 이온(SO_4^{2-}, NO_3-, NH_4^+ 등), 금속산화물, 초미세 토양입

자 등으로 구성된다. PM−2.5의 분석은 cyclone(URG−2000)으로 분리해서 Teflon filter bag이 설치된 47nm의 석영필터(Quartz, Whatman)를 통해 1일 단위로 sampling하여 NIOSH 프로토콜인 TOT(Thermal Optical Transmittance)에 의한 열광학투과법으로 미국 DRI(Desert Research Institute) 등에서 유기탄소와 원소탄소를 정량분석한다.

그림 6.3 깨끗한 도시환경

⑥ 조사결과는 조사지점에서 측정치와 국가나 지역의 대기질환경기준치와 비교한 검토결과를 조사기간별로 나타낸다.

⑦ 사업시행에 따른 영향예측항목은 공사 시 부지정지작업에 의한 PM−10, PM−2.5이고, 작업장비에 의한 SO_2, NO_2이며, 운영 시는 CO와 NO_2이다.

㉠ 예측범위는 공간범위로 사업지구와 주변지역이고, 시간범위는 공사 시 최대배출량 발생과 공사완료 후에는 운영 시로 된다.

㉡ 예측방법은 공사 시에 대기확산모델을 이용해 분석하고, 운영 시에는 배출시설별로 난방연료, 자동차연료, 생산공정 등을 고려해서 영향예측을 한다.

㉢ 영향예상지역 선정은 대기질 영향을 미칠 것으로 예상되는 도로변, 농경지주변, 축사시설, 정온시설, 주거단지 등에서 조사한다.

㉣ 예측결과는 공사 시에 건설장비의 가동에 따른 오염물질 발생량을 미국 EPA Emission Factor를 적용해서 산출하고, 운영 시도 건설표준품셈에 따라 발생량을 산정한다.

⑧ 불도저 작업 시 PM-10 발생량 산정은 다음과 같다.

㉠ 배출계수 산정식

$$E = \frac{0.15(S)^{1.5}}{(M)^{1.4}} \times 0.75 \qquad \therefore\ E = 0.1549\text{kg/hr}$$

여기서, S : silt함량(12%)

M : 함수량(25%)

㉡ USEPA의 AERMOD Model식

$$C(x,\ y,\ z) = \frac{Q \cdot V \cdot D}{2\pi \cdot U \cdot \sigma_y \cdot \sigma_z}\left\{\exp\left(-\frac{y^2}{2\sigma_{y^2}}\right)\right\}$$

여기서, C : PM-10과 NO_2의 농도

x축 : 풍하방향 좌표

y축 : x축에 직각방향 좌표

z : 연직(鉛直)방향 좌표

Q : 대기오염물질 발생량(m^3/분)

U : 대기풍속(m/sec)

V : 연직방향 대기오염물질 확산량(m^3/분)

D : 1차반응에 의한 대기오염물질 감소량(kg/hr)

AERMOD Model의 예측영역은 사업지구를 중심으로 해서 100km^2(10km×10km)이며, 간격 250m 격자망을 구성해 지형입력자료를 적용해 수행하면 24시간 NO_2 평균값이 0.0208ppm에서 0.0472ppm(환경기준값 0.06ppm)과 PM-10은 44.4$\mu g/m^3$에서 64.1$\mu g/m^3$(환경기준값 100$\mu g/m^3$)로 예측되어 국가환경기준값의 24시간 평균값을 만족했다고 정량적으로 나타낸다.

표 6-31 USEPA 배출계수

구분		CO	NO_2
LNG(kg/1000sm^3)	제조업	1.344	3.7
	비산업	0.64	3.7

ⓐ 운영 시 대기질 예측모델(USEPA)로 널리 이용되는 대기확산모델은 고정

점 오염원일 경우에 AERMOD Model을 통해, 도로 위의 대기이동 오염원일 경우에는 CALINE 3 Model을 통해 기상자료(풍속, 풍향, 혼합고, 도로형태, 중립조건 등)를 입력해서 NO_2, CO의 농도를 예측한다.

표 6-32 CALINE 3 Model

개요	1. 고속도로 통행차량 비반응성 반오염물질 예측 2. 단순지형 농도산출
사용범위	• 선 오염원 • 도시, 농촌지역 적용 • 예측시간은 1~24hr
입력자료	1. 오염원에서는 예측구간, 교통량, 배출계수, 오염원 높이, 혼합층 등 2. 기상은 풍향, 풍속, 배경농도, 혼합고, 대기안정도
출력자료	• 기상조건별 20개 지점 오염도 예측
수평확산	1. Turner 농촌확산계수 적용 2. 6단계 안정도등급 사용
수직확산	• Benson 경험확산계수와 거칠기길이를 보정해 적용 • 6단계 안정도등급 사용
기타	1. 광화학반응과 연기상승해석은 적용하지 않음 2. 침강량 계산 3. 수직풍속은 0이고 수평풍속은 일정

ⓑ 저감방안은 공사 시에 살수차량을 이용해 여름철 8회, 기타 4회 이상 0.4L/m^2의 물을 뿌려서 미세먼지(PM-10)와 초미세먼지(PM-2.5)를 80% 정도 제거하며, 수압 3kg/cm^2와 깊이 2m 이상의 세륜시설을 사업지구의 출입부에 설치한다.

ⓒ 녹지공간 조성 시 대기환경 정화수는 주택지역 안에 백목련, 느티나무, 감나무, 자두나무, 밤나무, 벚나무, 회화나무, 오동나무, 매화나무, 팽나무 등을 심고, 대기오염 농도가 높은 도로변이나 산업단지 안에는 은행나무, 은단풍나무, 개나리, 무궁화, 산수유, 라일락, 낙상홍, 양버즘나무, 튤립나무, 상수리나무, 졸참나무, 참느릅나무 등을 심는다.

⑨ 사후 환경영향조사계획은 사업지구 운영 시에 대기질 영향을 예측하고, 저감대책 계획을 수립한 후 실제 운영 시 환경영향을 예측하지 못한 심각한 영향인자가 발생되면 즉시 적절한 저감방안을 계획해서 사후 관리에 포함해야 한다.

표 6-33 | 사후 환경영향조사계획

구분	조사항목	조사내용	조사기간	조사주기	조사방법
• 공사 시 • 운영 시	• PM-10과 PM-2.5 • NO_2	• 공사 시 : 20개소 • 운영 시 : 20개소	• 공사착공부터 완공 시 • 운영시작 후 3년까지	• 공사 시는 분기 1회씩 4일 연속 • 운영 시는 반기 1회씩 4일 연속	• 현장조사 • 자료조사

(3) 악취항목

① 악취발생현황

㉠ 사업지구와 주변지역의 악취발생 가능 시설물인 축사, 공장, 매립장, 소각장, 분뇨처리장, 하수처리장 등의 분포 현황을 조사한다.

㉡ 사업지구의 유치업종에 대한 업종코드별 산업입지원단위산정연구(국토교통부)를 통해 면적과 업체수를 조사하고, 악취물질(스틸렌, 암모니아, 아세트알데히드, 황화수소, 톨루엔, 자일렌 등)의 배출량(g/sec)을 산정한다.

표 6-34 | 악취방지법의 배출허용기준

구분	배출허용기준		엄격한 배출허용기준	
지역	공업지역	그 밖의 지역	공업지역	그 밖의 지역
복합악취 배출구 (희석배수)	1000이하	500이하	500~1,000	300~500
복합악취 부지경계선 (희석배수)	20이하	15이하	15~20	10~15
NH_3	2ppm 이하	1ppm 이하	1~2ppm	모두 설정 안 됨
CH_3SH	0.004ppm 이하	0.002ppm 이하	0.002~0.004ppm	
H_2S	0.06ppm 이하	0.02ppm 이하	0.02~0.06ppm	
CH_3CHO	0.05ppm 이하	0.01ppm 이하	0.01~0.05ppm	
Styrene	0.8ppm 이하	0.4ppm 이하	0.4~0.8ppm	
Toluene	30ppm 이하	10ppm 이하	10~30ppm	
Xylene	2ppm 이하	1ppm 이하	1~2ppm	
MEK	35ppm 이하	13ppm 이하	13~35ppm	

② 사업시행에 따른 영향예측

㉠ 예측항목은 사업지역 안의 소각장, 매립장, 하수종말처리장과 유치업종에서

운영 시 발생되는 NH_3, H_2S, CH_3SH, $(CH_3)_2S$, CH_3CHO 등의 물질이다.

㉡ 예측범위는 시간적 범위로 산업단지 내 유치업체공장의 운영 시이며, 공간적 범위는 사업지구와 주변지역을 중심으로 10km×10km(100km^2)의 주거지역이다.

㉢ 예측방법은 사업지구의 지형조건, 악취발생원 등에 대해 AERMOD Model을 적용하여 영향예상지역의 가중농도를 예측한다.

㉣ 영향예상지역의 선정은 사업지구의 주변지역에 있는 정온시설을 중심으로 영향예상지점의 이격거리, TM좌표(X와 Y)로 12개소 이상을 선정한다.

㉤ 예측결과는 악취배출량을 산업단지 내 유치업종별로 산출하고 악취배출원단위를 제시한다.

㉥ USEPA의 AERMOD Model을 이용한 영향예측 입력자료로 지형자료(수치지도), 기상조건(인근 기상대), 악취 입주업종의 면오염원을 조사해 입력하면 1시간 평균 악취물질(NH_3, CH_3SH, H_2S, CH_3CHO 등)의 각 지점별 예측농도(ppm)가 생성되며 이를 이용하여 악취방지법상 배출허용기준의 만족여부와 악취강도(기준 2도 이하)를 제시한다.

표 6-35 악취농도와 악취강도 표시법 (단위 : ppm)

악취물질	1도	2도	2.5도	3도	3.5도	4도	5도
NH_3	0.1	0.6	1	2	5	10	40
CH_3SH	0.0001	0.0007	0.002	0.004	0.01	0.03	0.2
H_2S	0.0005	0.0006	0.02	0.06	0.2	0.7	8.0
CH_3CHO	0.002	0.01	0.05	0.1	0.5	1.0	10

③ 저감방안과 사후 환경영향조사

㉠ 악취는 산업단지의 입주업체로부터 운영 시 발생되어서 공사완료 후 사전과 사후적인 조치로 방지시설을 설치해 효율적으로 제거하는 계획을 수립해야 한다.

㉡ 사전 악취저감방안은 공정최적화와 친환경원료 및 첨가제의 사용 등이며, 사후 방안은 운영방법의 개선, 시설개량과 탈취설비의 설치 등이다.

㉢ 입주업체의 악취발생원 관리는 고휘발성 악취물질발생원일 경우에 밀폐식으로 설비해서 누출을 차단하며, 탈취방법은 연소식, 흡수식, 흡착식과 미생물탈취식 등을 선정해서 대책을 수립한다.

표 6-36 | 탈취방식별 효율

구분	RTO	활성탄 흡착탑	흡수탑	Bio-Filter	촉매산화
개요	• 연소온도 800℃ • 열교환 80% 이상 • 연소시간 0.5초 이하	• 저농도 효과발휘 • 흡착제 오염증대 • 전처리설비 필요	• 약품반응 • 유지비 저렴 • 복합악취제거 미흡	• 박테리아 제거 • 동절기 보온유지 • F/M비 유지필요	• 연소온도 350℃ • 촉매열화 발생 • 저NO_x 발생
효율	99% 이상	95% 이상	80% 이상	98% 이상	98% 이상

㉣ 사후 환경영향조사는 산업단지의 악취영향을 운영 시에 지속적으로 모니터링 해서 저감방안대책을 계획한다.

2. 물환경분야

물환경분야 평가항목은 수질과 수리 · 수문이며, 공사의 전 후 현황을 조사해 영향인자별로 예측하고 대책계획을 수립한다.

(1) 수질항목

① 수질현황은 수계현황과 지표수 및 지하수의 수질현황이다.

㉠ 수계현황은 한국하천일람(국토교통부)을 조사하여 통해 하천등급을 국가하천과 지방하천으로 분류하고 합류지점을 표와 지도로 나타낸다.

㉡ 수질 조사항목은 지표수인 하천수질일 경우는 14개, 지하수 수질일 경우는 26개이다.

ⓐ 하천수질 조사항목은 pH, BOD, DO, SS, Cd, As, Pb, Hg, CR^{6+}, ABS, PCB, CN, R-P(유기인), 총대장균군이다.

ⓑ 지하수 수질 조사항목은 pH, NH_3-N, NO_2-N, KM_nO_4 소비량, Cd, Hg, Pb, As, CR^{6+}, Zn, Fe, Al, Mn, Cl^-, SO_4^{2-}, Phenol, 총경도, 맛, 냄새, 탁도, 색도, 증발잔류물, 일반세균, 총대장균군이다.

㉢ 채수지점은 물환경에 영향이 예상되는 지점으로 지표수 12지점과 지하수 4지점을 대표지점으로 선정해 조사하며, 채수일자는 1차 2일과 2차 4일 동안 실시한다.

㉣ 조사방법은 대표지점에서 시료수를 채수해서 물오염 공정시험방법에 의해 분석한다.

㉤ 조사결과는 각 대표지점별로 조사항목 분석자료와 환경정책기본법에 따른 하천수질과 지하수 수질의 환경기준치와 비교하여 나타낸다.

표 6-37 수질항목별 분석방법

구분	pH	BOD	SS	DO	ABS	PCB
개요	• 물의 액성지표 • 검출부 측정	• 물오염지표 • 20℃, 5일 보관	• GF/C여과 • 항량건조	• 전극표면에서 산화-환원반응 • 전류측정	• 음이온계면활성제 • 메틸렌블루추출	• Hexane 추출 • 실리카겔 컬럼 정제
분석기	pH Meter	Incubater	GF Apparatus	DO Meter	Spectrophoto Meter	GC
분석법	직접측정	DO 간접측정	여과칭량	격막전극	메틸블루	가스크로마토그래피
구분	Cd, Pb, As, CR^{6+}		Hg	CN	R-P	총대장균군수
개요	• 유도결합 플라스마 발광 • Cd 226.5nm, Pb 220.35nm, As 193.7nm, CR^{6+} 267.72nm		• 금속수은환원 • S_nCl_4 주입	• EDTA 분해 • 620nm	• GC 분석 • peak 유지시간	• 유당배지 배양 • 양성관수 표시
분석기	ICP		AAS	Spectrophoto Meter	GC	Incubater
분석법	유도결합 플라스마 발광 광도		원자흡광 광도	흡광 광도	가스크로마토그래피	최적확수(MPN)

② 사업시행에 따른 영향예측

㉠ 절토와 성토 공사 시 토사유출 영향

ⓐ 우수유출량 산정식(합리식)

$$Q_1 = \frac{1}{300} C \cdot I \cdot A \ [\mathrm{m^3/sec}]$$

여기서, C : 유출계수

I : 강우강도(mm/hr)

A : 배수구역 면적(ha)

ⓑ 토사유출량 산정식

$$Q_2 = \text{배수면적(ha)} \times \text{토사유출량원단위}(\mathrm{m^3/hr} \cdot \text{년}) \times \text{토사밀도} \times \frac{1}{365} \ [\mathrm{ton/day}]$$

ⓒ 오수발생량 산정식

$$Q_3 = \text{오수발생량원단위}(320\mathrm{L}/\text{인} \cdot \mathrm{day}) \times (10^{-3}\mathrm{m^3/L})(\text{인원}) \ [\mathrm{m^3/day}]$$

ⓓ 공업용수량 산정식

Q_4 = 계획1일최대급수량(130L/인 · day)

× ($10^{-3}$$m^3$/L)(상근 + 이용인구) [$m^3$/day]

ⓔ 오수발생량 산정식

Q_5 = 급수원단위(246L/인 · day)

× ($10^{-3}$$m^3$/L)(주거 + 지원 + 산업인구) [$m^3$/day]

ⓕ 매립지 침출수량 산정식

$Q_6 = 0.001 C \cdot I \cdot A$ [m^3/day]

여기서, C : 침출계수로 매립진행 0.5, 매립 후 0.3

A : 매립면적(m^2)

I : 연평균 일강우량(mm/day)

㉡ 오폐수처리계획

ⓐ 완전 분류식으로 하수배제를 계획해 자연유하식으로 방류한다.

ⓑ 하수종말처리시설의 방류수 수질기준에 만족하도록 BOD 10mg/L 이하, T-N 20mg/L 이하와 T-P 2mg/L 이하로 처리해 방류한다.

ⓒ 비점오염원에서의 농지살포 비료나 농약, 초기우수 처리를 위해 장치형 처리시설을 설치한다.

표 6-38 하수종말처리시설의 방류수기준 (단위 : mg/L)

구분	BOD	COD	SS	T-N	T-P	총대장균군 (군수/ml)	TU
산업단지	10	40	10	20	2	3,000	1
농공단지	10	40	10	20	2	3,000	1

(2) 수리 · 수문항목

① 수리 · 수문현황

㉠ 조사항목은 수계현황, 하천특성, 수자원이용현황, 홍수위와 홍수량 등의 수리와 수문현황이다.

㉡ 조사범위는 수리와 수문에 영향이 예상되는 하천으로 한다.

㉢ 조사방법은 수역특성의 파악을 위해 하천정비기본계획보고서 등의 문헌을 조사한다.

㉣ 조사결과는 사업지구와 주변지역에 연계된 국가와 지방하천의 합류개수, 수문관측소, 재해발생, 수자원현황, 취·정수장현황 등으로 나타낸다.

② 사업시행에 따른 침수가능지역 예측과 홍수재해 예측으로 유출량을 산정하고 공사 시의 저감방안을 계획한다.

3. 토지환경분야

토지환경분야의 평가항목은 토지이용, 토양과 지형·지질이다.

(1) 토지이용항목

① 현황조사

㉠ 토지이용현황은 지목별과 용도별로 구분해 조사한다.

ⓐ 지목별 토지이용현황은 전체 면적 중 임야, 논, 밭, 대지, 공장용지, 도로, 하천 등으로 나누어 조사한다.

ⓑ 용도별 토지이용현황은 전체 도시지역 면적 중 녹지지역(보전, 생산, 자연), 공업지역, 상업지역과 비도시지역으로 나누어 조사한다.

㉡ 사업지구 토지이용현황은 소유자별로 국유지, 공유지와 사유지의 생태자연도(1등급, 2등급, 3등급 등)를 조사한다.

② 사업시행에 따른 영향예측

상위계획인 국토종합수정계획(2006~2020년)과 광역개발계획, 광역도시계획, 산업발전계획, 토지이용계획 등을 통해 환경영향조사를 실시한다.

표 6-39 정부의 광역경제권발전 선도사업계획

구분	수도권	충청권	동남권	강원권	호남권	대경권	제주권
사업	지식정보산업	New IT	수송기계	의료관광	신재생에너지	IT융복합	관광레저

③ 토지이용계획

㉠ 토지이용 구상은 산업시설, 지원시설, 주거시설, 근린생활시설, 물류시설, 하폐수처리시설의 배치이다.

㉡ 교통과 동선체계 구상은 산업단지 접근도로와 도로망 동선체계이다.

㉢ 공원과 녹지체계 구상은 주변 자연환경과의 연결과 택지 내 완충녹지대 설치,

보행자전거용도로와 공원조성이다.

④ 저감방안

㉠ 산업단지계획은 편입용지보상, 지장물이설과 보호대책이 상위계획이나 관련 계획에 부합하는지를 검토해야 한다.

㉡ 지장물은 철거, 이설, 보완, 복구 등으로 구분해 대책계획을 수립해야 한다.

그림 6.4 아름다운 코끼리바위

(2) 토양항목

① 현황조사는 조사항목, 조사범위, 조사방법, 조사결과로 나타낸다.

㉠ 조사항목은 사업지구의 토양오염을 파악하기 위한 Cd, Pb, Cu, CR^{6+}, As, Hg, CN, phenol, R-P(org-P) 등이고, 비옥도를 파악하기 위한 pH, EC, CEC, 유기물함량, 유효인산, 치환성 K, Ca, Mg, Na 등이다.

㉡ 조사범위는 산림, 농경지(논, 밭, 과수원 등)로 총 7개 지점을 선정한다.

㉢ 조사시기는 1차 4일과 2차 4일 동안 실시하며, 조사방법은 토양오염 공정시험 방법에 의해 시료채취와 분석의 실시를 계획한다.

㉣ 조사결과는 환경부의 토양측정망현황자료와 비교 검토하며, 토양환경보전법에 따른 토양오염 우려기준을 만족하는지를 제시한다.

② 사업시행에 따른 영향예측

㉠ 현지조사와 기존 토양측정망자료를 토대로 지장물철거 시 토양오염과 지하수 오염을 확인해야 한다.

㉡ 공사장비 투입과 토공사 시에 발생하는 토양오염상황에 대비한 방지대책을 수립해 시행한다.

㉢ 사업지구 내 불법 폐기물투기와 매립지 폐기물에 의한 토양오염발생도 현장조사를 통해 확인하고, 대책을 수립한다.

③ 공사 시 저감방안

㉠ 축사, 폐가 등에서 발생하는 축분과 분뇨는 전문처리업체에 위탁처리한다.

㉡ 건설장비 투입으로 폐유가 발생되므로 저장소를 설치해 저장한 후 전문처리업체에 위탁처리한다.

㉢ 비옥토 유실을 최소화하고, 유실된 비옥토는 일정한 장소에 보관하였다가 녹지공간에 수목식재 시 활용한다.

㉣ 방치폐기물은 전문폐기물처리업자에게 위탁처리한다.

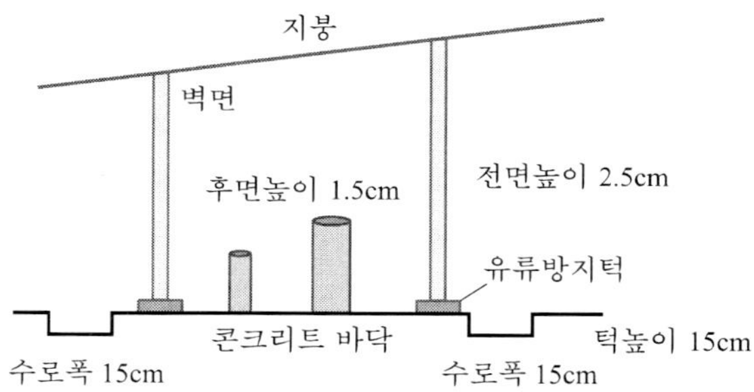

그림 6.5 폐유저장시설

④ 사후 환경영향조사계획

㉠ 사업지구의 토양오염유발 가능성이 있는 토양을 선정해서 정기적으로 18개 항목을 측정해 관리한다.

㉡ 사후 환경영향조사계획서에는 조사내용, 조사지점(TM좌표), 조사기간, 조사방법, 조사주기와 조사주체를 나타낸다.

(3) 지형 · 지질항목

① 현황

㉠ 조사항목은 지형과 지질분포의 현황이다.

㉡ 조사범위는 사업지구와 주변지역이다.

㉢ 조사방법은 현지조사와 한국지질도(한국동력자원연구소)를 분석한다.

㉣ 조사결과는 사업지구의 지형현황, 주변지역의 지형현황을 분포(%), 표고분석, 경사분석, 보전가치분석, 지질유산분포, 광산분포 등을 조사하여 나타낸다.

② 지질

사업지구와 주변지역의 화강암질 편마암 등의 광역지질을 계통표로 나타낸다.

③ 사업시행에 따른 영향예측

㉠ 절토와 성토에 의한 지형변화의 저감대책을 마련한다.

㉡ 하천지형의 변화에 따른 유로변경 발생에 대한 저감대책을 마련한다.

㉢ 사업지구의 부지조성과 도로개설에 따른 토량이동 시 저감대책을 마련한다.

④ 사후 환경영향조사계획

㉠ 조사항목은 지형과 지질변화에 미치는 영향의 최소화계획을 수립해 관리한다.

㉡ 사후 관리항목은 비탈면 안정성, 녹화대책, 비옥토 임시보관이나 적정사용, 강우 시 토사유출방지대책 등의 적정이행여부이다.

4. 자연생태환경분야

산업단지 조성 시 자연생태환경분야의 평가항목은 동 · 식물상과 자연환경자산이다.

(1) 동 · 식물상 항목

① 현황

㉠ 조사항목은 육상식물상, 육상동물상, 육수동물상, 생태계현황 등이다.

ⓐ 육상동물상은 포유류, 조류, 양서류, 파충류, 육상곤충류 등과 법적 보호종(수달, 소쩍새, 황조롱이, 말똥가리 등)의 서식여부를 조사한다.

ⓑ 육상식물상은 관속식물, 법적 보호수, 노거수, 식생구조, 현존식생도, 녹색자연도 등급별 분포와 식생보전 등급 분포의 비교 등을 조사한다.

ⓒ 육수동물상은 담수어류, 저서성 대형무척추동물, 법적 보호종 서식여부를 조

사한다.

ⓛ 조사범위는 광역조사지역과 중점조사지역으로 구분하며, 광역조사지역은 사업지구와 주변지역이고, 중점조사지역은 산림부와 연계하천이다.

ⓒ 조사시기는 1차 3일과 2차 4일 동안이다.

ⓔ 조사방법은 육상 동・식물상일 경우 훼손예상지역을 중점적으로 현지조사하고, 식생은 현존분포를 작성해 정량화한다.

ⓜ 조사결과는 종(species) 조성, 생활형 식물분포, 귀화식물, 식생군락, 주요 서식면적분포현황을 확인한다.

ⓑ 녹지자연도는 사정기준에 따라서 0등급에서 8등급의 총 9개로 구분해서 면적분포를 나타낸다.

② 저감방안

㉠ 육상식물상이 귀화식물의 영향을 받으므로 귀화식물의 DB 구축을 통해 침입가능 식물종을 식별하여 퇴치하는 계획을 세운다.

㉡ 노거수 주변에서 미세먼지가 발생되지 않도록 살수하며, 운행속도를 제한한다.

㉢ 경관과 생태계의 변화를 최소화하고, 공원이나 녹지의 계획을 수립한다.

㉣ 육상동물의 주요 번식기에 공사를 피하고 이동통로의 훼손이 없도록 하며, 서식처와 휴식처에 초본식물과 관목류를 식재한다.

㉤ 육수동물에 대해서는 가배수로를 설치해 하천에 토사가 없도록 계획한다.

③ 사후 환경영향조사계획

㉠ 법적 보호 동・식물종의 현황과 영향조사를 지속적으로 실시한다.

㉡ 귀화식물 유입, 노거수 보호, 공원녹지 조성, 수목이식현황을 조사한다.

㉢ 동물의 출현종 현황과 서식현황, 분포, 이동현황을 조사한다.

㉣ 육수동물은 우점종현황, 서식환경변화, 영향의 정도를 파악한다.

(2) 자연환경자산항목

① 현황

㉠ 조사항목은 야생 동・식물보호구역, 생태・경관보전지역, 습지보호지역, 생태계변화 관찰지역, 자연공원, 산림유전자원보호림, 수자원보호구역, 백두대간 보호지역, 국제기구나 국제협약에 따른 지정등록지역과 지형경관자원 등이다.

㉡ 조사범위는 직접적, 간접적으로 영향이 예상되는 지역으로 한다.

ⓒ 조사방법은 현지조사와 문헌조사이다.

ⓔ 조사결과는 사업지구와 주변지역에 생물다양성이 풍부해서 생태적으로 중요하거나 자연환경이 아름다워서 특별히 보전할 가치가 있는 생태 · 경관보전지역, 습지보호지역, 야생 동 · 식물보호구역, 자연공원을 지정하거나 생태계변화 관찰지역, 수자원보호구역, 천연기념물 등의 현황을 조사해 정리하고, 관리대책을 수립한다.

표 6-40 생태·경관지역 지정현황

지정명	위치	면적	특징	지정일자	이격거리
○ 서식지	○시 ○면 일원	km^2	서식지	2000. 5. 15.	남동측 7.7km

② 사업시행에 따른 영향예측

㉠ 생태 · 경관보전지역, 습지보호지역, 야생 동 · 식물보호구역 등의 특징을 기술하고, 사업시행 시 영향에 대해 판단하여 직접적인 영향이 있으면 대책을 계획해야 한다.

ⓛ 예를 들면, "멸종위기 야생식물 영향은 문헌조사 시 느티나무, 팽나무가 이격거리 7.7km에 있어 사업시행에 따른 영향은 없을 것으로 판단된다."라고 예측해야 한다.

③ 저감방안

멸종위기 야생식물이 있지만 이격거리가 7.7km이어서 사업시행에 따른 직접적인 영향은 없을 것으로 판단되어 자연환경자산에 따른 저감방안은 수립하지 않았다고 명확하게 서술해야 한다.

5. 생활환경분야

생활환경분야 평가항목은 친환경적 자원순환, 소음 · 진동, 경관, 위생 · 공중보건, 전파장해와 일조장해이다.

(1) 친환경적 자원순환항목

① 현황

㉠ 조사항목은 생활폐기물, 사업장폐기물, 지정폐기물의 발생량과 처리, 재활용

등의 현황이다.

㉡ 조사범위와 조사방법은 사업지구로 범위를 설정해서 환경부 통계자료를 이용한다.

㉢ 조사결과는 생활폐기물관리구역지정의 여부를 조사하고, 인구 1인당 1일 발생량(kg/인 · 일), 성상(가연성, 불연성, 재활용 등)과 소각장, 매립장, 신재생에너지시설, 가축분뇨처리시설 등을 조사한다.

② 사업시행에 따른 영향예측

㉠ 사업시행에 따른 공사의 건설장비 투입으로 지정폐기물인 폐유가 건설표준품셈(건설연구사)에 따라 사용량의 10% 발생되어 영향이 예상된다.

㉡ 기존 지장물, 건축물 철거 시 건설폐기물과 폐석면 등이 발생되어 인체와 생활환경에 영향이 예상된다.

㉢ 임야지역의 절토 시 식생훼손과 이식수목을 제외한 지상부의 임목폐기물 발생이 예측된다.

ⓐ 지상부 임목폐기물 발생량(W) 계산공식

$$W(\mathrm{kg}) = 3.14K(\frac{B}{2})^2 \times h \times W_1(1+P)$$

여기서, K : 수목의 줄기, 가지 형상계수(0.5)

B : 흉고지름(근원지름의 0.8배)

h : 수목높이(m)

W_1 : 수간 단위부피당 무게(소나무 : 1.21~1.25kg/m^3)

P : 잎의 보합률(임목 0.3, 고립목 1.0)

㉣ 운영 시는 생활폐기물의 발생량 원단위를 환경부 통계자료를 통해 가정부문과 비가정부문으로 나누어 산정하고, 사업장폐기물은 생활폐기물인 일반폐기물과 지정폐기물로 구분해 발생량을 예측한다.

③ 폐기물처리계획

㉠ 사업지구 내에 폐기물의 매립시설과 소각시설을 설치하도록 계획한다.

ⓐ 매립용적(V) 산정식

$$V[\mathrm{m}^3] = \frac{\text{1일 매립량(톤/일)(1+복토량)(365일/년)(10년)}}{\text{폐기물다짐도(1+침하량)}}$$

ⓑ 소각시설 부지면적(A) 산정식

$$A[\mathrm{m}^3] = \frac{\text{소각시설의 폐기물1톤당 필요면적}(\mathrm{m}^2/\text{톤}) \times \text{폐기물 발생량}(\text{톤}/\text{일}) + \text{관리동면적}}{\text{건폐율}(\%)}$$

④ 저감방안

㉠ 공사 시에 발생되는 건설폐기물은 폐기물관리법 상 규정에 따라 적법하게 처리하며, 폐유는 지정폐기물 보관기준에 적합하게 드럼통용기에 45일 이내 지정장소에 보관했다가 전문처리업체에 위탁처리해 재활용할 계획이다.

㉡ 폐석면은 HDPE(High Density Poly Ethylene) 포대에 넣어 지정폐기물 매립장에서 처리할 계획이다.

㉢ 운영 시는 생활폐기물일 경우 분리수거해 감량과 재활용할 계획이다.

㉣ 사업장폐기물은 산업단지 내에서 재활용하고, 비재활용물질 중 비가연성은 매립, 가연성은 소각시설에서 처리할 계획이다.

⑤ 사후 환경영향조사계획

㉠ 공사 시의 생활폐기물, 지정폐기물, 건설폐기물, 폐석면, 임목, 폐유 등의 적정처리관리계획을 수립한다.

㉡ 운영 시의 입주업체 처리, 폐기물처리시설 운영관리, 반입폐기물 적정처리, 침출수처리, 악취처리, 복토재확보 등의 적정계획을 수립한다.

(2) 소음・진동항목

① 현황

㉠ 조사항목은 사업지구와 주변지역의 소음도와 진동도 현황, 그리고 정온시설 분포이다.

㉡ 조사범위는 공사 전후의 소음도와 진동도의 현황을 파악하기 위해 주변지역에서 정온지역, 일반지역, 도로변지역의 6개 지점을 측정장소로 선정한다.

㉢ 조사시기는 1차 2일과 2차 4일 동안 실시한다.

㉣ 조사방법은 공사 시 소음과 진동의 영향을 파악하기 위한 장소에서 소음・진동 공정시험방법에 의해 소음(NA-27 : RION)은 주간 4회, 야간 2회와 진동(VM-52 : RION)은 주간 2회, 야간 1회를 현장에서 실측계획한다.

㉤ 조사결과는 소음도와 진동도가 환경기준치와 지역환경기준치의 일반지역과 도로변지역에 만족하는지를 판단한다.

② 사업시행에 따른 영향예측

㉠ 공사 시는 건설장비와 발파에 의해 발생되므로 사업지역 부지경계선으로부터 정온시설 등을 고려해 200m까지 예측한다.

㉡ 운영 시는 건설장비로부터 15m 이격거리에서 합성소음도와 진동도를 거리감쇠식으로 산출하여 영향예상지역의 소음도를 예측한다.

ⓐ 합성소음도(SPL_0) 계산식

$$SPL_{0[dB(A)]} = 10\log(n_1 \times 10^{SPL_{1/10}} + n_2 \times 10^{SPL_{2/10}} + \cdots\ n \times 10^{SPL_{n/10}})$$

여기서, n_1, n_2 ⋯ n : 건설장비 대수

SPL_1, SPL_2, ⋯ : 건설장비별 소음도(dB(A))

ⓑ 점음원의 거리감쇠에 따른 소음도(SPL) 계산식

$$SPL[dB(A)] = SPL_0 - 20\log(\frac{r}{r_0})$$

여기서, SPL_0 : 합성소음도(dB(A))

r, r_0 : 건설장비로 이격거리(r_0 =15m, r = 예측지점)

ⓒ 건설 발파 시 음압도(SPL) 예측계산식

$$SPL[dB(C)] = 20\log(\frac{P}{P_0})$$

여기서, P_0 : 사람인지 최저음압(2×10^{-4}dyne/cm^2)

P : 발파 시 풍압(dyne/cm^2)

ⓓ 공장가동 시 평균소음도($\overline{SPL_0}$) 예측계산식

$$\overline{SPL_0}[dB(A)] = PWL - 10\log R + 6$$

여기서, R : 공장내부 표면적(실정수)

ⓔ 직사각형 공장(면음원)의 거리감소에 따른 소음도(SPL : dB(A)) 계산식

- $r > \frac{b}{3}$일 경우 : $SPL = SPL_0 - 20\log(\frac{3r}{b}) - 10\log(\frac{b}{a})$
- $\frac{b}{3} > r > \frac{a}{3}$일 경우 : $SPL = SPL_0 - 10\log(\frac{3r}{a})$
- $r < \frac{a}{3}$일 경우 : $SPL = SPL_0$

여기서, 면음원의 a : 짧은 변(가로), b : 긴 변(세로), r : 이격거리

ⓕ 도로단으로부터 10m 이내 지역의 도로교통등가소음도(L_{eq} : dB(A)) 예측계산식

- 소형차일 경우 : $L_p = 45 + 10\log(\frac{N_p}{r}) + 30\log(\frac{V_p}{50})$
- 대형차일 경우 : $L_b = 53 + 10\log(\frac{N_b}{r}) + 30\log(\frac{V_b}{50})$
- 합성음 계산 : $L_{eq} = 10\log(10^{L_p/10} + 10^{L_b/10})$

여기서, N_p : 시간당 소형차 통행량(대/hr)

N_b : 시간당 대형차 통행량(대/hr)

V_p : 소형차 평균주행속도(km/hr)

V_b : 대형차 평균주행속도(km/hr)

r : 도로중심선에서 도로변까지 거리(10m 미만)

ⓖ 도로단으로부터 10m 이상 지역의 합성도로교통소음(L_{eq}) 예측계산식

$$L_{eq}[\mathrm{dB}(A)] = 8.55 \times \log(\frac{Q \cdot V}{r}) + 36.3 - 14.1 \times \log r_a + C$$

여기서, Q : 등가교통량(Q=소형차 통과량+10대형차 통과량 : 대/hr)

V : 평균속도(km/hr)

r_a : 거리비(기준 10m 거리에 대한 도로단에서 10m 이상 떨어진 소음도 예측지점까지의 거리비)

C : 등가교통량(대/hr)에 따른 상수(2,000대 미만 : 0, 2,000~5,000대 : −0.5, 5,000~10,000대 : −1.0, 10,000~15,000대 : −1.5, 15,000대 이상 : −2.0)

ⓗ 건설기계장비 진동의 거리감소 진동도(VL) 예측계산식

$$VL[\mathrm{dB}(V)] = VL_0 - 20\log(\frac{r}{r_0})^n$$

여기서, VL_0 : 진동발생원에서 이격거리(r) 지점 진동도(dB(V))

n : 평균기하 감쇠정수(0.81)

ⓘ 폭약사용 발파진동에 의한 진동속도(V) 예측계산식(USBM 공식)

$$V[\mathrm{cm/sec}] = 160(\frac{D}{W^{0.5}})^{-1.6}$$

여기서, W : 폭발 1발당 폭약 장입량(kg/delay)

D : 발파지점으로부터의 측정지점까지 이격거리($D = D_n \times D_f$: m)

D_n, D_f : 갓길에서 가장 가까운 차선과 먼 차선의 중심선까지 각각의 거리(m)

㉢ 예측결과

ⓐ 공사 시 건설장비 가동에 따른 장비 소음이 예상된 발파나 토공작업 시 합성소음도 및 합성진동도를 산출해 이격거리 60m의 정온시설이나 주거지역의 생활소음 규제기준과 비교분석해 65dB(A)와 60dB(V)을 초과하는지 예측한다.

ⓑ 운영 시는 절단기, 비상발전기 등이 있으나 건축물에 차음재료를 사용하여 종합 투과손실(TL)과 실정수(R)를 예측하고 설계, 계획해서 건물 밖의 소음도와 진동도를 예측한다.

표 6-41 공장운영 시 이격거리별 소음도 (단위 : dB(A))

건물 밖 소음도	10m	15m	30m	50m	100m
61.5	51.9	48.4	42.4	38.0	31.9

표 6-42 절단기 운영 시 이격거리별 진동도 (단위 : dB(V))

건물 밖 진동도	5m	10m	20m	30m	50m
65	64	60	57	55	54

③ 저감방안

㉠ 도로변과 토공작업장에 고정방음벽과 이동가설방음벽을 설치해 생활소음과 진동규제기준을 만족시켜 정온영향의 최소화를 계획한다.

㉡ 토공작업은 낮(08:00~18:00)에만 실시하고, 야생동물의 번식기(4~6월)에는 발파공사 등의 중단을 계획한다.

㉢ 특정 공사장비인 굴삭기, 압쇄기, 청공기, 항발기, 항타기, 브레이커, 다짐기계 등은 5일 이상 사용 시 공사 전에 신고를 이행하여 민원피해의 최소화를 계획한다.

㉣ 진동저감은 저진동장비의 사용과 연속작업의 조정, 주민에 대한 사전공지 등으로 피해의 최소화를 계획한다.

④ 사후 환경영향조사계획

㉠ 공사 시의 등가소음도와 등가진동도 예측에 따른 저감대책을 수립한다.

㉡ 운영 시의 등가소음도 관리를 위해 공사완료 후 3년 동안 현장조사계획을 수립한다.

(3) 경관항목

① 현황

㉠ 조사항목은 국가산업단지개발사업의 일반현황과 경관현황, 조망점(View Point)의 선정이다.

㉡ 조사범위는 경관에 영향이 예상되는 사업지구와 주변지역이다.

㉢ 조사방법은 현장조사와 문헌조사에 의한 경관현황의 파악과 가시권의 근경(1km 미만), 중경(1~2km), 원경(2~4km)의 조망점에서의 분석이다.

㉣ 조사결과는 자연환경으로 농경지, 구릉성산지, 국가와 지방하천 등으로 분포상태를 파악하며, 인문환경은 국가와 지방문화재 현황을 조사한다. 또한 자연경관영향 심의대상여부도 검토해야 한다.

② 사업시행에 따른 영향예측

㉠ 예측항목은 지형이나 스카이라인 변화, 가시권 변화, 경관유형 영향과 조망점별 경관영향이다.

㉡ 예측범위는 경관영향 예상지역이다.

㉢ 예측방법은 지형단면분석, 조망점별 가시면적 변화나 경관훼손의 파악, 경관영향의 예측(canon 400D)이다.

㉣ 예측결과는 절성토의 지형변화를 파악하고 산지의 조망점별 가시면적 변화에 따른 스카이라인 영향예측을 제시한다.

③ 저감방안

㉠ 환경친화생태단지 조성을 위하여 녹지와 수계의 생태망을 구축한다.

㉡ 기존 자연환경보전과 공원녹지를 조성해 생태적인 안정성 유지를 계획한다.

㉢ 조망점이 가시거리 2km 미만의 근경과 중경에서 스카이라인을 형성하도록 건축물높이를 산 높이의 0.75이하로 설정한다.

(4) 위생 · 공중보건항목

① 현황

조사항목은 의료기관현황(종합병원, 병원, 의원, 치과, 한의원, 부속의원, 요양병원, 보건소 등), 의료인(의사, 한의사, 간호사, 간호조무사, 의료기사 등) 분포, 법정전염병 발생현황, 공중위생업소(숙박업, 목욕탕, 이발소, 미장원, 세탁소, 위생관리용역업체 등) 현황, 상 · 하수도 보급현황이다.

② 사업시행에 따른 영향예측

㉠ 공업용수, 생활용수의 공급에 따른 위생영향을 예상해야 한다.

㉡ 오폐수, 폐자원, 유해곤충, 악취 등에 의한 영향이 예상된다.

③ 저감방안

㉠ 인근 광역상수도 또는 지방상수도를 통한 공급으로 물부족이 없도록 대책을 수립한다.

㉡ 오폐수처리시설, 매립시설과 소각시설의 설치를 계획한다.

(5) 전파장해항목

① 현황

㉠ 전파장해는 공사 시행으로 코로나잡음에 따른 라디오 수신장해와 전파산란에 따른 TV 수신장해 등을 문헌조사한다.

㉡ 라디오는 AM 535kHz에서 1,605kHz에서 장해가 많고, TV는 VHF주파수의 54kHz에서 88MHz 에서 발생되므로 현지조사를 실시한다.

② 사업시행에 따른 영향예측

고압송전선로(154~345kV)와 고속열차 통과 시 전자파장해의 발생이 예상된다.

③ 저감방안

㉠ 라디오 수신장해는 FM수신기를 보급할

그림 6.6 경관파괴 송전선로

계획이다.

ⓛ TV 수신장해는 공동수신안테나의 설치나 지향성이 우수한 안테나를 보급할 계획이다.

(6) 일조장해항목

① 현황

사업지구의 건축물현황과 토지이용에 대하여 현지조사와 문헌조사를 실시한다.

② 사업시행에 따른 영향예측

고층건물계획을 자료조사를 통해 검토한다.

③ 저감방안

건축법의 건축물높이 제한규정과 산업단지의 건축물계획을 수립해 일조방해 영향이 없도록 계획한다.

6. 사회·경제환경분야

사회환경과 경제환경의 평가항목은 인구, 주거와 산업이다.

(1) 인구와 주거 항목

① 현황

㉠ 인구현황은 세대수, 면적(km^2), 인구(남, 여), 인구밀도와 세대당 인구수 등을 조사한다.

ⓛ 인구변화 추이는 총인구, 남자인구, 여자인구와 연령(5세 계급)별 인구수, 구성비(%) 등으로 나타낸다.

ⓒ 주거현황은 가구수, 주택보급수, 단독주택, 공동주택, 연립주택, 다세대주택과 주택보급률(%) 등으로 나타낸다.

② 사업시행에 따른 영향예측

㉠ 예측항목은 공사 시에 현장근로자 투입과 운영 시에 생산자 증가에 따른 인구증가와 주거변화를 예측한다.

ⓛ 예측방법은 문헌과 현장의 조사로 분석한다.

ⓒ 예측 결과 공사 시 일시적인 근로인부 증가가 예상되고, 운영 시에 공장생산인

력의 증가로 인구이동이 예상된다.

③ 저감방안

㉠ 인구는 상주인구와 이용인구의 편익을 위해 주거지역 내에 배치한다.

㉡ 주거는 산업단지 내 종사자를 위해 공동주택의 공급을 계획한다.

(2) 산업항목

① 현황

㉠ 산업분류상 개인, 회사법인, 비법인 등 조직형태별로 사업체와 종사자의 현황을 조사한다.

㉡ 종사자 규모별로 사업체수와 종사자수, 산업별 및 지역별 산업단지개발현황을 자료를 통해 조사한다.

② 사업시행에 따른 영향예측

㉠ 지역경제기반의 활성화와 고용증대를 계획한다.

㉡ 국가균형발전의 기여와 미래 성장동력산업의 거점화를 계획한다.

㉢ 주택공급 지원과 주거기능의 증대를 계획한다.

㉣ 입주업종의 배치계획을 수립한다.

㉤ 사업시행에 따라 지역경제의 지속적 성장에 긍정적 영향이 예상된다.

그림 6.9 도시의 인구와 주거

CHAPTER 07

환경영향평가법

7.1 환경영향평가법 핵심내용

7.2 전략환경영향평가

7.3 소규모 환경영향평가

7.4 환경영향평가 등에 관한 특례 및 환경영향평가의 대행

CHAPTER 07

환경영향평가법

7.1 환경영향평가법 핵심내용

1. 궁극적 목적

환경영향평가법의 궁극적인 제정목적은 친환경적이면서 지속가능한 발전과 건강하면서도 쾌적한 국민생활을 도모하는 데 있다. 이를 위해서 계획을 수립하거나 사업을 수행할 때에는 해당계획과 사업이 환경에 미치는 영향을 미리 예측하고 평가해서 환경보전방안을 마련해야 한다. 우선 환경영향평가법에 관련된 용어의 정의를 살펴보면 다음과 같다.

(1) 환경영향평가(Environmental Impact Assessment, EIA)

EIA는 환경에 영향을 미치는 실시계획, 시행계획 등의 허가, 인가, 승인, 면허나 결정 영향을 피하거나 제거 또는 감소시키는 방안을 마련하는 것을 말한다.

(2) 전략환경영향평가(Strategic Environmental Assessment, SEA)

SEA는 환경에 영향을 미치는 상위계획을 수립할 때에 환경보전계획과의 부합여부 확인 및 대안의 설정·분석 등을 통해 환경적 측면에서 해당계획의 적정성과 입지의 타당성을 검토하여 국토의 지속가능한 발전을 도모하는 것을 말한다.

(3) 소규모 환경영향평가(Small Environmental Impact Assessment, SEIA)

SEIA는 환경보전이 필요한 지역이나 난개발이 우려되어 계획적 개발이 필요한 지역에서 개발사업을 시행할 때에 입지의 타당성과 환경에 미치는 영향을 미리 조사, 예측과 평가해서 환경보전방안을 마련하는 것을 말한다.

(4) 환경영향평가서 등이란 전략환경영향평가서, 환경영향평가서 및 소규모환경영향평가서를 말한다.

(5) 협의기준

협의기준은 사업시행으로 영향을 받게 되는 지역에서 다음 각 항 중 어느 하나에 해당하는 기준으로는 환경정책기본법 제12조에 따른 환경기준을 유지하기 어렵거나 환경악화를 방지할 수 없다고 인정하여 사업자나 승인기관의 장이 해당사업에 적용하기로 환경부장관과 협의한 기준을 말한다. 여기서 승인기관의 장은 환경부장관, 계획수립기관장, 사업승인 등의 기관장을 말한다.

① 대기환경보전법 제16조에 따른 배출허용기준
② 가축분뇨의 관리 및 이용에 관한 법률 제13조에 따른 방류수 수질기준
③ 수질 및 수생태계 보전에 관한 법률 제12조 제3항에 따른 방류수수질기준
④ 수질 및 수생태계 보전에 관한 법률 제32조에 따른 배출허용기준
⑤ 폐기물관리법 제31조 제1항에 따른 폐기물처리시설의 관리기준
⑥ 하수도법 제7조에 따른 방류수수질기준
⑦ 그 밖에 관계법률에서 환경보전을 위하여 정하고 있는 오염물질의 배출기준

(6) 환경영향평가사

환경영향평가사는 환경현황조사, 환경영향 예측과 분석, 환경보전방안의 설정과 대안의 평가 등을 통해 환경영향평가서 등(환경영향평가서, 전략환경영향평가서, 소규모 환경영향평가서)의 작성 등에 관한 업무를 수행하는 사람으로서 환경부장관이 실시하는 자격시험에 합격한 사람이어야 한다.

2. 환경영향평가 등의 분야별 세부평가항목

(1) 전략환경영향평가 세부항목

전략환경영향평가는 정책계획분야와 개발기본계획분야로 구분한다. 정책계획분야는 환경보전과의 부합성 평가항목으로 국가환경정책과 국제환경의 동향, 협약, 규범이 있다. 또한 계획의 연계성과 일관성의 평가항목은 상위계획에 관련된 계획과의 연계

성, 계획목표와 내용과의 일관성이다. 특히 계획의 적정성과 지속성 평가항목은 공간계획의 적정성, 수요·공급규모의 적정성과 환경용량의 지속성이다.

그리고 개발기본계획분야는 계획의 적정성과 입지의 타당성으로 나누어진다. 계획의 적정성 평가항목은 상위계획 및 관련계획과의 연계성, 대안의 설정과 분석의 적정성이다. 또한 입지의 타당성 평가항목은 자연환경보전과 생활환경안정성, 사회·경제환경과의 조화성이며, 자연환경보전은 생물다양성·서식지 보전, 지형·생태축 보전, 주변 자연경관에 미치는 영향과 물환경 보전이고, 생활환경안정성은 환경기준 부합성, 환경기초시설 적정성과 자원·에너지순환 효율성이다. 그리고 사회·경제환경과의 조화성은 환경친화적 토지이용을 말한다.

(2) 환경영향평가 세부항목

환경영향평가는 자연생태환경분야, 대기환경분야, 물환경분야, 토지환경분야, 생활환경분야와 사회·경제환경분야로 구분한다. 각 분야의 세부항목은 다음 표와 같다.

표 7-1 환경영향평가 6개 분야별 세부항목(21개)

분야	자연생태환경	대기환경	물환경	토지환경	생활환경	사회·경제환경
항목	동·식물상 자연환경자산	기상 대기질 악취 온실가스	수질 (지표·지하) 수리·수문 해양환경	토지이용 토양 지형·지질	친환경적자원순환 소음·진동 위락·경관 위생·공중보건 전파장해 일조장해	인구 주거(이주 포함) 산업

(3) 소규모 환경영향평가 세부항목

소규모 환경영향평가는 사업개요 및 지역환경현황과, 환경에 미치는 영향의 예측·평가 및 환경보전방안으로 나누어진다. 사업개요와 지역환경현황의 세부내용은 사업개요, 지역개황, 자연생태환경, 생활환경 및 사회·경제환경이며, 환경에 미치는 영향의 예측·평가 및 환경보전방안의 세부항목은 동·식물상 등의 자연생태환경, 대기질, 악취, 지표와 지하의 수질, 해양환경, 토지이용, 토양, 지형·지질, 친환경적 자원순환, 소음·진동, 경관, 전파장해, 일조장해, 인구, 주거, 산업이다.

3. 환경영향평가협의회

(1) 협의회 주체

환경부장관, 계획수립기관의 장, 계획 또는 사업에 대하여 승인 등을 하는 기관의 장 및 승인 등을 받지 아니하여도 되는 사업자는 주요 사항을 심의하기 위하여 환경영향평가협의회를 구성・운영하여야 한다.

(2) 주요 심의사항

환경영향평가협의회의 주요 심의사항은 평가의 항목과 범위 등의 결정, 환경영향평가 협의내용 조정, 약식절차에 의한 환경영향평가 실시여부, 주민의견 수렴내용과 협의내용 조정, 그 밖에 대통령령으로 정하는 설명회나 공청회의 생략, 협의회위원장이 해당계획과 사업에 대한 원활한 환경영향평가 등을 위하여 필요하다고 인정하는 사항 등이다.

(3) 협의회의 구성

환경영향평가분야에 관한 학식과 경험이 풍부한 자로 구성하되, 주님대표, 시민단체 등 민간전문가가 포함되도록 하여야 한다.

7.2 전략환경영향평가

1. 전략환경영향평가 대상계획

전략환경영향평가는 환경에 영향을 미치는 다음과 같은 상위계획을 수립할 때에 환경보전계획과의 부합여부 확인과 대안의 설정, 분석 등을 통해 환경적인 측면에서 해당계획의 적정성, 입지의 타당성 등을 검토해 국토의 지속가능한 발전을 도모하기 위해 실시한다.

(1) 전략환경영향평가 대상계획의 종류

㉠ 도시의 개발에 관한 계획

㉡ 산업입지와 산업단지의 조성에 관한 계획
㉢ 에너지개발에 관한 계획
㉣ 항만건설에 관한 계획
㉤ 도로건설에 관한 계획
㉥ 수자원개발에 관한 계획
㉦ 공항건설에 관한 계획
㉧ 도시철도를 포함한 철도건설에 관한 계획
㉨ 하천의 이용과 개발에 관한 계획
㉩ 개간과 공유수면매립에 관한 계획
㉪ 관광단지개발에 관한 계획
㉫ 산지개발에 관한 계획
㉬ 특정지역개발에 관한 계획
㉭ 체육시설설치에 관한 계획
㉮ 폐기물처리시설설치에 관한 계획
㉯ 국방・군사시설설치에 관한 계획
㉰ 토석, 모래, 자갈, 광물 등의 채취에 관한 계획
㉱ 가축분뇨의 관리 및 이용에 관한 법률 제5조에 따른 가축분뇨관리기본계획

그림 7.1 도시개발

(2) 전략환경영향평가 정책계획과 개발기본계획의 종류

① 정책계획

㉠ 도시개발은 유통산업발전 기본계획과 유통산업발전 시행계획
㉡ 도로건설은 도로건설・관리계획
㉢ 수자원개발은 댐건설장기계획
㉣ 철도건설은 국가철도망 구축계획
㉤ 관광단지개발은 관광개발기본계획, 권역별 관광개발계획, 온천발전종합계획
㉥ 산지개발은 사방사업기본계획, 산림기본계획, 산림문화・휴양기본계획과 산촌진흥기본계획
㉦ 특정지역개발은 농어촌정비종합계획과 농업생산기반정비계획
㉧ 폐기물・분뇨・가축분뇨처리시설의 설치는 폐기물처리기본계획과 가축분뇨

관리기본계획

② 개발기본계획

㉠ 도시개발은 국가나 지자체가 타당성 조사를 실시하는 총공사비 500억 이상의 건설공사계획, 혁신도시개발예정지구지정, 도시·군관리계획, 도시개발구역의 지정 및 개발계획, 재정비촉진지구 지정, 재정비촉진계획, 정비계획의 수립 및 정비구역 지정, 물류단지개발계획 및 물류단지의 지정, 보금자리주택지구 지정, 민간부문제안사업 및 민간투자시설사업기본계획, 역세권개발구역 지정 및 사업계획, 유통산업발전법에 따른 지역별 시행계획, 공동집배송센터 개발촉진지구지정, 택지개발지구의 지정 및 택지개발계획

㉡ 산업입지와 산업단지조성은 공장건축이 가능한 지역지정, 문화산업진흥지구 지정, 국가산업단지 지정, 일반산업단지 지정, 도시첨단산업단지 지정, 농공단지 지정, 재생사업지구 지정을 위한 재생계획, 공장유치지역지정, 외국인투자지역지정, 단지조성이 포함된 협동화실천계획

㉢ 에너지개발은 전원개발사업예정구역지정

㉣ 항만건설은 신항만건설기본계획, 신항만건설 예정지역 지정, 어항지정, 어항시설기본계획, 항만기본계획, 항만재개발기본계획, 항만재개발사업계획, 마리나항만의 조성 및 관리 등에 관한 법률에 따른 사업계획

㉤ 도로건설은 농어촌도로정비법에 따른 도로기본계획, 고속국도 제외한 도로의 건설공사계획

㉥ 수자원개발은 댐건설기본계획

㉦ 철도건설은 노선별 도시철도기본계획과 사업별 철도건설기본계획

㉧ 공항건설은 신공항건설에 관한 기본계획과 공항개발기본계획

㉨ 하천의 이용과 개발은 소하천의 정비종합계획과 정비시행계획, 하천기본계획

㉩ 개간과 공유수면매립은 공유수면매립기본계획

㉪ 관광단지개발은 관광지 등의 지정, 온천공보호구역지정과 온천개발계획, 도립공원계획결정, 군립공원계획결정

㉫ 산지개발은 임업진흥계획, 산촌개발사업계획, 묘지 등의 수급 중·장기계획

㉬ 특정지역개발은 경제자유구역개발계획 및 경제자유구역의 지정, 농업생산기반 정비사업기본계획, 농어촌정비법에 따른 생활환경정비계획, 한계농지 등의

정비지구지정, 마을정비구역지정, 연구개발의 특구지정과 특구육성종합계획이나 특구관리계획, 개발대상 도서지정과 사업계획, 탄광지역진흥 추진대상지역의 지정 또는 탄광지역 진흥사업계획, 지역개발계획과 지역개발 사업구역지정, 신행정수도개발계획, 주한미군기지 이전에 관련한 국제화계획지구지정, 지역특화발전특구 지정 및 ,특구계획, 제주특별자치도의 광역시설계획, 친수구역 지정 또는 사업계획수립, 폐광지역진흥지구지정과 폐광지역환경보전계획, 지역개발계획, 기업도시개발의 구역지정과 개발계획

ⓗ 체육시설설치는 청소년수련지구지정, 체육시설설치사업계획(25만m^2 미만)

㉮ 폐기물・분뇨・가축분뇨 처리시설 설치는 폐기물처리시설 입지선정

㉯ 국방과 군사시설 설치는 국방・군사시설사업계획과 군사기지보호구역 등의 지정

㉰ 토석・모래・자갈・광물 등의 채취는 골재채취 예정지 지정(공유수면에 지정할 경우 면적 10만m^2에서 25만m^2 미만으로 한정)

(3) 전략환경영향평가 평가준비서

전략환경영향평가 대상계획을 수립하려는 행정기관의 장은 전략환경영향평가를 실시하기 전에 전략환경영향평가 평가준비서를 작성해서 환경영향평가협의회의 심의를 거쳐 평가의 항목과 범위 등을 결정해야 한다.

① 평가항목 결정내용

그림 7.2 백두산 천지

㉠ 전략환경영향평가 대상지역

㉡ 토지이용구상안

㉢ 대안

㉣ 평가항목, 범위, 방법 등

② 평가항목 결정 시 고려사항

㉠ 해당계획 성격

㉡ 상위계획 등의 관련계획과의 부합성

㉢ 해당지역과 주변지역의 입지여건, 토지이용현황, 환경특성

㉣ 환경적, 생태적으로 가치가 큰 지역의 계절적 특성변화

㉤ 그 밖에 환경기준 유지 등과 관련된 사항

③ 평가준비서 포함내용

㉠ 전략환경영향평가 대상계획의 목적과 개요

㉡ 전략환경영향평가 대상지역 설정

㉢ 토지이용구상안

㉣ 환경현황과 지역개황

㉤ 평가의 항목, 범위와 방법의 설정방안

㉥ 개발기본계획 시 주민 등의 의견수렴을 위한 방안

(4) 전략환경영향평가서 초안

① 전략환경영향평가서 초안의 작성

전략환경영향평가의 대상계획은 정책계획과 개발기본계획이 있는데, 전략환경영향평가서 초안은 개발기본계획에만 해당된다. 따라서 개발기본계획을 수립하는 행정기관의 장은 결정된 전략환경영향평가의 항목, 범위와 방법에 맞추어 평가서 초안을 작성한 후 주민 등의 의견을 수렴해서 환경부장관, 승인기관의 장, 시・도지사, 시장・군수・구청장 등에게 제출한 뒤 의견을 들어야 한다.

㉠ 평가서 초안 작성 시 포함사항

ⓐ 요약문

ⓑ 개발기본계획 개요

ⓒ 개발기본계획과 입지에 대한 대안

ⓓ 전략환경영향평가 대상지역

ⓔ 개발기본계획 적정성

ⓕ 입지 타당성

ⓖ 환경영향평가심의회 심의내용

ⓗ 주민 등의 제출의견에 대한 검토내용

ㄴ 평가서 초안을 제출하는 관계 행정기관의 장

ⓐ 유역환경청장이나 지방환경청장(이하 '지방환경관서의 장'이라 한다)

ⓑ 관할 특별시장 · 광역시장 · 도지사 · 특별자치도지사

ⓒ 관할 시장 · 군수 · 구청장

ㄷ 평가서 초안의 공고와 공람내용

ⓐ 개발기본계획 개요

ⓔ 전략환경영향평가서 초안에 대한 공람기간과 장소

ⓒ 전략환경영향평가서 초안에 대한 공청회 개최여부 등의 의견에 대한 제출시기와 방법

ㄹ 평가서 초안의 설명회와 공청회

전략환경영향평가의 개발기본계획을 수립하려는 행정기관의 장이 전략환경영향평가서 초안을 제출한 날부터 10일 이내에 일간신문과 지역신문에 1회 이상 공고해서 30일에서 40일 동안 대상지역주민 등이 전략환경영향평가서 초안을 공람한 후 주민이 요구하면 설명회와 공청회를 개최한다. 설명회는 평가서 초안의 공람기간에 실시하며, 설명회 개최실시일 7일 전까지 일간신문과 지역신문에 개발기본계획의 사업개요, 설명회 일시와 장소 등을 1회 이상 공고한다. 그리고 공청회는 주민 30명 이상 또는 주민 5명 이상에 평가서 초안 의견제출 주민수가 총 주민수의 50% 이상일 경우에 개최한다.

공청회는 평가서 초안의 공람기간이 끝난 후 개최하며, 개최하기 14일 전에 일간신문과 지역신문에 개발기본계획 개요, 공청회의 일시와 장소, 원활한 공청회운영사항을 1회 이상 공고해야 한다. 공청회의 주재자는 전략환경영향평가의 개발기본계획을 수립하려는 행정기관의 장이 해당 개발기본계획이나 환경영향평가 등에 관련된 학식과 경험이 풍부한 사람 중에서 선정하고, 의견진술자는 평가대상 지역주민 중에서 추천해 행정기관의 장에게 공청회 개최일 7일

전까지 제출해야 한다.

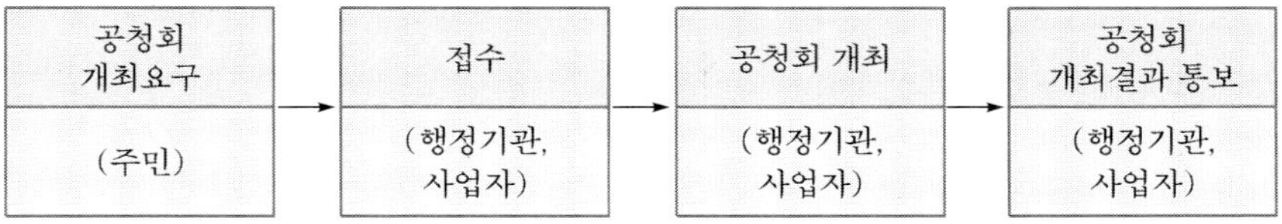

그림 7.3 공청회 처리절차

(5) 전략환경영향평가서 작성

전략환경영향평가 대상계획을 수립하는 행정기관의 장은 전략환경영향평가서를 작성해서 승인기관의 장에게 제출한 뒤 검토를 받아야 한다.

① 전략환경영향평가서의 포함사항

㉠ 전략환경영향평가의 항목, 범위, 방법의 결정 · 조치내용

㉡ 주민 등의 의견검토내용

㉢ 정책계획

㉣ 전략환경영향평가서 초안(개발기본계획)에 대한 주민, 관계행정기관의 의견과 이에 대한 반영여부

㉤ 부록은 전략환경영향평가의 인용문헌, 참고자료, 참여자 인적사항과 용어해설 등

② 전략환경영향평가서의 검토사항

㉠ 협의 대상여부 등의 형식적인 요건

㉡ 주민 등의 의견수렴절차 이행과 주민의견 반영

㉢ 전략환경영향평가서 내용의 타당성 여부

③ 전략환경영향평가의 재협의 대상시설

개발기본계획을 수립하는 행정기관의 장은 협의한 개발기본계획을 변경하는 경우 다음 중 하나에 해당하는 경우에 전략환경영향평가를 다시 하여야 한다.

㉠ 협의내용에 반영된 규모보다 30% 이상 증가할 경우

㉡ 통보된 협의내용에서 원형대로 보전하거나 제외하도록 한 지역의 10% 이상의 토지이용계획을 변경한 경우로서 변경면적이 1만m^2 이상일 경우

㉢ 녹지지역을 제외한 도시지역에서의 국토계획의 경우에는 6만m^2 이상, 도시지역 외에서는 1만m^2 이상이다.

(6) 환경영향평가

환경영향평가는 환경에 영향을 미치는 실시계획, 시행계획 등의 허가, 인가, 승인, 면허나 결정 등을 할 때에 해당사업이 환경에 미치는 영향을 미리 조사, 예측과 평가해 해로운 환경영향을 피하거나 제거, 감소시킬 수 있는 방안을 마련하는 것이다.

① 환경영향평가 대상사업

- ㉠ 도시개발사업
- ㉡ 산업입지와 산업단지의 조성사업
- ㉢ 에너지개발사업
- ㉣ 항만건설사업
- ㉤ 도로건설사업
- ㉥ 수자원개발사업
- ㉦ 도시철도를 포함한 철도건설사업
- ㉧ 공항건설사업
- ㉨ 하천의 이용과 개발사업
- ㉩ 개간과 공유수면 매립사업

그림 7.4 친화적 도시개발

- ㉪ 관광단지개발사업
- ㉫ 산지개발사업
- ㉬ 특정지역개발사업
- ㉭ 체육시설 설치사업
- ㉮ 폐기물처리시설 설치사업
- ㉯ 국방·군사시설 설치사업
- ㉰ 토석, 모래, 자갈, 광물 등의 채취사업
- ㉱ 대통령령으로 정하는 시설로서 환경에 영향을 미치는 시설 설치사업

그림 7.5 백제 설봉산성 북문지

② 환경영향평가 대상사업의 종류별 규모

㉠ 도시개발사업

ⓐ 도시개발사업 중 사업면적 25만m^2 이상

ⓑ 주거환경개선사업을 제외한 도시정비사업 중 사업면적 30만m^2 이상

ⓒ 도시와 군의 계획시설사업 중 운하, 유통업무설비 사업면적 20만m^2 이상, 주차장시설 20만m^2 이상과 시장 15만m^2 이상

ⓓ 주택건설사업 또는 대지조성사업 중 사업면적 30만m^2 이상

ⓔ 택지조성사업 또는 보금자리주택지구 조성사업 중 사업면적 30만m^2 이상

ⓕ 공동집배송센터 조성사업이 20만m^2 이상

ⓖ 여객자동차터미널 설치공사사업이 20만m^2 이상

ⓗ 물류터미널 개발사업이나 물류단지 개발사업이 20만㎡ 이상

ⓘ 학교설치공사가 30만m^2 이상

ⓙ 공공 또는 개인 하수처리시설 설치공사 중 처리능력이 1일 10만m^3 이상

ⓚ 생활환경정비사업 중 마을정비구역의 조성사업면적 20만m^2 이상

ⓛ 혁신도시 개발사업 중 사업면적 25만m^2 이상

ⓜ 역세권개발사업 중 사업면적 25만m^2 이상

㉡ 산업입지와 산업단지의 조성사업

ⓐ 산업단지 개발사업이 15만m^2 이상

ⓑ 중소기업진흥을 위한 단지조성사업이 15만m^2 이상

ⓒ 자유무역지역 지정시는 15만m^2 이상(단, 환경영향평가 협의를 한 산업단지, 공항 및 그 배후지, 유통단지, 화물터미널, 항만 및 그 배후지에 자유무역지역을 지정하는 경우는 제외함)

ⓓ 산업집적활성화를 위한 공장설립시는 15만m^2 이상(단, 환경영향평가 협의를 한 공장용지에 공장을 설립하는 경우는 제외함)

ⓔ 도시개발사업 중 공업용지조성사업이 15만m^2 이상

ⓕ 산업기술단지조성사업이 15만m^2 이상

ⓖ 연구개발특구조성사업이 15만m^2 이상

㉢ 에너지개발사업

ⓐ 해저광업개발사업 중 에너지개발을 목적으로 하는 사업

ⓑ 에너지개발을 목적으로 하는 광업 중 채광면적 30만m^2 이상의 사업

ⓒ 전원개발사업 중 발전시설용량이 1만kW 이상의 발전소, 765kV 이상의 옥외변전소, 345kV 이상의 지상 송전선로이면서 선로길이가 10km 이상, 그리고 조성면적이 30만m^2 이상의 재(ash) 처리장과 5만m^2 이상의 저탄장 설치사업

ⓓ 전기설비 중 발전시설용량이 1만kW 이상의 발전소, 765kV 이상의 옥외변전소, 345kV 이상의 지상 송전선로이면서 선로길이가 10km 이상, 그리고 조성면적이 30만m^2 이상의 재 처리장과 5만m^2 이상의 저탄장설치사업

ⓔ 송유관 중 저유시설 설치 시 저장용량이 10만kℓ 이상의 공사

ⓕ 석유정제업자, 석유수출업자, 석유판매업자의 저유시설이나 석유비축시설 설치공사 시 저장용량이 10만kℓ 이상의 공사(단, 환경영향평가 협의를 한 공장용지에 설치하는 시설은 제외)

ⓖ 가스사업 설치 시 저장시설용량이 10만kℓ 이상의 공사(단, 환경영향평가 협의를 한 공장용지에 설치하는 시설은 제외)

㉣ 항만건설사업

ⓐ 어항시설건설사업과 어항개발사업 중에서 길이 300m 이상이나 공유수면 3만m^2 이상의 매립이 수반되는 외곽시설, 공유수면 3만m^2 이상의 매립이 수반되는 계류시설과 사업면적 15만 m^2 이상이나 공유수면 3만m^2 이상의 매립이 수반되는 어항시설과 항만시설, 신항만건설사업

ⓑ 신항만 준설사업 중 준설사업 중 준설면적이 10만m^2 이상이거나 준설량이 20만m^3 이상 준설

ⓒ 항만재개발사업면적 30만m^2 이상의 항만재개발건설사업 중 외곽시설로서 길이 300m 이상이거나 공유수면 3만m^2 이상의 매립이 수반되는 것, 계류시설로서 공유수면 3만m^2 이상 매립이 수반되는 것, 기타 항만시설로 조성면적 15만m^2 이상 또는 35만m^2건 이상의 공유수면 매립이 수반되는 것

㉤ 도로건설사업

ⓐ 도로건설사업 중 4km 이상의 신설도로, 2차로 이상 10km 이상의 도로확장, 그리고 도로의 신설과 확장을 동시에 실시하거나 도시와 비도시지역에서의 산출식 합계가 1이상의 건설사업

- 신설과 확장의 동시 도로건설 시 계산식

$$\frac{\text{신설구간 길이합계}}{4\text{km}} + \frac{\text{확장구간 길이합계}}{10\text{km}}$$

- 도시와 비도시의 동시 도로건설 시 계산식

$$\frac{\text{도시구간 길이합계}}{4\text{km}} + \frac{\text{비도시구간 길이합계}}{4\text{km}}$$

㉥ 수자원개발사업

ⓐ 댐설치공사로 만수면적 200만m^2 이상이거나 총저수용량 2,000만m^3 이상의 건설공사

ⓑ 하천시설 중 하구언 설치공사로 만수면적 200만m^2 이상이거나 총저수용량 2,000만m^3 이상

ⓒ 농업생산기반시설 중 만수면적 200만m^2 이상이거나 총저수용량 2,000만m^3 이상인 저수지, 보, 웅덩이 등의 조성사업

㉦ 도시철도를 포함한 철도건설사업

ⓐ 철도 또는 고속철도의 길이가 4km 이상이거나 철도시설면적 10만m^2 이상인 건설사업

ⓑ 전용궤도사업의 삭도길이 2km 이상, 삭도제외한 궤도길이 4km 이상과 궤도시설 면적(부지 포함) 10만m^2 이상의 건설사업

㉧ 공항건설사업

공항개발사업 중 비행장 신설, 길이 500m 이상 활주로건설과 공항개발 사업면적 20만m^2 이상의 사업

㉧ 하천의 이용과 개발사업

하천공사구간이 하천중심 길이로 10km 이상인 하천구역과 홍수관리구역의 사업

㉨ 개간과 공유수면매립사업

무역항, 연안항, 신항만과 자연보전지역에서의 면적 3만m^2 이상과 그 밖의 지역에서는 30만m^2 이상의 매립사업이며, 개간・간척면적은 100만m^2 이상 사업

㉩ 관광단지개발사업

ⓐ 관광사업, 관광단지와 관광단지 조성사업, 온천원보호지구의 면적이 각각 30만m^2 이상의 개발

ⓑ 공원사업, 도・시・군 계획사업 중 유원지설치와 공원시설의 면적이 각각 10만m^2 이상의 개발

㉪ 산지개발사업

ⓐ 산지에서 시행되는 묘지와 봉안시설이 25만m^2 이상의 사업, 초지조성면적 30만m^2 이상과 산지전용허가면적 20만m^2 이상의 사업

ⓑ 산림의 임도설치가 총노선길이 8km 이상이거나 자연환경보전법상 1등급 권역에서의 임도설치사업

㉫ 특정지역개발사업

ⓐ 상기의 도시개발지역에서 산지개발사업까지의 환경영향평가 대상사업 범위에 해당하는 사업 중 지역균형개발 및 지방중소기업육성에 따른 시행사업

ⓑ 지역종합개발사업 면적이 20만m^2 이상의 사업

ⓒ 주한미군시설사업, 국제화계획지구 개발사업, 평택시개발사업, 행정중심복합도시 건설사업, 경제자유구역개발의 개별사업, 기업도시개발사업, 신공항건설사업과 친수구역조성사업

㉬ 체육시설 설치사업

ⓐ 사업면적이 25만m^2 이상의 체육시설, 경륜과 경정시설 설치사업

ⓑ 사업면적이 30만m^2 이상의 청소년수련시설, 청소년수련지구 조성사업과 경마장의 설치사업

ⓒ 사업면적이 25만m^2 이상의 경마장 설치사업

㉮ 폐기물처리시설, 분뇨처리시설과 가축분뇨처리시설 설치사업

ⓐ 폐기물 최종처분시설 중 매립시설 조성면적이 30만m^2 이상이거나 매립용

적 330만m^3 이상, 지정폐기물처리시설 조성면적이 5만m^2 이상이거나 매립 용적 25만m^3 이상, 중간처분시설 중 처리능력이 1일 100ton 이상인 소각시설

ⓑ 1일 100m^3 이상의 분뇨처리시설과 가축분뇨처리시설(단, 공공하수처리시설에 분뇨나 가축분뇨를 유입처리 시는 제외)

㉯ 국방 · 군사시설 설치사업

ⓐ 국방과 군사시설 사업면적이 33만m^2 이상이고, 골프장을 포함하는 체육시설면적이 25만m^2 이상

ⓑ 해군기지 제외한 군사기지 중 비행장신설, 길이 500m 이상의 활주로 건설, 기타 사업면적 20만m^2 이상의 시설

ⓒ 해군기지 내 사업으로서 사업면적 15만m^2 이상이거나 3만m^2 이상의 공유수면 매립이 수반되는 것

㉰ 토석, 모래, 자갈, 광물 등의 채취사업

ⓐ 하천구역과 홍수관리구역에서 모래, 암석, 토석, 자갈과 광물을 채취하는 사업으로서 2만m^2 이상의 상수원보호구역과 상수원보호구역에서 상류방향으로 유수거리 5km 이내 지역에서 5만m^2 이상의 사업

ⓑ 산지에서 토석, 광물을 채취하는 면적 10만m^2 이상이거나 채석단지 지정, 해안선과 해안으로부터 육지쪽으로 1km 이내 지역과 바다쪽으로 10km 이내의 지역에서 광물을 채취하는 사업 중 강원도와 경상북도일 경우 2만m^2 이상이고, 그 밖의 지역은 3만m^2 이상

ⓒ 골재채취예정지와 광구 단위구역당 골재채취 면적이 각각 25만m^2 이상이거나 채취량이 50만m^3 이상, 그리고 골재채취단지 지정

2. 환경영향평가 평가준비서

사업자는 승인 등을 받지 않아도 되면 환경영향평가를 실시하기 전에 평가준비서를 작성해 대통령령으로 정한 30일 내에 환경영향평가협의회 심의를 거쳐서 환경영향평가의 항목, 범위와 방법을 결정해야 한다.

그림 7.6 아름다운 자연환경

(1) 환경영향평가 평가준비서 작성

환경영향평가협의회의 심의내용으로 환경영향평가 대상지역, 환경보전방안 대안, 평가항목・범위・방법 등을 결정해 주도록 요청한다. 그리고 승인 등을 받아야 하는 사업자는 환경영향평가를 실시하기 전에 환경영향평가 평가준비서를 작성해 환경부장관인 승인기관장에게 환경영향평가의 항목, 범위와 방법 등을 결정해 줄 것을 요청해야 한다.

(2) 환경부장관이 환경영향평가의 항목, 범위와 방법 등의 결정 시 고려사항

① 전략환경영향평가의 개발기본계획 시 평가항목
② 해당지역과 주변지역의 입지여건
③ 토지이용상황
④ 사업성격
⑤ 환경특성
⑥ 환경・생태적으로 가치가 큰 지역의 계절적인 특성변화

(3) 환경영향평가 평가준비서 작성 시 포함사항

① 환경영향평가 대상사업의 목적과 개요
② 환경영향평가 대상지역의 설정

③ 토지이용계획안

④ 지역개황

⑤ 평가항목, 범위와 방법의 설정방안

⑥ 약식 평가절차 해당여부

⑦ 주민 등의 의견수렴을 위한 방안

⑧ 전략환경영향평가의 협의내용과 반영여부

(4) 환경영향평가서 초안 작성 시 포함사항(주민의견 수렴 시 필요)

① 요약문

② 사업개요

③ 환경영향평가 대상사업의 시행에 따른 평가항목별 영향을 받게 되는 지역의 범위와 주변지역의 환경현황

④ 전략환경영향평가의 협의를 거친 경우에 그 협의내용 반영여부

⑤ 환경영향평가의 항목, 범위와 방법에 대한 결정・조치내용

⑥ 환경영향평가의 항목별 조사, 예측과 평가의 결과, 환경보전을 위한 조치, 불가피한 환경영향과 그에 대한 대책, 대안의 설정과 평가, 종합평가와 결론, 사후 환경영향조사계획

3. 사후 환경영향조사

사업자는 사업계획 등을 시행할 때에 사업계획 등에 반영된 협의내용을 이행하고, 그것을 관리대장에 기록해 공장현장에 비치해야 한다.

(1) 관리책임자 자격기준

① 사업자는 협의내용이 적정하게 이행되었는지를 관리하기 위해서 협의내용 관리책임자를 지정해 환경부장관, 승인기관장에게 공사시작일로부터 20일 이내에 통보해야 한다.

② 관리책임자의 자격기준은 환경영향평가법 시행규칙 제17조로 정하며, 국가기술자격법 제2조 제3호에 따른 국가기술자격 환경영향평가사 자격을 취득한 사람 등이어야 한다. 이때 환경영향평가사는 환경영향평가서, 전략환경영향평가서 등의 작성에 관한 업무를 수행하는 사람으로서 환경보전과 국토개발이 친환경적인 조화

와 균형을 이루는 지속가능한 발전이 되도록 해야 한다.

㉠ 환경영향평가사의 자격

환경영향평가사는 환경현황조사, 환경영향예측과 분석, 환경보전방안의 설정과 대안평가 등을 통해 전략환경영향평가서, 환경영향평가서, 소규모환경영향평가서의 작성 등에 관한 업무를 수행하여야 한다. 환경부는 2019년 12월 31일까지 환경영향평가사 대신 환경공학, 환경학, 도시계획학 등의 박사학위 취득 후 4년 이상 또는 석사학위 취득 후 7년 이상 환경영향평가실무를 수행한 자와 환경분야 기술사자격소지자, 환경분야 기사자격 취득 후 7년 이상 환경영향평가실무를 수행한 자로 대체시킬 수 있지만 2020년부터는 환경영향평가업의 총괄기술인력은 환경영향평가사만 인정한다.

㉡ 환경영향평가사의 준수사항

환경영향평가사는 환경부장관이 실시하는 자격시험(필기, 면접)에 합격해 자격증을 소유하고, 환경영향평가의 기본원칙에 따라 업무를 공정하게 수행하여야 하며, 환경부장관으로부터 발급받은 환경영향평가사 자격증을 다른 사람에게 빌려주거나 다른 사람에게 자기 이름으로 환경영향평가사의 업무를 하게 하여서는 안 된다.

환경영향평가사가 부정한 방법으로 환경영향평가사 자격을 취득했거나 최근 1년 이내에 2회 이상 자격정지처분을 받고 다시 자격정지처분에 해당할 경우, 그리고 고의나 중대한 과실로 환경영향평가서 등을 거짓 또는 부실하게 작성하면 환경부장관이 그 자격을 취소하거나 3년 범위에서 자격을 정지시킬 수 있다.

㉢ 환경영향평가사의 응시자격과 시험과목

응시자격기준에 대하여 알아보면, 환경영향평가사는 국가기술자격의 직무분야 중 환경・에너지분야인 환경분야의 기술사 자격을 취득한 사람이나 환경분야 기사 자격을 취득한 후 환경분야에서 4년 이상 실무에 종사한 사람, 그리고 환경분야 산업기사 자격을 취득한 후 환경분야에서 5년 이상 실무에 종사한 자이어야 응시할 수 있다. 또한 환경관련학과 대학졸업자로서 환경분야에서 6년 이상 실무에 종사한 자나 환경관련학과가 아닌 대학졸업자로서 환경분야에서 7년 이상 실무에 종사한 자는 응시할 수 있다. 9급 이상 공무원으로서 환경분야 업무를 5년 이상, 5급 이상의 공무원은 3년 이상 수행했으면 응시할 수 있고, 상기 조건을 갖추지 않아도 9년 이상 환경실무업무에 종사한 사람이면 응시할 수 있다.

환경영향평가의 검정기준과 방법을 알아보면, 환경영향평가사는 다음의 지식과 능력을 습득하였는지를 확인하기에 적합하도록 출제하여야 한다.

ⓐ 환경영향평가와 관련제도에 관한 전문적인 지식

ⓑ 각종 행정계획과 개발사업에 대한 입지와 계획의 환경적인 적정성에 대한 판단능력

ⓒ 각 단계별 환경영향평가의 종합적인 조정능력

ⓓ 각 평가항목 간의 종합적인 조정능력

표 7-2 환경영향평가사 시험과목(환경영향평가법 시행규칙 제72조)

시험 과목	환경정책	국토환경계획	환경영향평가제도	EIA 실무
시험 범위	1. 환경정책일반 2. 국가환경정책 3. 지역환경정책	1. 환경계획일반 2. 국토계획 3. 환경보전계획	1. 환경영향평가제도 일반 2. 사후 환경관리 3. 공중참여	1. EIA계획 수립 2. 평가항목과 범위 설정 3. 항목별 평가기법, 계획평가 4. 사업평가, 대안평가, 종합평가

㉣ 대체 관리책임자의 선임

하지만 관리책임자를 지정하기가 곤란하거나 협의내용을 효율적으로 관리하기 위해 환경영향평가업자, 환경컨설팅회사와 감리전문회사에 관리를 대행하게 할 수 있다.

(2) 사후 환경영향조사의 시행

사업자는 해당사업을 착공한 후에 그 사업이 주변환경에 미치는 영향을 조사해서 그 결과를 환경부장관, 승인기관의 장에게 통보해야 한다. 이때 사후 환경영향조사항목은 환경정책기본법상 환경기준 설정항목과 환경영향평가서의 협의내용을 통보할 때 협의기관장이 제시하는 사후 환경영향조사항목이다. 또한 사후 조사결과는 조사기간이 끝난 날부터 60일 이내에 통보하고, 조사기간이 1년 이상이면 연도별 조사결과 다음 해 2월까지 통보해야 한다.

(3) 사후 환경영향조사 대상사업별 조사기간

① 도시개발사업

조사기간은 착공 시부터 사업준공 후 3년까지에 해당되는 사업이 도시개발사업, 도시정비사업, 주택건설사업 및 대지조성사업, 택지개발사업 및 보금자리주택지구 조성사업, 공동집배송센터 조성사업, 여객자동차터미널 설치공사, 물류터미널 및 물류단지개발사업, 공공하수처리시설 및 개인하수처리시설의 설치공사, 마을정비구역 조성사업, 혁신도시개발사업, 역세권개발사업이며, 그리고 운하는 5년까지에 해당되고, 유통업무설비, 시장 및 주차장시설, 학교설치공사는 사업 착공 시부터 사업준공 시까지이다.

② 산업입지와 산업단지 조성사업

조사기간은 대상사업 착공 시부터 사업준공 시까지와 사업준공 후 입주율이 70%에 도달한 다음 해부터 3년간에 해당되며, 사업준공 후 7년이 되어도 입주율이 70%가 넘지 않으면 7년이 되는 해에만 사후 환경영향조사를 실시한다.

③ 에너지개발사업

조사기간이 사업착공 시부터 채광완료 후 3년까지에 해당하는 사업은 에너지개발을 목적으로 하는 해저광업과 지상광업개발사업, 조사기간이 사업착공 시부터 사업종료 후 3년까지는 재(ash)처리장, 저탄장, 송유관 중 저유시설 설치공사, 저유시설과 석유비축시설 설치공사사업이다. 또한 조사기간이 사업착공 시부터 사업준공 후 5년까지는 발전소건설 시 해당되고, 조사기간이 사업착공 시부터 사업준공 시까지는 지상 송전선로, 옥외 변전소건설 시 해당된다.

④ 항만건설사업

조사기간이 사업착공 시부터 사업준공 후 5년까지는 항만의 외곽시설, 계류시설, 어항시설, 공유수면 3만m^2 이상의 매립이 수반되는 건설에 해당되고, 조사기간이 사업착공 시부터 준설완료 후 5년까지는 항만준설사업에 해당되며, 조사기간이 사업착공 시부터 사업준공 후 3년까지는 항만재개발사업이 해당된다. 그리고 조사기간이 사업착공 시부터 사업준공 시까지는 항만의 어항시설과 항만시설로서 공유수면 3만m^2 이상의 매립이 수반되지 않는 사업 시 해당된다.

⑤ 도로건설사업

조사기간이 사업착공 시부터 사업준공 후 3년까지이다.

⑥ 수자원개발사업

조사기간이 사업착공 시부터 사업준공 후 5년까지이다.

⑦ 철도건설사업

조사기간이 사업착공 시부터 사업준공 후 3년까지는 철도건설 대상사업 시 해당된다.

⑧ 공항건설사업

조사기간이 사업착공 시부터 사업준공 후 5년까지는 비행장건설 시 해당되며, 조사기간이 사업착공 시부터 사업준공 시까지는 공항활주로건설, 공항개발사업에 해당된다.

⑨ 하천의 이용과 개발사업

조사기간이 사업착공 시부터 사업준공 후 3년까지는 하천공사 시 해당된다.

⑩ 개간과 공유수면 매립사업

조사기간이 사업착공 시부터 사업준공 후 5년까지이다.

⑪ 관광단지개발사업

조사기간이 사업착공 시부터 사업준공 후 3년까지는 관광단지개발사업 시 해당되고, 조사기간이 사업착공 시부터 사업준공 후 5년까지는 관광지 및 관광단지조성사업과 온천개발사업에, 조사기간이 사업착공 시부터 사업준공 시까지는 공원사업, 도시・군 계획사업 중 유원지 내 시설 설치사업, 공원시설설치사업에 해당된다.

⑫ 산지개발사업

조사기간이 사업착공 시부터 사업준공 시까지 묘지와 봉안시설의 설치사업, 초지조성, 산지전용허가, 임도설치사업 등이 해당된다.

⑬ 특정지역개발사업

조사기간이 사업착공 시부터 사업준공 후 3년까지는 지역종합개발사업, 주한미군시설사업과 국제계획지구의 개발사업 및 평택시개발사업, 행정중심복합도시 건설사업, 경제자유구역 개발사업, 기업도시개발사업, 친수구역조성사업이 해당되며, 지역균형개발과 지방중소기업육성에 관한 법률에 따라 시행되는 사업은 모든 해당 개발사업의 조사기간을 준용해야 한다. 그리고 조사기간이 사업 착공 시부터 사업 준공 후 5년까지는 신공항 건설사업이 해당된다.

⑭ 체육시설 설치사업

조사기간이 사업착공 시부터 사업준공 후 3년까지는 체육시설설치공사와 경마장

설치사업이 해당되며, 조사기간이 사업착공 시부터 사업준공 시까지는 경륜과 경정의 시설설치사업, 청소년수련시설 설치사업, 청소년수련지구 조성사업이다.

그림 7.7 골프장개발(하와이)

⑮ 폐기물처리시설, 분뇨처리시설과 가축분뇨처리시설의 설치사업

조사기간이 사업착공 시부터 사업준공 후 5년까지는 폐기물 최종처리시설 중 매립시설과 중간처리시설 중 소각시설의 설치사업이 해당되며, 조사기간이 사업착공 시부터 사업준공 시까지는 분뇨처리시설과 가축분뇨처리시설의 설치사업이다.

⑯ 국방 · 군사시설 설치사업

조사기간이 사업착공 시부터 사업준공 시까지는 국방 · 군사시설사업과 해군기지 내 시행사업, 활주로건설이 해당되며, 사업준공 후 5년까지는 비행장설치사업이다.

⑰ 토석, 모래, 자갈, 광물 등의 채취사업

조사기간이 사업착공 시부터 채취완료 후 3년까지는 하천에서의 토석 · 암석 · 모래 · 자갈 · 광물의 채취사업, 산지에서의 토석 · 광물 채취사업, 채석단지지정, 해안에서의 광물 · 골재채취사업, 골재채취단지 지정에 해당된다. 그리고 사업착공 시부터 골재채취종료 시까지는 골재채취예정지 지정에 해당된다.

(4) 시 · 도의 조례에 따른 환경영향평가 등

시 · 도는 특별시, 광역시, 도, 특별자치도와 인구 50만 명 이상의 시를 말한다. 따라서 시 · 도는 환경영향평가 대상사업의 종류와 범위에 해당되지 않는 사업 중 지역특성을 고려해 환경영향평가를 실시할 필요가 있으면 해당 시 · 도의 조례로 정해 사업시행자에게 환경영향평가를 실시하도록 할 수 있다. 다만, 인구 50만 이상 시의 경우 그 지역을 관할하는 도가 환경영향평가의 실시에 관한 조례를 정하지 아니한 경우에만 해당 시의 조례로 정하는 바에 따라 환경영향평가를 실시할 수 있다.

환경영향평가의 대상사업 범위는 환경영향평가법상 대상사업 규모의 50%에서 100%인 사업장이 해당되며, 50% 미만의 사업규모이거나 대상사업 외의 사업일지라도 시·도지사가 미리 환경부장관과 협의한 범위의 사업이 해당된다.

(5) 환경영향 재평가 요청

환경부장관은 해당사업을 착공한 후에 환경영향평가협의 당시에 예상하지 못한 사정이 발생해 주변환경에 중대한 영향을 미치는 경우 공사중지 조치나 필요한 조치명령으로는 환경보전방안을 마련하기가 곤란하면 승인기관장의 협의를 거쳐 한국환경정책평가연구원장과 관계전문기관장에게 재평가를 요청할 수 있다. 환경영향 재평가 요청을 받은 한국환경정책평가연구원장이나 관계전문기관장은 해당 사업계획 등에 대해 재평가를 실시하여 그 결과를 환경부장관과 승인기관장에게 1년 이내에 통보해야 한다.

승인기관장은 승인 등을 받아야 하는 사업자가 협의내용을 이행하지 않은 때에는 조치명령을 내릴 수 있다. 그리고 조치명령을 이행하지 않아서 해당사업이 환경에 중대한 영향을 미친다고 판단하는 경우에는 그 사업의 전부나 일부에 대한 공사중지 명령을 할 수 있다. 승인기관장은 조치·공사중지 명령을 사업자에게 내렸을 때에는 지체없이 그 내용을 환경부장관에게 통보하고, 환경부장관은 협의기준의 준수여부와 협의내용의 이행여부를 확인해야 한다.

7.3 소규모 환경영향평가

1. 소규모 환경영향평가 대상사업

소규모 환경영향평가(Small Environmental Impact Assessment, SEIA)는 환경보전이 필요한 지역이나 난개발이 우려되어 계획적인 개발이 필요한 지역에서 개발사업을 시행할 때에 환경영향평가 대상사업의 종류 및 범위에 해당하지 아니하는 개발사업으로서 입지의 타당성과 환경에 미치는 영향을 미리 조사, 예측, 평가해서 환경보전방안을 마련하는 것이다.

그림 7.8 민속촌(제주)

(1) 사업자가 소규모 환경영향평가를 실시할 대상사업

① 환경보전이 필요한 지역이나 난개발이 우려되어 환경보전을 고려한 계획적인 개발이 필요한 지역으로 환경보전용도지역에서 시행되는 개발사업

② 환경영향평가 대상사업의 종류와 범위에 해당되지 않아도 대통령령으로 정한 개발사업

(2) 소규모 환경영향평가의 대상 제외사업

① 재난 및 안전관리기본법상 응급조치를 위한 사업

② 국방장관이 군사상 고도의 기밀보호가 필요하거나 군사작전의 긴급수행을 위해서 필요하다고 인정해 환경부장관과 협의한 개발사업

③ 국가정보원장이 국가안보를 위해 고도의 기밀보호가 필요하다고 인정해서 환경부장관과 협의한 개발사업

(3) 소규모 환경영향평가서 작성내용

① 사업개요

② 지역개황

③ 환경영향평가 대상사업의 지역범위와 대상지역의 주변지역에 대한 토지이용 현황

④ 환경현황(자연생태환경, 생활환경 및 사회・경제환경)

⑤ 입지의 타당성(전략환경영향평가 협의를 거친 경우는 제외)

⑥ 환경에 미치는 영향의 조사, 예측, 평가 및 환경보전방안

⑦ 부록으로 소규모 환경영향평가에 인용한 문헌과 참고자료, 참여한 사람의 인적사항, 용어해설 등

2. 소규모 환경영향평가 대상사업별 범위와 규모

(1) 국토의 계획 및 이용에 관한 법률에 의한 적용지역

국토사업계획면적이 보전관리지역 5,000m^2 이상, 생산관리지역 7,500m^2 이상과 계획관리지역 1만m^2 이상이며, 농림지역 7,500m^2 이상과 자연환경보전지역 5,000m^2 이상에 해당된다.

(2) 개발제한구역의 지정 및 관리에 관한 특별조치법에 의한 적용지역

개발제한구역의 사업계획면적이 5,000m^2 이상에 해당된다.

(3) 자연환경보전법과 야생생물보호 및 관리에 관한 법률에 의한 적용지역

생태·경관보전지역의 사업계획면적이 생태·경관핵심보전구역 5,000m^2 이상, 생태·경관완충보전구역 7,500m^2 이상, 생태·경관전이보전구역 1만m^2 이상일 때에 해당된다. 그리고 자연유보지역은 5,000m^2 이상이며, 야생생물특별보호구역 및 야생생물보호구역은 5,000m^2 이상에 해당된다.

(4) 산지관리법에 의한 적용지역

공익용 산지계획면적이 1만m^2 이상인 경우, 공익용 산지 외의 산지인 경우 사업계획면적 3만m^2 이상인 경우

(5) 자연공원법에 의한 적용지역

공원자연보존지구 사업계획면적이 5,000m^2 이상, 공원자연환경지구 및 공원문화유산지구는 7,500m^2 이상에 해당된다.

(6) 습지보전법에 의한 적용지역

습지보호지역 사업계획면적이 5,000m^2 이상, 습지주변관리지역 7,500m^2 이상과 습지개선지역 7,500m^2 이상에 해당된다.

(7) 수도법, 하천법, 소하천정비법과 지하수법에 의한 적용지역

광역상수도가 설치된 호소경계면으로부터 상류로 1km 이내의 지역사업계획면적 7,500m^2(공동주택일 경우 5,000m^2) 이상과 하천구역은 1만m^2 이상이 해당된다. 또한 소하천구역도 7,500m^2 이상과 지하수보전구역은 5,000m^2 이상이 해당된다.

(8) 초지법에 의한 적용지역

초지조성허가신청의 사업계획면적이 3만m^2 이상에 해당된다.

(9) 그 밖의 개발사업

사업계획면적이 상기 적용지역 규정에 따른 최초 소규모 환경영향평가 대상면적의 60% 이상 개발사업 중 환경오염, 자연환경훼손 등으로 지역균형발전과 생활환경이 파괴될 우려가 있는 사업일 경우에 시·도나 시·군·구의 조례로 정하는 사업과 관계행정기관장이 미리 시·도나 시·군·구 환경보전자문위원회 의견을 들어서 소규모 환경영향평가가 필요하다고 인정하는 사업이 해당된다.

그림 7.9 평창동계올림픽경기장 건설현장

7.4 환경영향평가 등에 관한 특례 및 환경영향평가의 대행

사업자는 전략환경영향평가의 개발기본계획과 환경영향평가의 대상사업에 대한 계획을 통합해서 수립할 때에는 전략환경영향평가와 환경영향평가를 모두 검토하고 둘 중 하나만 실시할 수 있다. 또한 전략환경영향평가 대상계획에 대한 협의시기와 환경영향평가 대상사업에 대한 협의시기가 같은 경우에는 환경영향평가만 실시할 수 있다.

1. 환경영향평가의 협의절차 특례

사업자는 환경영향평가의 대상사업 중 환경에 미치는 영향이 적은 사업 중 대통령령으로 정하는 사업일 경우에 약식평가서를 작성해서 주민의견 수렴과 협의요청을 동시에 실시할 수 있다.

(1) 약식평가의 대상사업 범위

환경영향평가의 대상사업 규모의 200% 이하인 사업으로서 환경에 미치는 영향이 크지 아니한 사업이거나 사업지역에 환경적으로나 생태적으로 보전가치가 높은 생태·자연도 1등급 권역, 습지보호지역과 습지주변관리지역, 자연공원, 야생생물 특별보호구역과 야생생물보호구역, 문화재보호구역, 한강·영산강·섬진강·낙동강·금강수계 수변구역 중 어느 하나가 포함되지 않는 사업일 경우이다.

(2) 약식평가서의 작성내용

약식평가서는 환경영향평가의 항목, 범위, 방법과 평가 등의 결정과 조치내용, 그리고 요약문, 사업개요, 대상사업 시행에 따른 평가항목별로 영향받은 지역범위와 그 주변지역 환경현황, 전략환경영향평가항목 등의 결정내용과 그 조치내용, 환경영향평가의 결과 등이다. 일반적으로 약식평가사업 결정의 심의기간은 환경영향평가 대상사업계획을 수립한 날로부터 환경영향평가서 초안 작성절차를 완료하기 전까지이다.

따라서 승인받지 않아도 되는 사업자는 환경영향평가의 항목 등을 결정할 때에 환경영향평가협의회의 심의를 거쳐서 약식절차에 따라 약식 환경영향평가를 실시할 수 있는지를 결정해 환경부장관이 승인기관장에게 요청할 수 있다. 그 요청이 있으면 환경부장관이나 승인기관장은 환경영향평가협의회의 심의를 거쳐 약식절차에 따라 환경영향평가 실시여부 결정에 대한 결과를 환경영향평가서 초안 작성완료 전까지 사업자에게 통보해야 한다. 그러면 사업자는 약식절차에 따라 환경영향평가를 실시할 수 있다.

2. 약식절차 완료 후의 환경영향평가서 재작성

승인 등을 받거나 받지 않아도 되는 사업자일 경우에 주민의견 수렴절차와 환경영향평가 협의절차를 마치면 제출된 의견과 협의내용 등이 포함된 환경영향평가서를 다시 작성해서 승인기관장에 제출하면 된다. 이때 제출된 의견과 이미 협의된 내용이 다르면 승인기관장이 환경부장관의 의견을 들어야 한다. 환경부장관이 의견을 통보하려면 환경영향평가협의회의 심의를 환경영향평가서에 포함시켜서 40일 이내에 승인기관장과 사업자에게 통보해야 하며, 사업자의 환경영향평가서에 환경부장관 의견 통보내용 반영결과를 함께 승인기관장이 환경부장관에게 제출해야 한다.

(1) 약식 환경영향평가서 재작성 내용

① 환경영향평가항목 등의 결정과 조치내용
② 주민의견 검토내용
③ 환경영향평가서 초안(요약문, 사업개요, 대상사업 시행 시 평가항목 등)
④ 약식평가서에 대한 주민, 전문가, 행정기관의 의견과 이에 대한 사업자의 의견
⑤ 부록(평가서에 인용한 문헌과 참고자료, 평가참여자 인적사항, 용어해설 등)

3. 환경영향평가의 대행 등과 벌칙

환경영향평가 등을 하려는 자는 환경영향평가업자에게 환경영향평가 등의 평가서 초안과 평가서, 사후 환경영향조사서, 약식평가서의 작성을 대행하게 할 수 있다. 환경영향평가 등을 대행하는 사업의 등록을 하려는 자는 환경부장관에게 환경영향평가업 등록신청서를 제출하여야 한다.

(1) 환경영향평가의 대행

① 환경영향평가업자의 준수사항
　㉠ 다른 환경영향평가 등의 내용을 복제하여서 환경영향평가서 등을 작성하지 아니할 것.
　㉡ 환경영향평가서 등과 그 작성기초가 되는 자료를 거짓으로나 부실하게 작성하지 아니할 것.
　㉢ 환경영향평가서 등과 그 작성기초가 되는 자료를 환경부령으로 정한 기간 동

안 보존할 것.

㉣ 환경영향평가업자와 환경영향평가서 등의 작성에 관한 대행계약을 체결한 경우에는 해당공사에 대한 설계 등의 계약과 분리해 체결할 것.

② 환경영향평가업의 등록신청서 첨부서류

㉠ 사업자등록증

㉡ 기술능력의 보유현황과 그 자격증명서류

㉢ 시설과 장비명세서(측정대행계약의 체결 시는 그 계약서 사본)

③ 제1종 환경영향평가업 작성대행 업무범위

㉠ 전략환경영향평가와 환경영향평가의 평가서 초안과 평가준비서, 평가서

㉡ 시·도의 조례에 따른 환경영향평가 평가서

㉢ 사후 환경영향조사서

㉣ 소규모 환경영향평가 평가서

㉤ 약식평가서

㉥ 평가서와 조사서 작성에 필요한 자연생태환경분야의 조사, 영향예측, 평가와 보전방안

④ 제2종 환경영향평가업 작성대행 업무범위

㉠ 전략환경영향평가서, 환경영향평가서, 소규모 환경영향평가서

㉡ 사후 환경영향조사서

㉢ 약식평가서 작성에 필요한 자연생태환경분야의 조사, 영향예측, 평가와 보전방안

㉣ 제1종 환경영향평가업자는 제2종 환경영향평가업의 업무를 도급할 수 없음

⑤ 환경영향평가업의 기술인력과 시설장비기준

㉠ 제1종 환경영향평가업(2019년까지)

ⓐ 총괄은 환경영향평가사, 환경분야 기술사, 환경분야 기사자격을 취득하고 7년 이상 환경영향평가 실무수행자 중의 1명 이상과 환경분야, 도시·교통분야 기사자격 소지자나 환경분야 산업기사 자격 취득 후 5년 이상 환경영향평가 실무수행자 중 1명 이상

※ 2020년부터는 환경영향평가의 총괄자는 환경영향평가사이다.

ⓑ 자연생태환경분야는 관련전공(환경공학, 농학, 동물학, 식물학, 미생물학, 생물학, 생태학, 산림학, 조경학, 해양학, 환경학 등) 기술사자격 소지자나 기사자격 취득 후 7년 이상 환경영향평가 실무수행자 중 1명 이상과 상기 관련분야 산업기사자격 취득 후 5년 이상 환경영향평가 실무수행자 중 1명 이상

ⓒ 생활환경 등 분야는 환경・에너지 관련전공(환경공학, 환경학, 화학, 화학공학, 보건학, 약학, 의학, 독성학, 조경학, 기상학, 도시계획학, 경제학, 사회학 등) 기술사자격 소지자 1명 이상과 기사자격 이상자나 산업기사 취득 후 5년 이상 환경영향평가 실무수행자 중 3명 이상

ⓓ 토지환경분야는 도시・교통 관련전공(환경공학, 환경학, 도시계획학, 토목공학, 지질학, 자원공학 등) 기사자격 이상 소지자와 관련 산업기사자격 취득 후 5년 이상 환경영향평가 실무수행자 중 2명 이상

ⓔ 제1종 환경영향평가업의 시설과 장비는 환경기준 항목을 측정하고 분석할 수 있는 장비와 실험실을 구비해야 한다. 측정대행업자와 측정대행계약을 체결하거나 측정업무를 하도급하는 경우에는 측정업무를 적절하게 수행할 능력을 확인할 수 있는 대행계약체결 제시

㉡ 제2종 환경영향평가업

기술인력은 책임조사원급으로 육상식물, 육상동물, 육수생물의 관련전공(환경공학, 환경학, 농학, 동물학, 미생물학, 생물학, 생태학, 식물학, 산림학, 조경학, 해양학 등) 분야의 기술사나 기사자격 취득 후 5년 이상 자연생태환경조사 수행자 중 2명 이상과 산업기사자격 취득 후 3년 이상 자연생태조사 수행자 중 4명 이상

㉢ 시설과 장비

ⓐ 공통으로 디지털카메라 6대, 쌍안경, GPS와 해부현미경 각 2대, 표본실 1실과 줄자(5m와 50m) 1세트

ⓑ 식물상에는 루페 1개와 야외식물 채집장비(뿌리삽, 채집봉투 등) 1세트

ⓒ 식생에는 생장추(increment borer)와 클리노미터(Clinometer) 각 1대, 지름측정용 줄자 1개

ⓓ 포유류에는 모니터링장비(CCTV 또는 무인센서카메라 등) 1세트와 포획용 트랩(샤먼트랩) 여러 개

ⓔ 조류(鳥類)에는 500mm 이상의 망원렌즈와 20배율 이상의 조류관찰 망원경 각1대, 계수기 1개

ⓕ 양서・파충류에는 포획용 트랩과 채집장비(장화, 뜰채, 족대 등), 포획용 장비(뜰채, 뱀집게 등) 각 1세트

ⓖ 육상곤충은 포충망, 함정트랩 등의 주간 채집장비와 야간 채집장비(자외선이나 흑등(black light), 발전기) 각 1세트

ⓗ 담수어류에는 가슴장화 1벌과 족대, 투망 등의 채집장비 1세트

ⓘ 저서성 대형무척추동물에는 채집장비(가슴장화, scoop망, surber망) 1세트

ⓙ 부착조류(藻類)와 동・식물 플랑크톤에는 채집장비(솔, 플랑크톤망, 병 등)와 광학현미경, 계수판 등 각 1세트, 사이폰시스템 1대

⑥ 환경영향평가업 등록을 위한 실무인정 등

㉠ 환경영향평가 등 및 사후 환경영향조사를 주된 업무로 하고, 환경영향평가서 등의 작성, 검토, 협의에 관한 업무 수행이다.

㉡ 공공기관에서 환경영향평가 등 및 사후 환경영향조사 관련업무를 전담하는 조직을 갖춘 수행과 환경영향평가서 등의 작성에 관한 용역의 감독업무 수행이다.

㉢ 제1종 환경영향평가업의 자연생태환경에 해당되는 기술인력은 자연생태환경 분야의 작성, 검토, 협의를 수행한 경력을 가지고 자연환경조사, 정밀조사, 생태・자연도 작성업무와 공공기관이나 정부출연연구기관에서 환경영향평가와 관계없이 수행된 자연생태계 조사업무도 포함한다.

㉣ 제2종 환경영향평가업의 책임조사원급은 육상식물분야, 육상동물분야와 육수생물분야 중에서 분야가 다른 2명 이상이 등록되어야 하며, 상기 3개 분야 중 등록되지 않은 분야가 있는 경우에는 전문조사원급에서 반드시 채용해야 한다.

㉤ 기술자격관련 필요인원은 분야별로 해당 기술자격자나 학력, 경력자의 기술자격 인정범위(학위논문, 연구실적, 이수과목 등) 중에서 어느 하나를 충족해야 한다.

㉥ 환경영향평가업에 등록할 수 없는 자는 금치산자, 한정치산자, 파산선고를 받고 복권이 되지 않은 자, 평가업 등록취소 날부터 2년이 경과되지 않은 자, 환경영향평가법을 위반해 징역 이상의 실형을 선고받고 형 집행이 만료되지 않

은 자나 집행받지 않기로 확정된 날부터 2년이 경과되지 않은 자이다.

(2) 환경영향평가 등의 거짓과 부실작성 판단기준

① 거짓작성 판단

㉠ 현황자료 등을 사실과 다르게 작성해서 환경영향이 적은 것으로 제시하거나 환경현황을 조사하지 않거나 일부만 조사하고서 환경현황을 적정하게 조사한 것으로 환경영향평가서 등을 제시한 때이다. 또한 생태·자연도와 녹지등급 등에 관련된 공공기관에서 제공하는 자료를 사실과 다르게 제시했을 때이다.

㉡ 동·식물 조사자료, 경사분석 등의 현황조사자료를 고의로 사실과 다르게 작성해서 환경영향을 적게 제시하거나 현지조사와 작성에 참여하지 않았음에도 참여한 것으로 거짓작성한 때이다.

② 부실작성 판단

㉠ 지역주민과 관계기관의 의견제출현황 및 그 반영여부 등을 누락해 신뢰를 크게 떨어뜨릴 때이다.

㉡ 사전공사와 해당사업을 위한 벌목공사를 하였음에도 이에 대하여 환경영향평가 등의 현황자료에 제시하지 않았을 때이다.

㉢ 전략환경영향평가를 거치면서 협의내용, 환경영향평가협의회 심의결과와 환경영향평가서 초안에 대한 검토의견을 반영하지 않고 그 사실과 이유를 누락한 때이다.

㉣ 환경영향평가 등의 대상지역 안에 자연환경보전지역, 생태·경관보전지역, 상수원보호구역, 수변구역, 특별대책지역, 자연공원, 습지보호지역, 야생 동·식물보호구역, 백두대간보호지역, 특정도시 등 환경보전을 위한 관련법령이나 조례 등에 의해 지정된 지역, 지구, 구역 등이 있는 사실을 누락한 때이다.

㉤ 환경영향평가서 등에서 인용하고 있는 문헌 등에 제시된 멸종위기 야생 동·식물과 천연기념물 등에 대한 환경영향조사를 누락한 때이다.

㉥ 환경영향평가서 등의 작성방법에 따른 문헌조사와 탐문조사를 실시하지 않아 멸종위기 야생 동·식물과 천연기념물 등을 누락한 때이다.

㉦ 환경영향조사가 시행된 지점이나 지역에서 협의기관의 장이 선정한 2명 이상의 관련전문가를 통해 통상적인 주의로 확인할 수 있음에도 불구하고 멸종위

기 야생 동·식물과 천연기념물 등을 누락한 때이다.

ⓞ 학교, 종합병원, 노인전문병원, 공공도서관, 보육시설, 공동주택, 취수장, 정수장, 문화재, 박물관, 미술관 등의 환경변화에 민감한 시설물을 누락한 때이다.

ⓩ 공장, 공항, 도로, 철도 등의 환경피해를 유발할 수 있는 시설물이나 하수종말처리시설, 분뇨처리시설, 음식물처리시설, 폐기물처리시설 등의 환경기초시설을 누락한 때이다.

ⓩ 그 밖에 환경영향평가협의회의 심의를 거쳐서 결정된 평가항목, 범위 등을 특별한 사유없이 누락한 때이다.

(3) 하도급 가능한 환경영향평가 업무

① 자연생태환경조사, 자연생태환경의 영향예측, 평가와 자연생태환경 보전방안이다.

② 대기질, 수질, 소음, 진동과 토양오염도의 조사, 측정 외에도 환경부장관이 전문성, 기술성의 제고 등을 고려해 하도급이 필요하다고 인정하는 업무이다.

환경부령으로 정한 평가서 등의 보존기간은 전략환경영향평가서일 경우 해당계획 승인 후 10년, 환경영향평가서와 소규모 환경영향평가서는 해당사업이나 시설준공 후 10년, 환경영향평가서의 작성 기초자료는 협의기관장이나 승인기관장에 제출한 후 5년이며, 사후 환경영향조사서는 3년이다.

그림 7.10 수도권의 생명수(팔당호)

참고문헌

1. 환경부, 환경백서, 2013
2. 환경부, 환경영향평가법, 2014
3. 이규성, 환경영향평가사, 홍문관, 2014
4. 이규성, 인간과 환경, 형설출판사, 2013
5. 환경부, 환경정책기본법, 2014
6. 신보균 등, 환경영향평가실무, 동화기술, 2013
7. 한국토지공사, 빛그린 산업단지개발사업 EIS, 2009
8. 동진이엔지, 포항 미남일반산업단지조성사업 EIS, 2012
9. 이규성, 대기오염개론, (출)화수목, 2015
10. 이규성, 물오염개론, (출)화수목, 2015
11. 이규성, 물처리기술, 동화기술, 2010
12. 이규성, 폐자원공학, 형설출판사, 2005
13. 이규성, 신소음진동방지기술, (출)화수목, 2015
14. 환경부, 통합환경관리제도, 2013
15. 이연주, 기후변화 따른 물분쟁, 한국외대, 2013
16. 이현주, 하수처리장 악취제어, 서울시립대, 2014
17. 환경부, 국가환경종합계획, 2005
18. 환경부, 자연환경보전기본계획, 2006
19. 환경부, 물환경관리기본계획, 2006
20. 미래환경, FUTURE ECO, 2014. 10.
21. 이규성, 환경공학개론, (출)화수목, 2015
22. 김재용, 그린에너지 이해, (출)화수목, 2014
23. http://www.kei.re.kr(한국환경정책평가원)
24. http://me.go.kr(환경부)
25. http://www.energy.or.kr(신재생에너지센터)
26. 환경부, 환경영향평가 작성, 2013
27. 충청남도, 제4차 지역에너지계획, 2013
28. 환경부, 자연환경보전법, 2014
29. 환경부고시, 환경영향평가서 작성 등에 관한 규정(제2013-171호), 2013

찾아보기

저자 소개

김임순 광운대학교 대학원

소민섭 신일환경(주)

이규성 ㈜포스코

전태성 한국교통대학교 철도시설공학과

조용균 한서대학교 환경공학과

환경영향평가 정가 12,000원

저자 : 김임순 · 소민섭 · 이규성 · 전태성 · 조용균

발행인 : 임정대
발행처 : 도서출판 **화수목**

인쇄 : 2015년 3월 2일 초판
발행 : 2015년 3월 6일 초판

등록 : 제2014-000166호

주소 : 서울시 마포구 신촌로 2길 5-15
전화 : 02-338-9119
팩스 : 02-335-2201

ISBN : 979-11-86290-16-3 (93530)

파본이나 잘못된 책은 교환하여 드립니다.